미생물의 세계 제3판

미생물의 세계 제3판

이원재
김진상 이훈구
송영환 이명숙
김영태 최태진 편저

월드사이언스
WORLD SCIENCE

미생물의 세계 제3판

1판 인쇄 ‖ 2001년 3월 1일
3판 인쇄 ‖ 2007년 8월 10일
3판 발행 ‖ 2007년 8월 25일
편 저 자 ‖ 이원재 김진상 이훈구 송영환 이명숙 김영태 최태진
편 집 ‖ 이은경
표 지 ‖ 김영욱
발 행 인 ‖ 박 선 진
발 행 처 ‖ 도서출판 월드사이언스
주 소 ‖ 서울특별시 동작구 사당5동 240-15
등록일자 ‖ 1987년 12월 14일
등록번호 ‖ 3-136
TEL ‖ (02) 581-5811~3
FAX ‖ (02) 521-6418
E-mail ‖ worldscience@hanmail.net
URL ‖ http://www.worldscience.co.kr

정 가 ‖ 9,000원
ISBN ‖ 978-89-5881-099-5

이 도서의 국립중앙도서관 출판시도서목록(CIP)은 e-CIP 홈페이지
(http://www.nl.go.kr/cip.php)에서 이용하실 수 있습니다.
(CIP제어번호: CIP2007002378)

머리말

미생물학은 생물학의 한 분야로서, 대부분 크기가 매우 작아 현미경이나 전자현미경을 통해서만 관찰이 가능한 생물군을 연구하는 학문이다. 이들 미생물은 형태적으로는 비록 작지만 대사와 성장, 증식, 운동, 항상성이 유지되어 고등생물과 비슷한 생명현상의 규명에 중요한 역할을 한다.

미생물은 바이러스를 비롯하여 원핵생물군인 세균, 진핵생물인 곰팡이, 조류, 원생동물과 기생충류 까지도 포함하며, 광범위한 곳에 서식하면서 인류와 밀접한 관계를 가지고 있다.

미생물들은 일반적으로 인체에 질병을 일으키는 해로운 생물군으로 여겨져 왔지만, 이들은 고등 동 식물이 만들어 놓은 유기물질의 최종 분해자일 뿐 아니라, 자연계의 인, 황, 철, 질소 등을 순환시킴으로써 지구 생태계에서 막대한 영향력을 발휘하고 있다. 또한 주류제조, 발효식품제조, 의약품 생산, 농수산업 등은 미생물을 이용하는 대표적인 산업이다.

1940년대 이후 곰팡이로부터 항균제를 발견함으로 인류는 미생물에 대한 새로운 지평을 열게 되었고, 오늘에 이르러서는 이들의 유전자를 연구함으로서 인류가 오랫동안 의문을 가졌던 생명 본질에 대한 신비를 풀어나가게 할 수 있는 커다란 실마리를 던져주었다.

이러한 관점에서 미생물에 관한 전문적인 지식이 요구되고 있지만 유감스럽게도, 미생물을 알고자하는 일반 교양인들과 대학에서 미생물분야를 전공하지 않는 학생들에게 미생물 전반을 쉽고 평이하게 소개하여주고 안내해줄 적합한 책자들이 국내에서는 많지가 않았다. 본 서의 편역자들도 평소 강의하는 과정에서 이러한 종류의 책의 필요성을 실감하던 중 다행히 Moselio Schaechter 등이 쓴 Beginning Microbiology라는 좋은 책을 얻게되어 이를 근간으로 "미생물의 세계" 라는 서명으로 본서를 꾸미게 되었다.

본 서를 준비하는 과정에서 미생물의 세계를 좀 더 쉽게 소개하고자 노력하였으나 본의 아니게 일어난 오류나 미비점이 있어, 이를 수정 보완하여 개정하였으며 훌륭한 미생물의 안내서가 될 수 있도록 계속 노력할 것을 약속드린다.

2007년 6월 편저자 일동

목차

1

2

3

8

9

10

11

12

13

14

14

15

16

17

■

편저자 소개

이원재李原在	일본, 동경대 농학박사 현, 부경대 교수 *1, 7, 17장*
김진상金鎭相	일본, 동북대 농학박사 현, 부경대 교수 *12, 13장*
이훈구李勳求	건국대 이학박사 현, 부경대 교수 *9, 14, 16장*
송영환宋永煥	서울대 이학박사 현, 부경대 교수 *5, 10장*
이명숙李明淑	프랑스, 꽁삐에느대 이학박사 현, 부경대 교수 *2, 8장*
김영태金永泰	미국, 테네시대 이학박사 현, 부경대 교수 *3, 4, 6장*
최태진崔泰辰	미국, 캘리포니아대 이학박사 현, 부경대 교수 *11, 15장*

미생물의 소개

1

단원요약

미생물의 세계 속에서 우리는 살고 있다. 미생물학에서는 생명현상을 이해하려는 기초과학적 분야와 인간의 필요성을 충족시키기 위한 응용과학적 분야로 나눈다. 미생물은 다양성과 진화, 다양한 종류의 미생물들, 인간에 관한 전염성 질병을 다루는 의학적인 문제, 식품의 생산과 응용, 자연환경정화 작용 등에 관련된 분야이다.

단원요점

- 미생물에는 단세포 또는 세포군으로 자연환경 등에서도 다양한 집단의 현미경적 생물체와 세포의 형태를 갖추지 못한 바이러스까지 포함된다.
- 미생물학은 생명현상의 특성을 연구하는데 기본 자료로서 여러 가지 연구도구를 제공한다.
- 미생물은 동물, 식물 등에 공생하면서 이익을 주기도 하고 질병등 피해를 주기도 한다.
- 미생물은 발효식품, 발효음료, 항생물질 생산 등 산업에 응용된다.
- 미생물은 대기, 토양이나 수계환경 등 자연환경에서도 중요한 역할을 한다.

1.1 미생물과 미생물학의 정의

미생물은 단세포 또는 세포군으로 생활하는 다양한 집단으로 현미경을 통하여 관찰되는 생물체와 세포의 형태를 갖추지 않은 바이러스도 포함된다.

미생물학은 눈에 보이지 않는 생명체의 세계 즉, 세포 자체와 세포의 활동과 미생물의 다양성과 진화, 다양한 종류의 미생물들이 인간, 동식물이나 토양, 수계에 어떠한 영향을 주는가에 관하여 연구하는 학문이다. 일반적으로 대부분의 고등생물들은 서식처가 제한되어 있지만 미생물은 담수, 기수, 해수 등의 수권水圈,바위로 형성된 암석권巖石圈, 대기권大氣圈이나 식물의 세포내 조직 내나 동물의 장관 등 지구상의 기초와 응용과학적으로 이용된다.

미생물학 분야는 순수미생물학pure microbiology, 응용미생물학applied microbiology, 병

원미생물학pathogenic microbiology 과 특수미생물학special microbiology으로 나눈다. 미생물은 핵막으로 둘러싸여 있는 진핵미생물eukaryotes과 핵에 막이 없는 원핵미생물prokaryotes로 나눈다.

미생물의 존재확인

미생물은 식물과 동물이 나타나기 수십억 년 전부터 지구에 존재한 것이 화석(스트로마토라이트; stromatolite)등에 의하여 증명되었다. 그러나 눈에 보이지 않는 미생물의 존재를 의심하였다. 미생물을 정확하게 관찰하고 기술한 사람은 네델란드의 루벤후크(Antony Van Leeuwenhoek,1632~1723)이다. 그가 만든 현미경은 50~300배 정도의 배율로 대상물질을 확대할 수 있었고 두 개의 렌즈 사이에 위치한 액체 시료에 45도 각도로 빛을 쪼임으로써 시료에 빛이 반사할 수 있었다. 오늘의 암시야 현미경과 유사한 원리로 뚜렷하게 관찰할 수 있었다. 그 후로는 전자현미경이 발명되면서 미생물의 형태뿐만이 아니고 내부구조, 바이러스 존재까지 확인하게 되었다.

미생물에 관한 증명

모든 생명체는 무생물에서 생겨날 수 있다는 자연발생설spontaneous generation을 대부분의 사람들은 믿어왔다. 그러나 레디(Francesco Redi,1626~1697)가 썩어가는 고기에 구더기가 자연발생 하는 가를 실험하여 자연발생설을 부인하였다. 1748년 영국의 목사 니덤(John Needham, 1713~1781)과 이태리의 목사이고 박물학자인 스팔란짜니(Lazzaro Spallanzani, 1729~1799)도 자연발생설을 부인하였다. 이런 상황에서 파스퇴르(Louis Pasteur, 1822~1895)는 자연발생설에 관한 논쟁을 종식시키는 실험을 하였다. 파스퇴르는 공기를 솜으로 걸러 냈을 때 솜에서 식물의 포자와 비슷해 보이는 물체를 관찰하였다. 가열한 플라스크를 멸균하지 않은 솜으로 막으면 배양액에서 미생물이 자랐다. 솜마개 대신 플라스크 안에 영양액을 넣고 플라스크의 목을 가열하여 길게 늘인 다음 여러 번 구부렸다. 이때 플라스크의 끝은 항상 열려 있어 공기가 들어갈 수 있도록 했다. 그리고 나서 이 플라스크를 몇 분간 가열한 다음 공기 중에 방치했지만 미생물은 성장하지 않는 것을 증명하였다. 1861년까지의 자연발생설을 종식시켰다. 자연에 미생물의 존재를 증명한 셈이다.

1.2 미생물과 질병

1935년에 바씨(Agostino Bassi,1773~1856)는 누에 병은 곰팡이에 의한 감염이라고 밝히면서 여러 종류의 질병이 미생물 감염에 의한다고 하였다. 1845년 버클러(M.J.Berkely)는 아이랜드의 감자마름병이 곰팡이에 의한 것이라고 증명하였다. 파스퇴르는 누에에 기생하는 원생동물이 질병의 원인이라고 밝혔다. 인간의 질병에 관하여 영국의 외과 의사 리스트(Joseph Lister,1827~1912)에 의하여 밝혀졌는데, 그는 미생물이 발효와 부패과정에 관여 한다는 파스퇴르의 연구에 깊은 인상을 받아 외과 수술 시에 상처를 소독하여 미생물이 감염되는 것을 막고자 했다. 수술도구는 열로 멸균했으며 페놀을 이용하여 붕대나 수술부위를 소독했다. 독일외과의사 코흐(Robert Koch, 1843~1910)는 탄저병에 대한 연구를 통해 처음으로 세균이 병을 일으킨다는 사실을 직접 증명하였다. 코흐가 병든 쥐에서 추출한 물질을 건강한 쥐에 주사하자 탄저병 증세가 나타났다. 이 쥐에서 추출한 물질을 다시 건강한 쥐에 주사하는 방법을 연속적으로 반복해서 코흐는 20번째 쥐까지 탄저병을 앓게 만들었다. 그 다음 그는 탄저균을 소의 혈청에서 배양하였다. 막대모양의 균이 자라서 분열했고 포자를 형성하였다. 그 막대 균이나 포자를 분리하여 건강한 쥐에게 주사하면 쥐는 탄저병에 걸렸다. 그가 사용했던 방법은 코흐의 가설로 알려져, 특정 미생물이 특정한 질병의 원인임을 밝히는 기준으로 사용되었다. 코흐 가설을 분자수준에서 요약하면

1.병원균의 비 독성균주에서 보다 독성균주에서 독성을 나타내는 특성이 확실하게 나타나야 한다.
2.독성을 나타내는 과정과 연관된 유전자 또는 유전자 군을 비활성화하면 병원성이 현저하게 감소해야 한다.
3.돌연변이 유전자를 정상적인 유전자로 치환하면 병원성이 다시 그 전과 같은 정도로 나타나야 한다.
4.독성유전자는 감염과정과 질병이 발생하는 과정에서 반드시 발현되어야한다.
5. 독성 유전자에 직접 작용하는 항체나 면역체계에 의해 숙주가 보호되어야 한다.

최초의 백신 접종Vaccination

최초의 백신은 1796년 영국인 의사, Edward Jenner가 사용했다. 그는 천연두에 저항하는 것으로 보이는 우두cowpox가 낙농장의 여인들에게 자연적으로 걸리는 것을 알았다. 그는 한 낙농장 여인의 손에 있는 우두의 수포에서 액을 채취하고 이를 8살 소년에게 접종하여 소년에게 우두를 발생시켰다. Jenner는 다시 천연두 수포의 액을 소년에게 접종하였고 그 결과 반응은 나타나지 않았다. 이 기술은 라틴어로 소를 뜻하는 vacca에서 유래한 백신접종vaccination으로 알려지게 되었다. 그러나, 그 당시에는 이러한 결과가 나타나는 이유에 대하여 잘 알려져 있지 않았기 때문에 이를 다른 전염병에는 적용하지 못하였다.

전염병의 방제법

전염병을 방제하는 방법으로 예방 접종, 위생, 항생제를 이용한 치료 등이 있으나 그

효과는 각 질병에 따라 다르다. 예방은 치료보다 확실히 효과적이다. 천연두, 소아마비, 디프테리아 등과 같은 전염성이 강한 질병은 백신 접종으로 예방하고 있다. 장티푸스와 같은 수인성 전염병들은 상하수도를 비롯한 위생환경의 개선으로 병의 전파를 줄일 수 있다. 말라리아, 티푸스, 페스트는 곤충과 설치류를 구제함으로서 산업화된 도시에서는 거의 사라졌으며, 항균제를 사용하여 종기, 감염된 상처, 뇌막염, 심내막염 등 많은 전염병들이 치료되고 있다.

현대의 주요 전염병

산업화된 사회에서 우리는 과거와 같이 심각한 악성질병에 직면하고 있지는 않지만 말라리아나 결핵, 디프테리아 등과 같은 질병들은 개발도상국에서 여전히 유행하고 있다. 전세계적으로 이러한 악성질병과 상당히 보편적인 전염성 설사나 유아의 호흡계 전염병으로 인해 매년 수백만 명의 사람들이 고통받거나 죽는다고 한다. 전염성 설사만으로도 매년 3백만 이상의 사람이 죽는다. 이러한 질병들의 대부분은 어느 정도 예방할 수 있기 때문에 발병률을 낮추는 것이 인류의 공통된 목표이다.

이러한 질병들은 개발도상국뿐만 아니라 선진국에서도 문제가 되며 미국에서도 사망원인의 세 번째에 있다. 그 이유는 여러 가지가 있으며 AIDS 환자와 같이 면역체계가 손상된 사람의 증가와 새로운 질병의 출현, 질병의 재발 때문이다. 또한 항생제에 대한 미생물의 내성 증가로 인하여 보다 악화될까 우려되고 있다.

새로운 전염병의 출현

새로운 전염병이 출현하는 이유는 일부분만 알려져 있다. 예로 식품을 통한 전염병의 증가는 육류나 가금류의 대량 생산을 위한 안전공정이 제대로 되지 않기 때문이다. Lyme병은 인간과 야생동물의 접촉이 늘기 때문에 증가하는 것으로 보인다. 국제여행이 늘면서 나라간에 새로운 질병이 전파되는 경우도 있다.

환자의 삶을 연장하기 위한 치료가 때때로 이들이 질병에 더욱 민감하게 만드는 경우도 있다. 그 예로 화학요법으로 치료받기 시작한 암환자나 낭포성 섬유증cystic fibrosis에 걸린 아이들이 있다. 또한 항생제의 과다한 사용이 미생물의 항생제에 대한 저항성을 증가시킨다. 이것은 일부 질병에서는 중요한 문제가 되고 있으며 가장 대표적인 의학적 진보인 항생제 개발의 효과를 훼손시킬 우려가 있다. 한편 새로운 항생물질을 개발해야 한다.

환경오염과 미생물의 역할

미생물은 자연계 물질의 순환에 주요한 역할을 담당하고 있다. 따라서 방사선 물질이나 화학물질의 오염이 미생물에 어떤 영향을 미치는 가를 이해하는 것은 매우 중요하다. 미생물은 석유 유출과 같은 화학적 오염을 자연적으로 정화시킬 수 있다. 현재 생물을 이용하여 환경을 정화하는 생물정화과정bioremediation이라 불리는 방법의 사용이 점차 증가되고 있다.

생명과학 연구에서 미생물의 중요성

현대 생물학에서 미생물은 연구재료로서 매우 중요하다. 그 이유는 이들이 구조적으로 단순하면서도 생명체의 기본 현상인 대사, 증식, 운동, 항상성 등 모든 조건을 고루 갖추고 있기 때문이다. 이러한 특성 때문에 DNA 재조합과 같은 유전공학의 기초연구에서 세균과 바이러스가 사용된다. 또한 호르몬이나 백신 등 유전공학기술에 의해 생산되는 대부분의 제품이 유전공학적으로 조작된 미생물에 의해 생산된다.

미생물 실험법

2

단원요약

미생물은 크기가 작고, 개체수는 많기 때문에 미생물학자들이 이들을 연구 · 관찰하기 위해 개발 고안한 특수한 기구와 방법에 대해 소개하고자 한다.

2.1 현미경

단원요점

- 광학현미경과 전자현미경은 그 원리와 응용 범위가 다르다.
- 모든 현미경은 관찰하고자 하는 시료와 그 기능(해상력)에 따라 선별된다.
- 대상 시료의 관찰은 염색을 하거나 위상차, 암시야 또는 형광현미경을 사용함으로써 상세하게 관찰할 수 있다.
- 그람 염색은 세균 세포벽의 성분 조성의 차이에 따라서 그람양성과 그람음성 두 그룹으로 나눈다.
- 일부 세균(예. 결핵균)은 항산성 염색법으로 염색된다.

현미경의 종류

현미경은 1664년 Robert Hook가 곰팡이의 자실체를 관찰하기 위하여 만든 것이 시초이다. 실제적인 현미경의 발명은 1684년 네덜란드의 상인인 Antony van Leeuwenhoek가 만든 것으로 빗물 속의 미생물을 관찰하기 위하여 제작 · 사용한 것이 시초이다. 현미경의 종류에는 여러 가지가 있지만, 크게 광원이 빛인 광학 현미경과 전자총에서 나오는 전자파에 의해 물체를 식별하는 전자 현미경으로 나눌 수 있다.

광학현미경의 배율의 한계

광학현미경은 집광렌즈(집광기), 대물렌즈, 대안렌즈로 구성되어 있는 복합 현미경으로 대안렌즈가 하나이면 단안 현미경이라 하고 대안렌즈가 두 개여서 양쪽 눈으로 관찰하는 것을 쌍안 현미경이라고 한다. 빛의 성질에 따라 이론적으로 최대 2,000

× 배율이상으로 사물을 확대할 수 없는데 이것은 현미경이 가지고 있는 가장 중요한 성질인 해상력 때문이다. 해상력이란 극미하게 근접한 두 개의 사물을 구별할 수 있는 능력을 말한다. 해상력이 좋다는 것은 관찰할 사물을 세밀하게 관찰할 수 있다는 것이다. 현미경을 고배율로 사용하면 사물을 크게 확대할 수 있지만 그 상은 희미하여 선명한 상을 관찰할 수 없다. 따라서 광학현미경은 배율 1000× 정도로 확대 · 관찰할 수밖에 없다.

전자현미경의 정밀성

전자 현미경은 광학현미경보다 사물을 더 확대할 수 있는데 이것은 전자현미경에서 사용하는 전자광선이 가시광선보다 파장이 매우 짧기 때문이다. 해상력은 파장이 짧을수록 더 커지기 때문에 전자현미경의 작은 사물을 "분석"하는 능력이 더 커져 수만~수십만 배까지 확대가 가능하여 세포의 구조를 연구하는데 널리 이용된다.

전자현미경의 단점

전자현미경의 해상력은 광학현미경보다 더 크지만 고가이고 시료 전처리과정이 복잡하고 반드시 건조된 시료를 사용하여야 하는 단점이 있다. 단지 세균의 형태를 관찰하고 내부구조를 관찰할 필요가 없다면 광학현미경으로 충분하다. 또한 그람 염색과 같은 기술을 응용할 수 있기 때문에 이용이 간편한 광학현미경이 유용하다

주사전자현미경(SEM)과 투과전자현미경(TEM)

주사전자현미경(SEM)은 오직 표면구조를 조사하므로 구조의 바깥부분(예, 세포표면)이 조사되어질 때 사용된다. 반대로 투과전자현미경(TEM)은 전자를 시료에 투과시킴으로써 세포 절단면이나 얇은 조직표본을 관찰하는데 사용된다.

현미경 관찰을 위한 염색

현미경으로 세균을 관찰하기 위해서 염색을 해야 한다. 미생물 균체는 크기가 미세하고, 액체배지에 현탁되어 있으면 투명하거나 색깔이 없기 때문에 살아 있는 상태로 관찰하기는 대단히 어렵다. 따라서 이들의 형태와 특징을 관찰하기 위해서는 염색하여 현미경으로 관찰하여야 한다. 세균의 균체는 거의 투명체에 가까워 대조(대비)를 증가시키지 않고서는 관찰할 수 없다. 대조(대비)는 사물과 배경과의 시각적 차이점을 말한다. 따라서 대조를 증가시키기 위해서 염색을 하거나 위상차 현미경이나 형광현미경을 사용하기도 한다.

임상의학과 그람 염색법

세균성 뇌막염, 폐염 또는 종기와 같은 몇 가지 질병에서 그람 염색은 항생제 선택을 제안할 수 있는 추정 진단을 하기 위한 가장 빠른 방법이다. 어떤 경우에서 그람염색 결과는 환자의 생명을 좌우할 수도 있다. 그람염색에는 4가지 시약이 사용되고 그 원리는 다음과 같다. 먼저 1차 염색시약으로 crystal violet의 염기성 시약을 사용하며 모든 세포는 보라색으로 염색된다. 그 다음 crystal violet시약을 세포에 강하게 고정시키기 위해 매염제Mordant로 Gram's iodine 시약을 사용한다. 이는 1 차 염색 시약과 결합하여 불용성 화합물인 crystal violet-iodine(CVI) complex를 형성하여 세포에 더욱 강하게 고정시키며 모든 세포는 보라색을 띠게 된다. 특히 그람 양성균은 세포벽 중의 magnesium-ribonucleic acid가 CVI complex와 결합하여 Mg-RNA-CVI complex가 형성되는데 이것은 CVI complex보다 세포에 더욱 강하게 결합되어 제거하기가 더욱 어렵다. 여기에 탈색제로 지방용해와 단백질 탈수작용이 있는 95% 에틸 알코올을 사용하여 탈색시킨다. 세포벽 중의 지방 함유량이 높은 그람 음성균은 지방이 알코올에 녹아 세포벽에 큰 구멍이 생기고 세포벽 단백질의 탈수가 어느 정도 진행된다. 따라서 CVI complex가 쉽게 세포벽에서 떨어져 나오면서 세포벽은 무색이 된다. 반면, 세포벽에 지방 함유량이 낮은 그람 양성균은 지방이 알코올에 의해 용출되어 미세한 구멍이 생겨 알코올에 의한 탈수작용은 막을 수 있다. 이로 인해 Mg-RNA-CVI complex는 제거되지 않고 여전히 보라색을 띠게 된다. 마지막으로 대응염색제로 safranin을 사용한다. 이 시약은 이미 탈색된 세포벽을 적색으로 염색시키며 이를 그람 음성균이라 부른다. 그러나 그람 양성균은 여전히 1차 염색인 보라색을 띠게 된다.

그람 염색에서 요오드의 역할

요오드시약은 첫 단계에 사용된 crystal violet시약과 결합하여 iodine-crystal복합체를 형성하여 세포벽에 결합한다. 이 복합체를 유기용매(에탄올)처리하면 그람음성은 탈색되고 그람양성의 균체에서는 탈색되지 않고 있다. 따라서 그람음성균은 safranin에 의해 재염색되지만 그람 양성균은 재염색되지 않는다. 이러한 두 세균군의 차이점은 세포벽의 성분 조성에 기인한다.

Note : 그람 염색과정

1. 슬라이드 글라스에 세균을 도말하고 표본을 열로 고정한다.
2. Crystal violet으로 1분간 염색한 후 남아 있는 시약을 수세한다.
3. 요오드 용액을 가하여 1분간 고정시킨 후 수세한다.
4. 95% 에틸 알코올로 잠시 처리하고 수세한다.
5. Safranin으로 약 30초간 대비 염색한다.

항산성Acid fast

항산성이라는 단어는 직물산업에서 유래되었으며, 약산성에 의해 잘 탈색되지 않는 직물을 가리키는 말로서 미생물학에서는 무기산에 의한 탈색을 방해하는 세균의 능력을 말한다. 즉 한번 균체에 염색이 되면 무기산에 의해 잘 탈색되지 않는 성질을 말한다. 이러한 항산성은 결핵균*Mycobacterium*속 등의 몇몇 세균만 갖고 있는 특이한 성질이다.

Mycobacterium sp.는 다른 미생물과 달리 세포벽이 두터운 왁스성 물질을 다량 함유하고 있어 일반염색이 잘 되지 않으며 가온 염색을 하여야 된다. 그리고 한 번 염색이 되면 acid-alcohol로도 잘 탈색이 되지 않는 항산성을 가지는 반면 대부분의 미생물은 acid-alcohol에 의해 쉽게 탈색이 되는 non-acid-fast 성질을 가지고 있다.

Note : 항산성 염색 단계

1. 슬라이드 글라스에 균체를 도말하고 열고정보다 자연건조시킨다.
2. Carbol fuchsin 염색약을 가하여 슬라이드를 가열판 위에 얹어 5분 동안 가열한다. 이 때 가열하지 않으려면 Carbol fuchsin에 Turgitol을 첨가하여 3-5분 염색하여도 된다. 가열된 슬라이드를 냉각한 다음 물로 세척한다.
3. Acid-alcohol을 방울방울 떨어뜨려 탈색시킨 다음 물로 세척한다.
4. Methylene blue로 2분 대응염색시킨다.

2.2 살균과 배양

단원요점

- 습열멸균, 건열멸균, 방사선이나 여과 멸균과 같은 적절한 기술을 사용함으로써 미생물을 사멸시킬 수 있다.
- 독립된 집락은 획선법으로 분리할 수 있고 생균수는 평판 배양법으로 계측할 수 있다.
- 선택 · 감별 배지는 특수한 세균을 선택, 분리 인식하는데 사용된다.

습윤 멸균

습윤 멸균은 고온, 고압의 증기를 이용한 고압 멸균기(Autoclave)를 사용하여 내생포자(Endospore)를 포함한 모든 미생물을 사멸시키는 것을 말한다. 내열성 포자는 100℃에서도 생존 가능하기 때문에 1.1kg/㎠ (15 lb/in2)의 증기압력을 이용해 용기 내 온도를 121℃로 유지하여 멸균시킨다. 습윤 멸균 시간은 시료의 크기와 포장상태 그리고 매질에 따라 달라진다.

건열 멸균

습윤멸균과는 달리 가열오븐의 건열을 이용해 미생물을 사멸시키는 것을 건열멸균이라 한다. 습윤에 비해 열전도율이 낮아 160～180℃에서 30분～1시간 가열로 미생물을 멸균시킬 수 있다.

획선 배양법의 장점

여러 종의 세균이 혼합되어 있는 임상시료 등 일반시료에서 독립된 집락을 얻기 위해 사용되는 쉽고 간단한 방법이다. 이 방법은 한천평판배지에 멸균 백금이로 시료를 소량 이식하여 배지 표면에 골고루 퍼지도록 도말하여 배양하여 독립된 집락을 얻는 것이다. 획선 배양법의 장점은 희석하지 않은 시료를 사용하더라도 독립된 집락을 얻을 수 있다는 것이다.

균 분리를 위한 다른 방법

획선 배양법이 균 분리에 좋은데 다른 방법들을 사용하는 이유는 획선 배양법의 경우, 균체량을 정확히 알 수 없고 단지 독립된 집락을 얻을 수 있기 때문이다. 거기에 비하여 연속적인 희석으로 실험한 주입 평판법이나 도말 평판법은 세균의 양을 정량할 수 있다. 주입 평판법은 적절히 희석된 시료나 세균 배양액을 접종한 페트리 접시에 45-50℃로 식힌 한천agar배지를 주입하여 골고루 분산시켜 배양하면 독립 집락을 형성시킬 수 있슴과 동시에 계측도 가능하다. 도말 평판법은 희석된 소량의 배양액을 평판배지 표면에 주입한 후 유리봉으로 골고루 도말한 후 배양하여 독립 집락을 형성시킨다.

배지의 종류

미생물의 생장에 필요한 모든 영양성분이 들어 있는 혼합물을 배지라고 한다. 배지는 물리적 상태에 따라 고체배지와 액체배지, 조성원에 따라 천연배지와 인공합성배지, 사용목적에 따라 선택배지, 감별배지, 증식배지로 구분되기도 한다. 고체배지는 액체배지에 한천, 젤라틴 등 젤을 형성하는 물질을 첨가하여 제조한다. 천연배지는 육즙, 맥아즙, 혈청 등 그 성분이 정확하게 규명되지 않은 천연물을 배지에 첨가시켜 만든 것이며, 합성배지는 이미 성분의 구성이 밝혀진 여러 영양분 및 화학물질을 배합하여 만든 배지이다.

그러므로 실험 목적에 따른 배지의 선택이 중요하다. 일반적으로 검체를 증식시키기 위해서는 천연배지가 사용되며 균의 생물학적 성상이나 대사작용 등을 연구하기 위해서는 인공합성 배지가 많이 사용된다.

선택배지와 감별배지의 사용

선택배지는 특정 미생물만 생장을 촉진시키고 나머지 미생물의 증식을 억제시킴으로써 원하는 미생물만 선택적으로 배양하는데 사용하는 배지이다. 이 배지는 시료에서 다른 미생물에 비해 적은 양 존재하는 미생물을 분리하고자 할 때나 이들이 일반배지에서 잘 자라지 않을 때 사용되고 있다(예; MacConkey agar, Salmonella-Shigella배지). 감별배지는 다른 미생물을 생장하게 하면서 특정한 미생물을 분리 동정하는데 이용된다. 즉 분리된 미생물은 다른 미생물과 구별할 수 있는 특징적인 집락을 형성하므로서 구별할 수 있다(예 ; EMB배지(장내세균 분별)).

미생물의 보존

미생물 보존의 목적은 균주가 오염되지 않고 돌연변이 없이 살아있는 상태로 유지하는 것으로, 예를 들면, 2차대사 산물의 생산능력이 가능한 한 원래 균주와 같은 상태로 유지되게 하는 것이다. 많은 방법이 미생물 보존에 이용되고 있으나 모든 미생물이 같은 방법으로 보존 · 유지되지는 않는다. 특히, 균주의 보존시 보존균주에 일련번호, 문자 등을 표기하여 체계적으로 정리하여 보존하는 것이 중요하다. 배양 보존된 미생물은 과학적 · 산업적 응용을 위해 필요하고 다른 미생물학자들과의 공동연구를 위해서 필요하다. 미생물 보존법은 단기보존법과 장기보존법으로 나눌 수 있다. 단기간 보존 방법에는 계대배양, 건조 등이 있고, 장기보존법에는 동결건조와 초저온 동결방법이 있다. 최근에는 생물자원으로서 종균의 중요성이 증대되고 있으며 세계 주요 국가에서는 종균보존소를 설치하여 균주의 관리에 심혈을 기울이고 있다.

미생물의 구조

3

단원요약

생명의 세계는 동물, 식물, 미생물과 같은 공통적 특성을 나타내는 생물체로 구성되며, 생물체의 기능적인 면에서 생물학적, 생화학적, 생물활성의 기작은 본질적으로 같은 생리학적 특성을 보여준다. 이들 생물군에서 미생물에는 세균, 효모, 곰팡이류, 방선균 등 여러 종류가 포함된다. 모든 살아있는 세포들은 매우 복잡하고 다양하지만 전자현미경 상에서의 미세구조에 기초하여 원핵 세포prokaryotes와 진핵 세포eukaryotes로 구별된다. 원핵 세포는 원시적이고 그 구조가 비교적 단순하다. 반면에 진핵 세포는 복잡한 구조로 원핵 세포 보다 진화한 세포다. 예를 들면, 미생물의 세계에 있어서 세균, 방선균, 남조류bluegreen algae 등은 원핵 세포의 미생물이고, 곰팡이fungi, 원생동물protozoa, 효모yeasts, 미세조류microalgae 등은 진핵 세포로 구성되는 고등 미생물이다. 식물과 동물은 전부 진핵 세포로 구성되어 있다. 또한, 세포의 특성을 갖추었으나 살아있는 세포의 구조적 특성이 생물체와 다른 바이러스virus 들이 있다. 이들은 일반 세포와 그 구조적 특성이 다르고, 독립적으로 자생력을 영위할 수 있는 대사활동이 불가능하며, 다만 바이러스 자체의 단순복제가 가능한 유전정보만을 소유한 입자particles에 불과하다.

단원요점

- 세균은 일반적으로 사람 세포의 1/10 크기이며 1/1000 정도의 부피를 가진다.
- 세균과 고세균Archea은 원핵 세포이며 그 외 생물 세포형태는 진핵 세포이다.
- 원핵 세포는 진핵 세포에 비해 크기가 더 작고 화학적 구성요소도 다르다.
- 원핵 세포는 핵막이 없고, 염색체가 세포질에 있으며, 이 염색체는 전형적인 유사분열에 의해 나누어지지 않는다.
- 원핵 세포는 막으로 둘러싸인 기관을 가지지 않으나 진핵 세포는 세포막으로 구성된 세포 내 소기관(핵, 미토콘드리아, 엽록체)을 가진다.
- 대부분의 세균은 그람 양성과 그람 음성의 두 집단으로 나누어진다.
- 모든 세포는 세포막을 가지며, 일부 세균(예, 그람음성 세균)은 세포막 외에 세포 외막을 가진다.
- 대부분의 세균은 뮤린murine이라 불리는 펩티도글리칸으로 이루어진 세포벽을 가진다.
- 많은 세균은 편모가 있으며 편모의 회전 운동에 의해 이동한다.

3.1 세포의 모양과 종류

세포의 모양

길이가 1㎛인 세균을 우리들이 존재하는 공간 크기와 동일하게 확대하여 상상해 보라. 이는 백 만배 이상 확대해야 될 것이다(1㎛는 10-6m이다). 그리고 DNA, 리보솜 그리고 단백질의 길이를 상상해 보라. 일반적으로 세균 DNA는 세균의 길이보다 1000배 이상 길다. 따라서 백만배 확대에서 DNA의 직선 길이는 약 1㎞가 될 것이다. 리보솜은 그 직경이 약 1 인치 (25㎜) 정도일 것이며 보통의 단백질은 리보솜의 1/5가 될 것이다. 이렇게 확대하면 보통의 동물 세포는 일차원적인 길이가 약 30 피트 되는 큰 교실의 부피를 가진다. 이러한 교실은 최소 한도로 약 1000명의 학생을 수용할 크기이다.

원핵 세포와 진핵 세포의 차이

원핵 세포와 진핵 세포는 화학적인 측면에서 세포 내 구성물질의 화학 조성, 합성과 분해, 에너지 생산과 이용 등과 같은 물질대사에서 같은 생화학적 기작을 이용한다. 하지만, 이 들은 세포막과 세포벽의 구조 및 세포 내 소기관 (organelles: 특수한 기능을 가진 세포 내 소기관)의 유무에 따라 구조상의 차이가 있으며, 그 외에도 원핵 세포와 진핵 세포는 서로간에 많은 구조상의 차이점을 나타낸다 (표 3.1).

표 3.1 원핵 세포와 진핵 세포의 차이점

	원핵 세포	진핵 세포
핵막의 구조	핵막 無	핵막 有
세포 내 소기관	無	골지체, 미토콘드리아, 마아크로소옴, 액포 등
염색체	단일, 환상구조	복수로 분할
리보솜	70 S	80S(세포질) 70S(미토콘드리아)
메소조옴	有	無
편모	有	無

원핵 세포가 진핵 세포 보다 작은 이유

가장 큰 차이점은 영양물질이 세포 내로 확산되는 속도이다. 작은 세포는 높은 용적비를 가지고 있기 때문에 세균이 동물세포에 비해 약 20배가 크다. 따라서 확산속도가 훨씬 빠르며 결과적으로 대사와 성장도 빠르게 일어난다. 또한 더 작다는 것은 제공되는 용적이 많다는 것을 의미한다. 우리 체내에 존재하는 세포 수만큼(약 1조)의 세균의 수는 단단히 뭉쳐진 경우에는 단위입방체보다 적은 용적 내에 존재할 수 있다. 1㎖의 세균 배양물 안에 존재하는 세균의 수는 지구상에 존재하는 인간의 개체 수 보다 더 많을 수 있다.

3.2 원핵 세포의 구조

원핵 세포는 원시적이고 비교적 간단한 구조인 세포이고, 핵막을 가지고 있지 않다. 또한, 염색체가 세포질과 접촉해 있다. 염색체는 하나로 구성되어 있고, 그것의 구조는 유전정보를 암호화하고 있는 염기들nucleotides 이 두 가닥 사슬모양의 환상구조를 나타내는 이중 나선double stranded DNA 구조이다. 염색체와는 별개로 작은 고리 모양의 플라스미드plasmid 라고 부르는 DNA를 가지고 있는 것들도 있다. 이들은 세포 내에서 독립적으로 자기복제가 가능하며 특정기능을 수행하는 단백질들을 암호화하

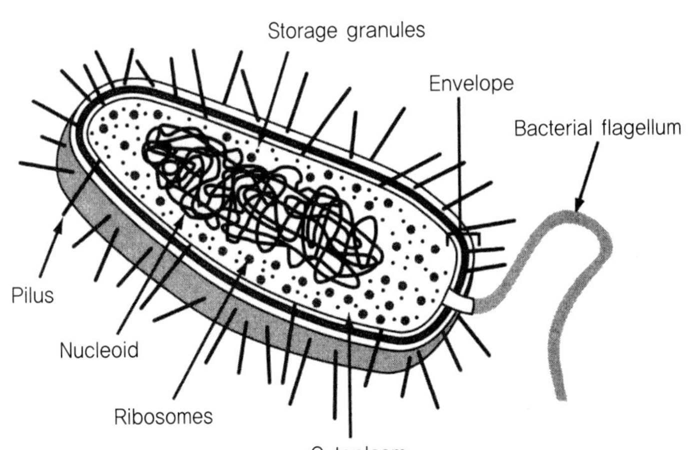

그림 3.1
세균의 구조적 단면도

고 있으며, 항생제antibiotics에 대한 저항성을 나타내는 유전자를 암호화하고 있는 것이 많다. 원핵 세포에만 존재하는 특수기관으로는 메소조옴mesosome이 있다. 이 기관은 세균의 세포막이 함몰된 구조로 호흡 및 세포분열에 관여한다. 염색체는 진핵 세포에서 발견되는 특이한 핵단백질인 히스톤histone과 결합하지 않는다. 세포 내 소기관이 존재하지 않고, 그들의 세포벽은 거의 항상 복잡한 다당류인 펩티도글리칸peptidoglycan을 갖고 있다.

3.2.1 원핵 세포의 크기, 모양, 배열

원핵 세포는 비교적 간단한 구조를 갖고 있으며 세균이나 남조류와 같이 작은 세포로 되어 있고 이들은 핵이나 미토콘드리아, 그리고 골지체와 같은 복잡한 세포 내 소기관을 포함하지 않고 있다.

세균bacteria은 다양한 크기와 모양에 차이가 있다. 대부분의 세균은 지름이 0.2-2.0㎛, 길이가 2-8㎛ 정도이다. 세균의 대표적인 형태는 기본적인 모양에 따라 구형의 구균coccus, 간균bacillus과 나선균spiral 등으로 나뉜다. 구균은 주로 둥글지만 타원형, 늘어진 형이거나 한쪽 면이 편편한 것도 있다. 간균은 단축short axis을 가로질러서만 나뉘어지기 때문에 구균보다 분류가 더 쉽다. 나선균은 나선형이고 유연하다. 위의 3가지 기본적인 모양뿐만 아니라 별 모양인 균, 정방형의 평평한 세포인 균과 삼각균 등도 있다. 세균의 모양은 유전정보에 따라 결정된다. 일반적으로 대부분의 세균은 단일한 모양을 유지하나 여러가지 환경조건에 따라 그 모양을 바꿀 수도 있다.

3.2.2 원핵 세포의 외부 구조

원핵 세포의 외부구조는 당간대glycocalyx, 편모flagella, 섬유filaments, 섬모fimbriae, 융털pili 등이 있다. 당간대는 세포주위에 있는 물질에 대한 일반적인 용어이다. 세균의 당간대는 점성이 있는 젤라틴 물질로서 세포벽 바깥쪽에 있고 당 또는 단백질 혹은 이 두 가지 모두로 구성되어 있다. 그들의 화학적 구성은 종에 따라 다양하다. 대부분은 세포 안에서 만들어지고 세포 표면으로 배출된다. 기질이 조직화되어 세포벽에 부착된 당간대를 캡슐capsule이라 한다. 이것은 인디 잉크와 같은 염색법에 의해 염색된다. 기질이 조직화되지 않고 세포벽에 느슨하게 부착된 당간대를 점액층slime layer이라 한다. 어떤 종에서 캡슐은 세균독성과 밀접한 관계가 있다. 캡슐은 종종 숙주 세포 내에 유입된 세균이 식균작용에 의해 파괴되는 것을 막아준다. 식균작용은 특정 백혈구 세포에 의해 흡착되는 과정이고 이때 미생물을 파괴한다.

대부분의 원핵 세포는 단일가닥의 탄력성이 있는 편모를 가지고 있다. 편모는 세균에 추진력을 주는 긴 섬유성 부착물이다. 대부분의 세균에서 발견되는 섬유는 진핵 세포에서 볼 수 있는 막이나 껍질 등에 의해 싸여 있지 않다. 섬유는 단백질로 구성된 고리hook에 부착되어 있다. 편모의 가장 안쪽은 기부basal body로 편모를 세포벽과 원형질막에 고정시키는 부분이다. 그람 음성 세균은 2쌍의 고리를 가지고 있으며 바깥 고리 쌍은 세포벽에 부착되어 있고 내부 고리 쌍은 세포질 막에 부착되어 있다. 많은 그람 음성 세균은 섬유보다 짧고 곧고 얇은 털 모양의 부속물을 가지는 데 이것은 운동성보다는 부착에 이용된다. 중심체를 나선형으로 둘러싸며 배열된 필린pillin이라는 단백질로 구성된 이 구조는 잔털돌기와 섬모 두 형태로 나누어지며 서로 다른 기능을 가진다. 섬모는 세균 세포의 끝에서 나오며 세포 전체 표면에 걸쳐 퍼져 있다. 그 수는 세포당 수 개에서 수백 개에 이른다. 당간대처럼 섬모는 다른 세포의 표면에 부착한다. 편모는 섬모보다 길고 세포 당 하나에서 2개 정도 있다. 편모는 DNA가 한 세균에서 다른 것으로 이동하는데 쓰인다.

3.2.3 세포벽Cell wall

세포벽은 원형질로 둘러싸고 있는 딱딱한 구조이며 탄수화물과 단백질로 구성되어 있다. 이들은 외부 환경에서 삼투압 변화에 따른 저항성도 가지고 있다. 세포벽의 내측 부위에 결합되어 있는 것이 세포막이다. 세균 세포의 세포벽은 세포의 특징적인 모양을 형성하는 복잡한 반구형의 구조이다. 세포벽은 외부의 부서지기 쉬운 세포질막plasma membrane을 둘러싸고 있고 그것을 보호하여 주위환경의 가역적인 변화로부터 세포의 내부를 보호한다. 대부분의 원핵 세포는 세포벽을 가지고 있다. 세포벽의 주요 기능은 세포 내부의 삼투압이 세포외부보다 높을 때 세균세포가 파열되는 것을 막는다. 세포벽은 세균의 모양유지와 편모가 잘 매달릴 수 있게 지탱해 준다. 세균 세포는 부피가 증가하면 세포막, 세포벽은 필요에 의해 늘어난다. 진단학적으로 세포벽은 질병을 유발하게 하고, 몇몇 항생제에 대한 작용을 한다. 게다가 세포벽의 화학적 조성은 세균의 주요 형태를 구분하는데 사용한다. 식물, 조류, 곰팡이류와 같은 몇몇 진핵 세포도 세포벽을 가지지만 그 세포벽은 원핵 세포와 화학적 조성이 다르고 구조적으로 훨씬 간단하고 강도도 약하다. 세균 세포벽의 구성과 구조는 펩티도글리칸peptidoglycan: murin이라 불리는 생체 고분자로 구성되어 있고, 펩티도글리칸은 다른 물질들과 결합해 있거나 독립적으로 존재하며 연속적인 이당류로 구성되어 있다. 이당류가 연속적으로 고분자를 형성하면서 세포전체를 둘러싸 세포를 보호하는 격자형을 형성한다. 이당류 부분은 N-acetylgucosamine(NAG)와 acetylmuramic acid(NAM)의 2당 단위가 교대로 β(1->4) 결합으로 연결된 것에 펩티드peptide 사슬이 붙어서 강한 결합체인 펩티도글리칸의 그물모양의 구조로 되어 있다.

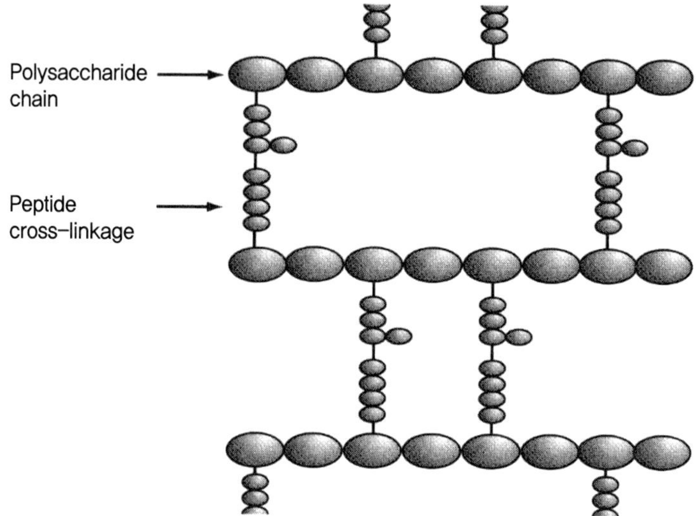

그림 3.2
뮤린의 구조 (펩티도글리칸)

세균검출을 위해 사용한 방법으로 덴마크의 의사인 Gram이 개발한 염색법은 세균의 세포를 염기성 색소인 자수정crystal violet으로 처리해서 염색되는 것을 그람 양성균Gram-positive, 염색되지 않고 탈색되는 것을 그람 음성균Gram-negative라고 명명하였다.

그람 양성Gram-positive 세포벽

대부분의 그람 양성 세균에서 세포벽은 여러 층의 펩티도글리칸으로 구성되어 두껍고 단단한 구조를 형성한다. 반면 그람 음성 세포벽은 한 층의 펩티도글리칸으로 구성된다. 게다가 그람 양성 세균의 세포벽은 테코익산teichoic acids을 담고 있고 테코익산은 일차적으로 글리세롤이나 리비톨ribitol 같은 알코올alcohol과 인산phosphate으로 구성된다. 테코익산은 지질 테코익산과 벽 테코익산의 2가지가 있다. 지질 테코익 산은 펩티도글리칸 층에 뻗어 있고 세포막과 연결되어 있다. 반면에 벽 테코익산은 펩티도글리칸 층과 연결되어 있다. 인산 그룹의 음전하 때문에 테코익산은 양이온의 이동을 조절한다. 세포에서의 역할은 세포벽의 항원적 특이성을 부여하고 혈청학적 동정을 가능하게 한다. 그람 양성 *streptococci*의 세포벽은 의학적으로 중요한 다양한 다당류로 덮여있다. *Mycobacterium*과 같은 산성 세균의 세포벽은 60%가 밀납 지질인 mycolic acid로, 그 나머지는 펩티도글리칸으로 구성되어 있다. 이들 세균은 그람 염색법으로 염색할 수 있어 그람 양성 세균으로 간주한다.

그람 음성Gram-negative 세포벽

그람 음성 세균의 세포벽은 하나 이상의 펩티도글리칸과 하나의 외부막outer

표 3.2 그람 양성 및 그람 음성 세균의 특성 비교

특 성	그람 양성	그람 음성
그람 시약 반응	양성 (자주 또는 보라색)	음성(적색)
펩티도글리칸층	두꺼움(다층)	얇음(단층)
테코익 산	다량 함유	無
periplasmic space	無	有
단백질 · 지방	소량	다량
지방당 함량	無	다량
편모구조	기부에 2쌍 고리	기부에 4쌍 고리
독소 생성	다량	소량
기계적 파괴내성	강함	약함
용균효소의 세포벽 분해	다량	소량
항생제 감수성:		
페니실린	높다	낮다
스트렙토마이신	낮다	높다
테트라싸이클린	낮다	높다
클로암페니콜	낮다	높다
염기성 염료에 의한 억제	높다	낮다
음이온 반응성	높다	낮다
NaN_3 내성	높다	낮다
원형질 분리	어렵다	쉽다
건조 내성	강함	약함

membrane으로 구성되어 있다. 외부막은 특이한 여러 기능을 갖는다. 강한 음전하는 식균작용에 중요한 요소이다. 또한 외부막은 특정 항생제들이나 용균효소lysozyme과 같은 분해효소, 세제, 중금속, 담즙과 특정염료 등에 대한 방어벽으로 작용한다. 그러나 영양분이 세포의 대사작용을 유지하기 위해서는 외부막을 통과해야 한다. 따라서, 외부막의 투과성은 막내에 통로를 형성하는 포린porins이라는 단백질 때문이다. 포린은 핵산, 이당류, 펩티드, 아미노산, 비타민, 금속이온과 같은 분자들의 이동을 가능하게 한다. 그러나 공격받기 쉬운 세균이나 비루스, 해로운 물질에 대한 부착부위로도 제공됨으로서 세포가 공격 당하게도 한다. 외부막의 당지질 부분은 그람 음성 세균의 두가지 중요한 특성을 제공한다. 첫 번째는 당지질 부분은 O-다당류O-polysaccharides라 불리는 당으로 구성되어 있다. 이 다당류는 항원으로 작용하고 그람 음성 세균의 종을 구별하는데 사용된다. 예를 들면 2000종 이상의 *Salmonella serovars*는 혈청학적 방법에 의해 구별될 수 있다. 이와 같은 기능은 그람 양성 세포 내에서

테코익 산의 혈청학적 방법과 비교될 수 있다. 두 번째 특성은 지질 A라 불리는 당지질의 지질부분은 내독소endotoxin이며 숙주의 혈액의 흐름을 방해하거나 소화기에 유독하여 발열과 쇼크를 유발한다. 표 3-2는 그람 양성과 그람 음성 세균의 특성을 비교한 것이다.

불규칙 세포벽

원핵 세포 내에서 자연적으로 세포벽이 없거나 세포벽 물질이 매우 적은 원핵 세포가 있다. 예를 들면, *Mycoplasma*는 숙주세포 외부에서 성장하고 자기 복제할 수 있는 작은 세균으로 크기가 작고, 세포벽이 없기 때문에 특히 세포막이 조직과 연결되어 있다. 이들의 세포막은 스테롤sterols이라 불리는 지방이 있어 삼투압적 보호 기능을 하는데 도움이 된다. 또한 남조류는 세포벽이 없거나 펩티도글리칸이 아닌 다당류와 단백질로 구성된 비정상적인 세포벽을 보유한다.

세포벽의 손상

원핵 세포의 세포벽은 진핵 세포의 세포벽과 다른 종류의 화학물질을 만들기 때문에 원핵 세포의 세포벽에 손상을 주거나 세포벽 합성을 방해하는 화학물질들 중에는 동물숙주세포에 유해하지 않은 것이 있다. 따라서 원핵세포의 세포벽 합성을 방해하는 기작은 항미생물제 개발의 목표이다. 세포벽의 손상은 용균 효소와 같은 분해효소에 노출됨에 의해 입을 수 있다. 용균 효소는 자연상태에서 주로 진핵 세포에 있고, 눈물, 점액 침(타액) 등에 존재한다. 주로 그람 양성 세포벽의 분해에 관여한다. 용균 효소는 펩티도글리칸의 연속적인 이당류의 결합을 가수 분해하는 반응을 촉매시킨다. 용균 효소가 그람 양성 세포벽을 거의 완전하게 파괴시켜도, 세포막에 의해 둘러싸여 있는 내용물은 삼투압성 막 파괴가 일어나지 않으면 완전한 상태로 남아있다. 이와 같이 세포벽이 없는 상태의 세포를 프로토플라스트protoplast라 한다. 주로 구형이고 여전히 대사 작용을 수행할 수 있다. 용균 효소가 그람 양성균의 세포벽을 완전히 파괴하지 않고 약간의 외벽을 남길 경우, 세포 내부물질, 세포막, 남아있는 구형의 외벽층을 스피로플라스트spheroplast라 한다. 용균 효소가 그람 음성 세포에서 촉매활성을 나타내기 위해서는 중금속 제거제인 EDTA (ethylenediaminetetraacetic acid)를 먼저 처리해야 한다. EDTA는 외막에 있는 이온결합을 약화시키고 펩티도글리칸 층에 용균 효소가 작용할 수 있도록 손상을 준다. 세포내의 물의 농도는 매우 낮기 때문에 세포를 물에 넣게 되면 물분자는 빠르게 세포 속으로 이동하여 세포를 확장시키기 때문에 순수한 물이나 희석된 소금물과 희석된 설탕물에서 프로토플라스트나 스피로플라스트를 넣으면 세포안으로 유입된 물의 팽압에 의해 세포가 터진다. 이러한 현상을 삼투압성 파열이라 한다. 페니실린penicillin과 같은 항생제는 세포벽의 형성을 막고 펩티도글리칸의 연결을 가로지르는 펩티드 결합 형성을 방해하여 세균을 파괴시킨다. 대부분이 그람 음성 세균의 외막은 그람 양성 세균처럼 페니실린에 민감하지는 않다. 그람 음성 세균의 외막은 외부 물질의 유입을 억제하는 막을 형성한다. 그러나 그람 음성 세균은 페니실린보다 외막을 관통하기 쉬운 몇 종의 락탐계(β- lactam) 항생제에 민감하다.

3.2.4 세포벽 내부의 구조

세포질막Plasma or cytoplasmic or inner membrane

세포질막은 세포벽 내부에 있는 얇은 층 구조의 세포질을 둘러싸고 있다(그림3.3). 원핵 세포의 세포질막은 막내에 풍부한 화학물질인 인지질과 단백질로 구성되어 있다. 반면에 진핵 세포의 세포질막은 탄수화물과 콜레스테롤cholesterol과 같은 스테

그림 3.3
그람 양성균과 그람 음성균의 세포막

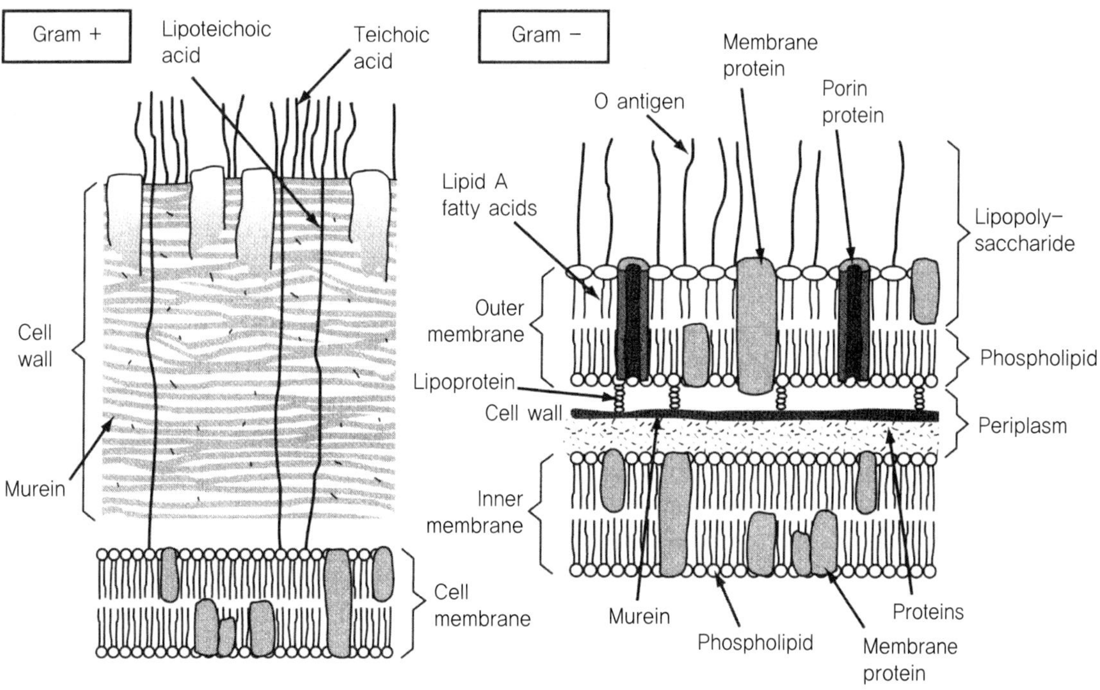

롤sterols을 함유한다. 원핵 세포의 세포막은 스테롤이 없기 때문에 진핵 세포의 세포질막보다 단단하지 못하다.

1) 구조

전자현미경 상에서 원핵 세포와 진핵 세포의 그람 음성균의 세포막은 2개의 층 구조를 이룬다. 인지질은 2개의 평행하게 배열된 지질 이중층bilayer이다. 각각의 인지질 분자들은 인산기와 친수성인 글리세롤로 구성된 극성 머리부와 소수성기의 지방산으로 구성된 비극성 꼬리부로 구성되어 있다. 극성 머리부는 지질 이중층의 표면에 위치하고 비극성 꼬리 부위는 이중층의 내부에 있다. 막내의 단백질 분자는 다양한 형태로 배열되어 있고 막 표면에 노출된 단백질peripheral protein은 약한 처리에 의해 막에서 쉽게 제거될 수 있고, 막의 내부 혹은 외부에 위치한다. 그러나 세포막에 박혀 있는 막 결합 단백질integral proteins은 세제와 같은 물질을 사용하여 이중층 구조가 파괴된 후에야 막에서 제거된다. 대표적인 막 결합 단백질들은 막을 관통한다. 이들은 특정물질이 세포 내로 들어가고 배출되는 통로 역할을 한다. 막 구성 분자들인 인지질과 단백질 분자들은 세포막 특정 부위에 고정되어 있지 않고 세포막에서 유동 역학적이동으로 세포질막의 다양한 기능과 관계된다. 지방산으로 구성된 비극성 꼬리부는 소수성 상호작용에 의해 꼬리부끼리 밀착되어 있기 때문에 물에서 자기 밀봉식 지질층을 형성하고, 인지질은 막내에서 파괴되거나 구멍난 부분을 밀봉한다. 또한, 세포질막은 막 단백질들의 구조에 변성을 주지 않도록, 기능을 충분히 수행할 수 있을 만큼 점성을 가지고 있어야 한다. 막에서 인지질과 단백질의 역동적 구조와 기능을 "fluid mosaic model"이라 한다.

2) 세포질막의 기능

세포질막의 중요한 기능은 물질의 세포 내 유입 및 유출을 선택적으로 수행한다. 물질의 선택적 투과성은 특정 분자나 이온은 막을 통과하지만 다른 물질은 그것을 통과하지 못함을 의미한다. 이러한 막의 투과성은 몇 가지 요소에 의존한다. 단백질과 같은 분자량이 큰 분자는 그 크기가 크기 때문에 막결합 단백질 통로를 통해 막을 통과할 수 없다. 그러나 물, 산소, 이산화탄소, 분자량이 적은 당과 같은 작은 분자는 막결합 단백질 통로를 통과한다. 이온들은 전하 때문에 아주 천천히 막을 통과한다. 막은 대부분 인지질로 구성되기 때문에 지질에 쉽게 용해되는 산소, 이산화탄소, 비극성 유기물과 같은 물질은 쉽게 유입 또는 유출된다. 세포질막은 또한 영양물질의 분해와 에너지의 생산에도 관여한다. 세균의 세포질막은 영양물질의 분해와 ATP 생산 반응을 촉매할 수 있는 효소들을 가지고 있다. 전자현미경 상에서 볼 때 세균의 세포질막은 종종 메소조옴mesosomes이라 불리는 불규칙적인 주름을 가진 부분이 있다. 메소조옴은 세균의 세포막에서만 발견되는 기관으로 세포막이 세포질 내로 함몰된 구조로 DNA와 접촉하고 있는 경우가 많다.

세포막의 물질수송

한쪽 막이 다른 쪽 막보다 물질의 농도가 높을 때는 농도 기울기句配가 생긴다. 물질이 막을 통과할 수 있다면 농도가 같아 질 때까지 혹은 다른 힘이 그 움직임을 막을 때까지 희석되는 쪽으로 이동한다. 물질의 이동에는 수동 수송passive processes과 능동 수송active processes이 있다.

수동 수송에는 단순 확산simple diffusion, 촉진 확산facilitated diffusion, 삼투 확산osmosis 등이다. 단순 확산은 분자나 이온이 고농도에서 저농도로 이동하는 것이고, 이러한 움직임은 분자나 이온이 확산될 수 있을 때까지 계속 된다. 이러한 확산이 중지되는 것처럼 평형에 이른 상태를 평형상태라 부른다. 촉진 확산은 글루코오스의 이동 같이 세포막 속의 운반 단백질carrier과 결합한다. 이 같은 운반 단백질은 막을 가로질러 물질을 고농도에서 저농도로 수송한다. 운반 단백질은 세포막의 외부에서 수송되는 물질과 결합하여 막을 통과하여 수송되고 세포질에서 해리된다. 촉진 확산은 물질이 고농도에서 저농도로 움직이기 때문에 에너지를 필요로 하지 않는다는 점에서 단순 확산과 유사하다. 삼투압은 용매 물질이 선택적 투과막을 가로 질러 고농도에서 저농도로 이동하는 것이다.

능동수송은 물질을 에너지를 사용하여 농도 기울기에 역행해서 수송시키는 이동방식이다. 세포 내부의 농도가 높을지라도 능동 수송에서 물질의 이동은 주로 외부에서 내부로 이루어진다. 촉진확산과 같이 능동 수송은 세포막 내의 운반 단백질에 의존한다.

세포질Cytoplasm

원핵 세포에서 세포질은 세포막 내부에 함유되어 있는 세포의 내부이다. 세포질은 80%가 물이며, 각종 단백질enzyme, 탄수화물, 지질, 무기 이온들을 비롯 저분자물질을 포함한다. 세포질은 두껍고 수용성이며, 반투명이면서도 유연하다. 세포질에서의 주요한 구성 물질은 DNA, 리보솜, 봉입체inclusions 등이 있다.

핵부위Nuclear area

세균성 세포 핵 혹은 뉴클레오이드nucleoid에는 세균성 염색체chromosome인 긴 모양의 이중 나선 구조의 DNA가 있다. 이는 세포의 구조 및 기능에 필요한 유전정보를 수용한다. 진핵 세포의 염색체와 달리 세균의 염색체에는 히스톤histone을 가지고 있지 않고 핵막에 의해 둘러싸여 있지도 않다. 염색체는 긴 구형이거나 아령모양을 하고 있고, 세균 세포는 다음 세대의 세포에 필요한 핵 물질을 미리 합성하기 때문에 성장중인 세포는 세포 부피의 20%정도가 DNA 로 되어 있다. 또한 염색체는 세포막에 부착되어 있다. 세균에는 염색체뿐만 아니라 핵 외 유전자인 작은 환형의 이중 나선 DNA분자인 플라스미드plasmid를 가지고 있는 경우도 있다. 이들 분자들은 염색체와는 다른 독립적 유전물질이다. 플라스미드는 세균 염색체와 연결되어 있지 않고 염색체 DNA와는 독립적으로 복제한다. 플라스미드는 주로 정상적인 환경에서는 bacteria의 생장에 필수적이지 않은 5-100개의 유전자들을 갖는다. 특정한 조건에서 플라스미드는 세포에 유용하다. 플라스미드는 항생제 내성, 독성물질에 대한 내성, toxins생산, 효소합성의 활성을 위한 유전자들을 수용하고 있다. 플라스미드는 다른 bacteria로 이동될 수 있어 세균 상호간에 전달이 가능하며, 생명공학 분야에서 유전자 조작의 중요한 연구수단으로 이용되고 있다.

리보솜Ribosome

모든 진핵 세포와 원핵 세포는 단백질 합성 장소로서의 기능을 담당하는 리보솜을 가지고 있다. 높은 단백질 합성 비율을 나타내는 세포는 많은 리보솜을 가지고 있다. 리보솜은 2개의 소부분subunits으로 구성되어 있고 각 소부분은 단백질과 ribosomal RNA(rRNA)로 구성되어 있다. 진핵 세포와 원핵 세포 리보솜의 차이는 단백질과 rRNA의 개수이다. 원핵 세포 리보솜은 단백질 수가 적으며, 밀도가 낮다. 원핵 세포 리보솜은 70S 리보솜을 불리는데 반하여 진핵 세포 리보솜은 80S 리보솜이다. 문자 S는 침강계수로, 입자들이 초원심 분리기 안에서 침강 분리되는 동안 상대적인 침강 비율인 Svedberg units이다. 침강비율은 입자의 크기, 무게, 모양에 따라 다르다. 70S 리보솜은 1개의 rRNA 분자를 포함하는 작은 30S 단위체subunit와 2개의 rRNA분자로 구성된 큰 50S 단위체로 구성되어 있다. streptomycin, neomycin 및 tetracycline과 같은 몇몇 항생제는 원핵세포의 리보솜에서 단백질합성을 억제함으로써 항균효과를 나타낸다.

세포 내 저장물질Inclusions

세균의 세포질에는 다양한 종류의 저장 물질inclusions이 입자의 형태로 저장되어 있다. 이와 같은 저장 물질들은 에너지원이 부족 할 때 에너지원으로 이용된다.

내생포자Endospores

필수적인 영양분이 고갈되거나 수분이 충분치 않을 때, Clostridium, Bacillus속 같은 그람 양성 세균은 내생포자endospore라고 불리는 특수화된 휴면 포자를 형성한다. 특별히 세균 세포에서만 보여지는 내생포자는 두꺼운 세포벽과 외피 층으로 쌓여 있어 탈수를 견디는 세포이다. 이러한 휴면 포자세포는 환경이 개선될 때까지 그것은 고온, 수분 부족, 독성 화학물질, 방사선 등의 노출로부터 살아날 수 있다.

3.3 진핵 세포의 구조

단원요점

- 세균과 archaea를 제외한 모든 세포들은 진핵 세포이다.
- 진핵 세포는 막으로 둘러싸인 다음과 같은 세포 내 소기관들을 가진다.
  - 핵
  - 미토콘드리아
  - 골지체와 소포체(세포막계)
  - 엽록체(일부 진핵 세포에만 존재)
  - 라이소솜, 페록시좀,
- 핵은 핵막이라 불리는 두 겹의 지질 이중층으로 구성되어 있다.
- 핵은 세포 분열 기간의 유사분열과, 배우자 형성기의 감수분열시 양분된다.
- 진핵 세포는 실과 같은 단백질로 구성된 세포 골격을 가진다. 이는 유사분열이나 세포의 이동시 작용한다.

진핵 세포 생물에는 조류algae, 원생동물protozoa, 균류fungi, 식물plant 및 동물animal 등이 있다. 진핵 세포는 일반적으로 원핵 세포보다 크고, 구조적으로 복잡하다. 원핵 세포의 구조와 비교해 볼 때 진핵 세포는 다음과 같은 기본적인 차이가 나타난다. 진핵 세포의 크기는 직경이 10-100㎛로 원핵 세포의 크기인 0.2-2㎛ 보다 크다. 또, 진핵 세포는 원핵 세포에는 없는, 생체막에 둘러 쌓인 세포 내 소기관을 가지고 있다. 진핵 세포의 유전물질은 단위막에 의해 둘러 쌓여져 독립된 형태로 염색체를 구성하며, 히스톤이나 다른 핵단백질과 결합되어 있다. 진핵과 원핵 세포의 본질적인 차이는 표 3.1에 요약되어 있다. 진핵 세포에 존재하는 대표적인 세포내 소기관에는 핵, 골지체, 소포체, 엽록체, 미토콘드리아, 리소소옴, 중심체 및 리보조옴 등을 포함한다. 엽록체는 광합성을 하는 세포 내 소기관으로 식물 및 조류의 세포에 국한되어 있다. 진핵 식물세포는 본질적으로 진핵 동물 세포와 대단히 유사하다. 그러나 식물 세포는 세포벽을 가지고 있으며 수많은 엽록체chloroplast를 갖고 있다. 식물 세포는 또한 1개 이상의 액포를 가지고 있다.

편모Flagella와 섬모Cilia

동물 세포나 진핵 미생물의 세포는 세포 이동이나 세포 표면을 따라 이동하는 물질에 유용한 돌기를 가지고 있다. 이 돌기는 세포질을 함유하고 원형질막에 의해 둘러 싸여 있다. 이것들은 운동성을 가지며, 특별하고 중요한 기능을 가진다. 돌기가 머리카락처럼 많고 짧은 것은 섬모cilia이고, 돌기 수가 적고 세포 크기에 비해 길이가 긴

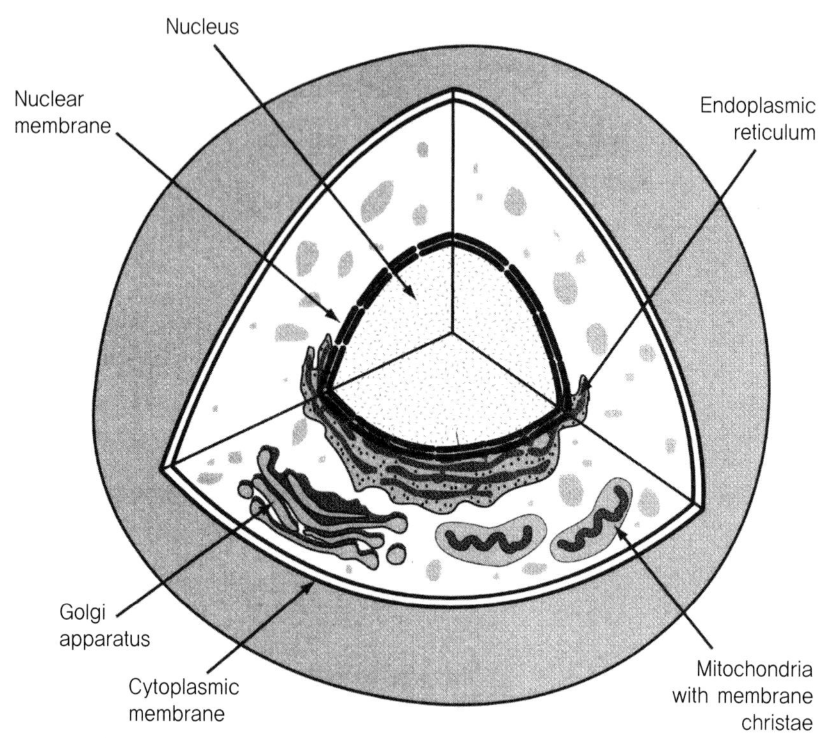

그림 3.4
진핵 세포의 구성

그것은 편모flagella라고 한다. 이 두 가지는 모두 세포에 운동성을 부여한다. 유글리나는 이동하는 데 편모를 사용하고 *Tetrahymena* 같은 원생동물은 이동을 하는 데 섬모를 사용한다.

진핵 세포의 세포벽

몇종의 진핵 세포는 원핵 세포보다 더 간단한 세포벽을 가지는 경우도 있다. 많은 종의 조류는 다당류인 셀룰로오스로 구성된 세포벽을 가진다. 어떤 균류의 세포벽 또한 셀룰로오스를 함유하나, 대부분 균류의 세포벽의 기본적 구성성분은 N-acetylgluco-samine (NAG) 기본단위로 구성된 고분자인 다당류로 키틴 성분이다. 키틴은 갑각류와 곤충의 외부 골격의 주 구성 성분이기도 하다. 효모의 세포벽은 다당류 글리칸과 마난mannan을 함유한다. 세포벽이 없는 진핵 세포에서는 세포질막이 바깥을 덮고 있다. 그러나 외부와 바로 접촉하는 세포의 경우는 세포질막 바깥에 덮개를 가지고 있다. 원생동물은 전형적인 세포벽을 가지지 않는 반면에 펠리클pellicle이라는 유연성 있는 덮개를 가진다. 동물 세포를 포함하여 많은 진핵 세포에서 원형질막은 많은 양의 끈적한 탄수화물을 함유한 물질로 된 막인 당간대glycocalyx에 의해 덮여 있다. 이 탄수화물 중 몇 가지는 세포에 glycocalyx를 붙잡고 있는 당단백질과 당지질을 형성하는 세포질막에 있는 단백질과 공유결합을 형성한다. glycocalyx는 세포표면을 강화하고, 세포끼리의 접촉을 도우며, 세포간의 인식을 하게 한다. 진핵 세포는 원핵 세포의 세포벽 뼈대에서처럼 펩티도글리칸을 세포벽에 함유하지 않는다. 따라서, 이것은 penicillin, cephalosporin과 같은 항생제는 펩티도글리칸에만 작용하기 때문에 진핵 생물의 세포에는 영향을 주지 않아, 항 세균제로 응용할 수 있게 한다.

진핵 세포의 세포질막

세포벽이 없는 진핵 세포에서 세포질막은 세포의 외부를 덮고 있다. 기능과 기본 구조에서 진핵 세포와 원핵 세포 세포질막은 매우 유사하다. 그러나 구성 단백질의 차이가 막에서 발견된다. 원형질막이라고 하며 45~50%의 단백질과 45~55%의 지질로 이루어져 있다. 지질은 이중층으로 되어 있고 그 중에 여러 가지 단백질이 파묻혀 있다. 원형질막의 기능은 내부의 내용물을 보호하고, 영양소의 세포 내 유입, 노폐물의 세포 외로의 유출을 조절과 복잡한 탄수화물과 단백질을 함유하고 있으며 이들은 세포에 특정적인 면역성을 제공한다. 또한 세포간의 반응과 소통을 담당한다. 그리고 세포간의 접촉시 조직을 강화시키는 단백질도 함유하며, 대사 산물을 변화시키기도 한다. 또한 원형질막에 존재하는 특정 단백질은 많은 섬유성 구조의 고리로 작용하기도 한다. 세포질막은 세포간 인식 기능 같은 역할을 맡고 있는 수용기로 작용하는 당단백질을 함유한다. 이 당은 또한 세균의 부착 부위로 제공된다. 진핵 세포 세포질막에서는 원핵 세포에서는 발견되지 않는 지질 복합체인 스테롤sterol을 함유한다. 스테롤은 삼투압이 증가할 때 막의 파열을 견디게 하는 막의 역할과 관계가 있는 것 같다.

진핵 세포 세포이물흡수작용endocytosis이라는 기작을 이용하기도 한다. 이것은 입자나 분자량이 큰 물질의 세포 내 유입 시 일어나는 작용으로 이물질을 세포질막이 둘러싸여 막의 일부가 세포 안으로 함몰되며, 일어난다. 세포이물흡수작용은 바이러스가 동물세포로 들어갈 수 있는 방법 중 하나이다. 세포이물흡수작용의 중요한 두 가지 형태는 식균작용phagocytosis과 음작용pinocytosis이 있다. 식균작용 동안 세포 돌출부를 형성하여 이물질을 세포 안으로 끌어들인다. 백혈구가 세균이나 외부물질을 파괴할 때에도 식균작용이 사용된다. 음작용에서는 세포질막은 안쪽으로 함몰하여 물질이 용액에 녹는 것에 상관없이 세포 내로 세포 외액을 끌어들인다.

진핵 세포의 핵

진핵 세포 세포 내 소기관의 가장 중요한 특징은 핵이다. 보통 구형의 구조(직경 3~

4㎛)이거나 타원형인 핵은 세포에서 가장 큰 구조물이고 세포의 거의 모든 유전 정보를 수용하고 있다. 핵은 또한 유전정보를 수용하는 염색체 DNA가 히스톤histone 단백질과 결합한 상태로, 다공성의 핵막으로 둘러싸여 있다. 핵안에 존재하는 염색체 DNA 외에도 미토콘드리아와 엽록체에서도 독립적인 DNA가 발견된다. 핵은 핵막이라는 이중막에 의해 cytoplasm과 구분된다. 핵에 존재하거나 출입을 하는 물질들은 핵막의 작은 구멍을 통해서 통과한다. 핵막내부는 핵질nucleoplasm이라는 젤리틴gelatin 성분의 액으로 되어있다.

소포체Endoplasmic reticulum

진핵 세포의 세포질 내에 광범위하게 퍼져 있는 평평한 내부막cisterns을 소포체(endoplasmic reticulum; ER)이라 한다 . 소포체 망은 핵막과 연결되어져 있다. 소포체는 지질과 단백질을 합성하고, 저장하며 세포의 물질의 이동 경로로도 이용된다. 소포체 막의 끝 부분은 분비 소낭secretory vesicles이라 불리는 작은 공 모양으로 떨어져 나갈 수 있는데 이들 소낭은 세포 내에서 물질을 운반한다. 소포체에 의해 생산된 많은 지질과 단백질이 이러한 방법에 의해 골지체로 운반된다. 대부분의 진핵 세포에서는 2종류의 소포체가 발견된다. 첫 번째는 소포체에 수많은 리보솜이 결합되어 있어서 전자현미경으로 관찰할때 거친 표면으로 보이는 곳이 조면 소포체rough ER이다. 이 리보솜이 결합된 조면 소포체는 특이 분비 단백질 합성의 기능을 도와준다. 두 번째 종류는 소포체에 리보솜이 결합되어 있지 않아서 활면 소포체smooth ER라 부른다. 이 활면 소포체는 지방산과 지질 합성을 포함한 다양한 지질 대사 과정의 기능을 수행한다. 모든 진핵 세포는 많은 양의 rough ER을 가지는데 이는 세포질막에 결합한 많은 종류의 단백질과 matrix의 합성에 필요하기 때문이다.

미토콘드리아Mitochondria

미토콘드리아는 구형 또는 막대 모양의 소기관으로 대부분의 진핵생물의 세포질에 존재하며, 세포의 발전소 역할을 한다. 세포의 에너지원인 ATP 합성과 에너지 생산을 담당한다. 미토콘드리아 내부에서 에너지 생산은 포도당glucose과 지방산fatty acid을 산화하여 만들며, 한 분자의 glucose가 완전히 산화되어 CO_2와 H_2O로 분해되면 32개의 ATP가 생성된다.

$$C_6C_{12}C_6 + 6O_2 + 32Pi + 32ADP \rightarrow 6CO_2 + 6H_2O + 32ATP$$

진핵 세포에서 이러한 glucose의 분해 초기 반응은 세포질에서 일어난다. 마지막 반응단계에서 미토콘드리아에서는 30개의 ATP를 합성한다. 이러한 미토콘드리아는 세포 내 용적의 25%를 차지하는 큰 기관으로서 원형질막과 구조적으로 비슷한 지질

이중막으로 구성된다. 미토콘드리아 외막은 반은 지방, 반은 단백질로 구성되어 있고, 물질의 투과에 관여한다. 미토콘드리아 내막은 투과성이 작으며, 20%의 지방과 80%의 단백질로 구성되어 있다. 미토콘드리아 내막의 안쪽 표면에는 많은 주름이 있는 크리스타cristae와 중심부에는 밖으로 돌출된 기질matrix이 존재한다. ATP를 만드는 효소를 포함한 세포의 호흡의 기능을 하는 단백질들이 미토콘드리아 내막의 크리스타에 위치해 있고 세포호흡을 포함한 대사 과정의 많은 과정이 기질에 집중되어 있다. 이러한 크리스타cristae와 기질matrix은 지방과 당의 산화 및 ATP 합성에 관여한다. 또한 미토콘드리아는 자체의 독립적 유전 정보를 수용하는 DNA를 가지고 있으며 여러 종류의 미토콘드리아 단백질을 합성한다.

미토콘드리아는 종종 ATP를 생산하는 중심적인 역할 때문에 세포 내 공장이라고 부른다. 미토콘드리아는 70S 리보솜과 자체의 독립적 유전정보를 수용하는 DNA 뿐만 아니라 복제, 전사, 번역에 필요한 기작을 가지고 있다. 게다가 미토콘드리아는 성장과 그들 자신이 분열에 의해 미토콘드리아 수를 늘리거나 줄일 수 있다.

진핵 세포의 리보솜Ribosomes

작은 구조체로서 단백질의 합성에 필요하며, 단백질과 리보 핵산에 의해 구성된 복합체이다. 조면 소포체의 바깥 표면에 붙은 것과 세포질 내에서 자유롭게 존재하는 것이 있다. 원핵 세포에서와 같이 리보솜은 세포 내에서 단백질 합성을 하는 장소이다. 진핵 세포의 소포체와 세포질에 있는 리보솜은 원핵 세포의 리보솜보다 약간 크고 밀집되어 있다. 진핵 세포의 리보솜은 80S 리보솜으로 3가지 종류의 rRNA를 포함하는 large 60S 단위체subunit와 한 종류의 rRNA로 구성된 작은 40S 단위체로 구성된다. 엽록체와 미토콘드리아는 70S 리보솜을 포함하며, 이것은 이들 세포 내 소기관이 원핵생물로부터 진화되어 왔음을 보여준다.

골지체Golgi complex

분비 단백질은 합성 후 조면 소포체의 막일부가 떨어져 나와 낭를 형성하여 다른 막으로 이동하는데 이때의 조면 소포체에는 리보솜이 존재하지 않는다. 이러한 세포 내 소기관을 골지체라고 하며 일반적으로 핵 근처에 존재한다. 골지체는 분비기능을 가진 세포에 발달해 있다. 이는 여러 개의 넓적한 주머니 모양의 것이 겹쳐진 형태로 되어 있으며 평평한 원판상의 기관으로써 소포체의 변화에 의해 만들어진다. 골지체는 여러 가지 물질을 적은 세포막으로 둘러싸인 소낭 안에 포장하여 세포 밖으로 운반한다. 소포체와 비슷한 형체로 4-6개의 평평한 소낭으로 구성되어 있고, 끝부분에 있는 넓은 영역은 접시의 더미처럼 각각 쌓여 있다. 골지체는 소포체로부터 새로이 합성된 단백질과 지질을 받아서 기능에 맞게 변형시키고 포장해서 소낭을 통해 운반한다. 세포로부터 밖으로 내보내는 단백질은 소낭으로 옮겨져서 소낭이 세포의 원형질막과 융합시 세포 밖으로 방출된다.

엽록체Chloroplasts

조류와 식물은 엽록체라는 독특한 소기관을 포함한다. 엽록체는 막결합 구조물로서 엽록소chlorophyll와 광합성의 과정에서 빛을 모으는데 필요한 효소를 포함한다. 그라나grana라고 불리는 틸라코이드 소낭의 층을 포함한다. 미토콘드리아와 같이 엽록체는 70S 리보소좀과 DNA, 단백질 합성에 필요한 효소를 포함한다. 그들은 세포 내에서 그들 자신을 복제할 수 있다. 흥미롭게도 엽록체와 미토콘드리아의 복제 방식은 세균의 분열과 매우 유사하다.

리소소옴Lysosomes

전자현미경으로 관찰 시, 리소소옴은 골지체로부터 떨어져 나온 형태로 진핵생물의 세포질 내에서 구형으로 존재한다. 작은 막성의 소포로서 여러 가지 물질의 가수분해 효소나 소화 효소를 함유한다. 여기서는 세포에서 특정물질을 분해 할 때 작용하는 것과 소화 효소와 같이 세포 밖으로 분비할 때 작용하는 것이 있다. 미토콘드리아와는 달리 단지 하나의 생체막으로 되어 있다. 그러나 그들은 많은 종류의 분자들을 분해하는 강력한 효소를 포함한다. 게다가 이들 효소들은 또한 세포 내로 들어가는 세균을 분해할 수 있다. 들어온 세균을 식세포 작용을 하는 백혈구의 경우 수많은 리소소옴을 포함한다.

액포Vacuoles

세포의 세포질 내막으로 둘러싸인 공간 또는 빈곳은 액포라 하며 식물 세포의 경우 액포는 세포 종류에 따라 세포의 부피의 5-90%를 자치하며 액포는 몇 가지 다양한 기능을 가지고 있다. 어떤 액포는 단백질, 당, 유기산, 무기염과 같은 물질의 저장기관으로 제공되고 리소소옴으로서의 다른 액포의 기능은 거대분자를 분해할 수 있는 가수 분해 효소를 저장한다. 많은 식물 세포의 경우 대사과정의 노폐물과 독극물을 저장한다. 만약 이와같이 유래한 물질들의 세포질에서 축적된다면 세포에 심각한 피해를 줄 것이다. 액포는 또한 빈 공간을 물로 채워서 식물 세포의 크기를 늘릴 수 있고 또한 잎과 줄기를 견고하게 해준다.

중심립Centrioles

핵 근처에 위치한 한 쌍의 원통형 구조물이 중심립이다. 각각의 중심립은 9개의 3중체 미세소관microtuble 그룹을 갖는다. 중심립은 진핵 세포의 분열에서 역할을 하고 섬모와 편모의 생성시키는데 역할을 한다.

미생물 대사

4

단원요약

미생물이 주위환경에서 영양물을 섭취하고, 성장, 재생산 및 그들의 환경에 반응하게 하는 모든 효소 촉매 작용을 대사 작용이라 한다.

4.1 효소

단원요점

- 효소는 화학 반응을 유도하는 생물학적 촉매제이다.
- 대부분의 효소는 단백질이고 일부는 RNA이다.
- 효소는 한가지 혹은 몇 가지의 기질(substrates)에 특이적이다.
- 많은 효소는 보조효소와 이온이 필요하다.

효소와 촉매제의 차이점

백금과 같은 무기적 촉매제는 효소보다 덜 특이적이다. 효소는 하나 혹은 단지 몇 가지 반응만을 촉매하는 경향이 있다. 이는 세포가 많은 다른 종류의 효소를 가지고 있는 이유 중 하나이다. 일반적으로 미생물은 1000종 이상의 효소를 가지고 있다.

효소의 특이성

효소는 '활성부위' 라 불리는 촉매 활성 부위에 의해 작용한다. 반응 물질은 이들 부위에 들어가고 서로 반응할 위치에 정확히 자리잡게 된다. 각 촉매 활성 부위는 특이한 구조적 특성을 가지고 있어 이 분자적 구조에 적합한 특정효소와 특정 반응 물질만이 특이적으로 작용한다.

효소의 구성요소

대부분의 효소는 단백질로 이루어져 있으나 리보자임ribozymes이라 불리는 몇 가지 RNA 분자들도 촉매 활성을 가지고 있다.

효소 명명법

대부분의 효소는 RNA 폴리머레이즈polymerase나 DNA 라이게이즈ligase등의 촉매반응, 혹은 글루코시데이즈glucosidase나 리파제lipase등과 같은 기질의 어미에 -ase를 붙인다. 그러나, 몇 가지 특정 효소는 트립신trypsin이나 파파인papain같은 특정 이름을 가진다.

보조 효소

대부분의 효소는 홀로 작용하지만, 특정 효소들은 PLP (pyri- doxal phosphate)와 같은 보조 효소가 필요하다. 뿐만 아니라 몇몇 효소는 포타슘potassium과 같은 일가 양이온이 필요하고, 어떤 경우는 마그네슘magnesium과 같은 이가 이온이 필요하다.

효소의 내열성

대부분의 효소는 열에 약하여 끓였을 경우에는 그 활성 구조 자체가 파괴되지만, 몇 가지 종류는 열에 내성을 나타낸다. 온천이나 심해의 미생물에서 분리한 특정 효소의 경우는 100℃ 정도까지 매우 높은 온도를 잘 견딜 수 있다. 이러한 특성은 기술과 산업분야에서 효소의 사용을 무한정 가능케 한다. 미국의 옐로우 스톤 국립 공원의 열수공에 서식하는 미생물에서 추출한 Taq polymerase라 불리는 효소는 적은 양의 DNA (O.J. Simpson재판에서 보여진 것처럼)를 측정하여 증폭하는 PCR 반응에 사용되어진다.

효소의 결정화

James Sumner 박사는 효소를 1946년에 처음으로 결정화하여 노벨상을 받았다. 그가 만든 효소결정은 정제된 단백질로만 구성되어 있었으나, Sumner 박사는 효소는 단백질이라는 것, 효소는 다른 거대분자의 도움 없이 작용하고 다른 화학물질처럼 연구되어 질 수 있음을 처음으로 효소를 결정화함으로써 보여주었다.

세포 내와 세포 외의 상태에서 효소의 작용

분명히 효소를 정제하는 것은 시험관에서 특성을 연구하기 위해 유용하다. 하지만 이는 세포에서 효소가 어떻게 작용하는가를 이해하는데 충분하지 않다. 세포 내의 상태는 시험관에서와 상당히 다르다. 예를 들면 효소가 세포 내에서 작용하는 부위의 이온적인 환경을 알아내기가 어렵고, 뿐만 아니라 그것은 시험관에서 그러한 환경을 복사하는 것 또한 불가능한 것으로 보인다. 게다가 세포 내부는 높은 농도의 화학 물질 용액으로 구성되어 있는 반면, 생화학자들은 주로 세포 외*in vitro*상태에서 효소를 연구할 때는 보다 많이 희석된 상태를 사용해야한다.

4.2 대사작용

세포의 형성

세포의 형성은 집이 지어질 때처럼 논리적인 단계가 있다. (a) 세포 내로 영양물의 유입 (b) 영양분의 사용가능한 전구체로의 전환및 주대사작용이라 불리는 작용에 의한 에너지의 방출 (c) 생합성작용을 통해 전구체의 구조 성분으로 전환 (d) 구성성분의 거대 분자 세포 구성 물질로의 중합화 (e) 거대분자의 세포 구조로 조합 등의 단계를 거친다. (b) 단계를 제외한 모든 단계의 반응들에는 ATP 형태의 에너지가 필요하다. (b) 단계의 반응은 ADP에서 ATP를 재생성하는 단계다.

4.3 영양분의 세포 내 이동

단원요점

- 분자의 확산은 높은 농도에서 낮은 농도로 발생한다.
- 포유류의 세포는 확산에 의해 몇 가지 영양분을 취한다. 그러나 세균은 거의 그렇지 않다.
- 희석된 용액에서 영양분을 취하기 위해서 세균은 에너지를 필요로 하는 특정 운반 기작을 사용한다.
- 이동을 위한 에너지는 수소 환원력proton motive force또는 ATP에서 온다.
- 어떤 경우에서 집단 전환group translocation이라 불리는 운반과정을 통하여 화학적으로 변형된다.

기질의 이동시 복잡한 반응들

세포는 서로 상반되는 2가지 문제점을 가진다. 세포는 영양분을 섭취해야 하는 동시에 그것이 자신 성질integrity을 가지고 있도록 해야 한다. 다시 말하면 자신의 대사산물과 무기이온의 손실이 없게 한다는 것이다. 이들 과정은 에너지를 필요로 한다.

일부 영양성분이 확산만으로 통과할수 없는 이유

투석 막과 같은 격막을 자유롭게 통과할 수 있는 분자는 고농도에서 저 농도로 확산되는 경향이 있다. 따라서 확산에 의한 세포 내로의 물질의 흐름은 외부의 농도가 내부보다 높을 때 발생한다. 많은 경우 배지에서 용액이 낮은 농도로 있으므로 밖으로 빠져나간 물질을 세포로 끌어들이는데 는 특정 수송 기작이 존재한다.

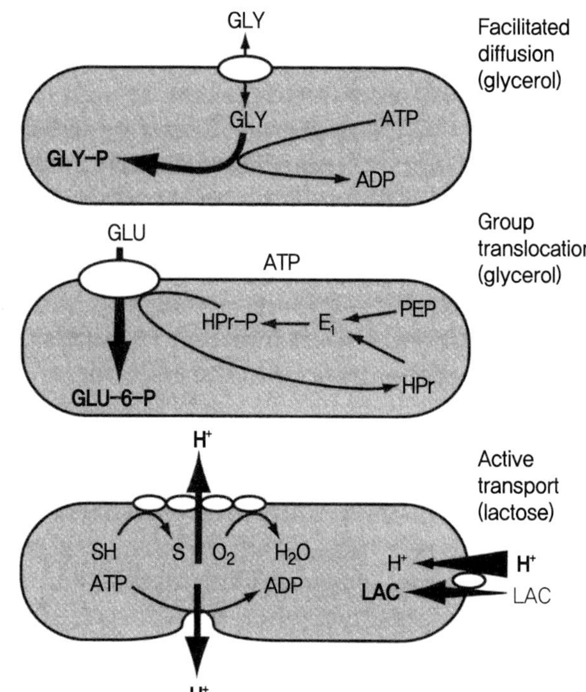

그림 4.1
세균 내로의 용매 수송 유형
약어: GLY–P, glycerol phoshpate; GLU–6–P, glucose–6–phosphate; PEP, phosphoenol–pyruvate; HPr, enzyme HPr; LAC, lactose

포유류에서 체액의 확산에 의한 영양분의 이동

생물학적 막은 투석 막처럼 그렇게 간단하지는 않다. 생물학적 막은 몇몇 영양분의 유입은 허락하고 다른 것은 막는 여러 종류의 특이한 구멍을 가진다. 이러한 배열은 능동 확산facilitated diffusion이라 불린다. 이들은 에너지를 요구하지 않고 농도 구배에 의해 발생한다. 세균의 경우는 종종 희석된 환경에서 살기 때문에 세균에서는 능동 확산이 드물다.

세균의 세포막 단백질과 수송 기작의 관계

그람 음성균에서 2개의 막사이의 공간periplasm은 가진 특정 기질과 높은 친화력으로 결합하는 단백질을 가지고 있다. 이들 단백질은 희석된 영양분을 빨아들여 세포질막을 통한 수송을 돕는다. 즉 이 말은 영양분이 자유롭게 이들 외부막과 펩티도글리칸 세포벽을 통과한다는 것이다. 시스템이 쇼크 민감성이라고 부르는 이유는 이들 세균이 삼투압의 쇼크에 노출되었을 때 페리프라즘periplasm에서의 단백질이 유실되기 때문이다.

외막에서의 기질의 이동

기질의 이동에 있어 외막outer membrane은 물질의 이동을 방해한다. 외막의 구조를 보면 그것은 포린porins이라 불리는 단백질에 의해 만들어진 통로pores를 가지고있다. 이들 통로는 단당류와 이당류와 같은 분자량이 적은 영양물질들은 통과 할 수 있을 만큼 크지만, 이 보다 훨씬 큰 분자들은 통과할 수 없다. 게다가 이들은 지방성 소수성hydrophobic 분자들을 차단한다. 따라서 외막은 작은 당과 아미노산과 같은 영양물질의 유입을 쉽게 하는 선택적인 생체막이다.

세포질 막의 영양분 이동

능동 확산facilitated diffusion은 농도 기울기句配에 역행해서 반해 영양분을 끌어들여야 하므로 세균에서는 거의 발견되지 않는다. 이 반응에는 ATP 혹은 수소 환원력이라 불리는 전기 화학적으로 저장된 형태의 에너지가 필요하다.

분자의 화학적 수정

능동수송이 화학적 수정을 유도한다. 이들 대부분의 기작은 그룹전환group translocation이라 방식을 취한다. 한가지 예로 당의 인산화이다. 세포 내에서 인산화된 당은 그들의 에너지의 일부를 에너지로 다시 내는 대사반응을 한다. 또한 인산화된 당은 다시 막을 통과 할 수 없으므로 세포 밖으로 나갈 수 없다.

세포질 막을 통한 수송 외의 기작

수송transport이 세포질 막을 가로 질러 구성 물질이 세포 내로 들어가는 유일한 방법은 아니다. 진핵 미생물과 동물 세포는 환경으로부터 그들을 포식engulfing에 의해 많은 분자를 섭취 할 수 있다. 막에 주름을 만들어 주위의 일부를 둘러싸고 그 일부를 세포 내로 불러 들여 소포vacuole를 만든다. 그 다음에 액포 내 분자는 앞에서 말한 수송 방법을 통해 액포막을 가로질러 세포질 내로 해리 되어 질 수 있다. 이러한 과정을 식균작용endocytosis이라 하고 이 때에 고체성 입자를 섭취하는 것은 파고사이토시스phagocytosis, 액체를 섭취하는 경우를 피노사이토시스pinocytosis라 한다. 단단한 세포 포대envelope를 가지고 있으나 세포 골격cytoskelecton이 없는 세균 세포는 식균작용endocytosis을 일으킬 수 없다.

4.4 에너지 생산

단원요점

- 생물학적 에너지는 기질의 효소적인 산화로부터 유도된다.
- 생물학적 산화의 결과로 NAD와 NADP 2가지 주요한 생체내 환원력 구성 요소들이 환원된다.
- 저장된 에너지의 화학적인 형태는 ATP이다.
- ATP는 기질의 인산화 과정과 전자 전달 사슬의 2가지 기작에 의해 생성된다.
- 환원된 NAD (NADH)와 NADP (NADPH)에서 양자와 전자는 생합성 작용에 사용된다.

세포에서의 에너지의 이용

많은 종류의 세포의 작용들은 에너지에 의해 유도된다. 이것들은 대사과정의 기본적인 단계인데 예를 들면 적절한 세포 내 pH, 팽압 그리고 이동에 필요한 대사작용 등이 세포가 움직이는 원동력이다.

ATP의 형성

ATP는 2개의 인산을 결합시켜 주는 인산이중화결합phosphodiester bonds이라 불리는 에스테르 결합으로 높은 에너지를 수용하는 결합이기 때문에 유용한 에너지라 불린다. 이들 결합이 분리되면서 유리되는 에너지는 단백질을 형성하기 위한 펩타이드 결합peptide bond, 다당류polysaccharides를 형성하기 위한 글리코시드 결합glycoside bonds, 핵산nucleic acids을 만들기 위한 새로운 인산화 결합phosphodiester bond과 같은 생합성 반응에 사용된다.

에너지의 근원

비록 많은 세균들이 외부의 물질들을 산화시키는 것으로 악명 높지만, 양초가 탈 때처럼 산화 에너지는 유기물의 산화로부터 나온다. 생물학에서 가장 중요한 연료 생산 분자는 당인 포도당glucose이다. 분자를 산화시키기 위해서는 산화될 물질이 전자를 잃어야 하기 때문에 다른 환원될 물질이 전자를 얻어야한다. 세포의 경우에서는 산화반응이란 다단계 반응으로서 처음에 환원되어질 분자가 전자를 다른 분자로 전달시키는 반응으로 시작한다. 이런 다단계 전자 전달에서 산소를 최종 전자 수용체로 가지는 경우가 많다. 이와 같은 산화 과정을 전자 전달계라고 한다. 여기서 사

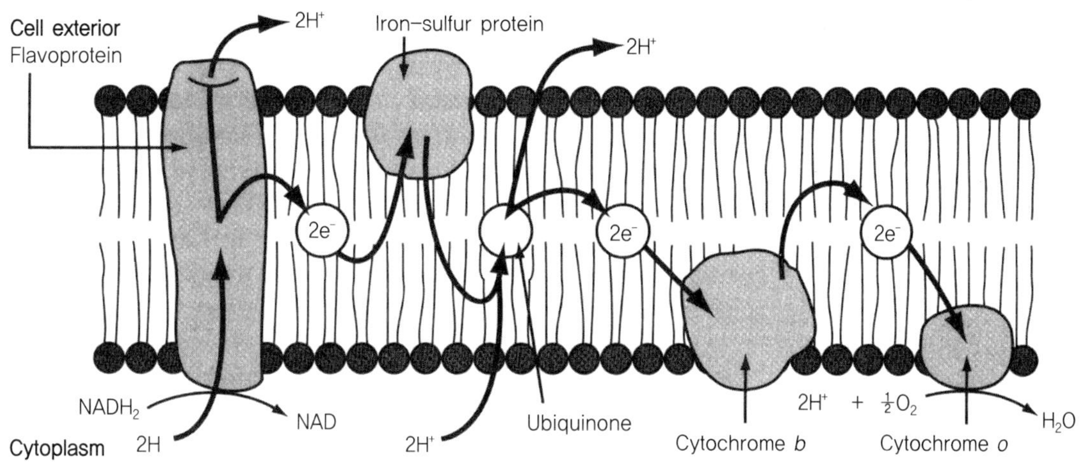

그림 4.2
전자 전달계.
약어: nicotinamide adenine dinucleotide; $NADH_2$, reduced NAD

용되는 '수송transport'이라는 단어를 분자가 세포 내로 유입하는 것과 혼돈 되어서는 안 된다(그림 4.2).

에너지 생성의 일반적인 단계

모든 세포는 에너지 생성의 일반적인 단계를 거친다. 일반적인 단계 기질에 상관없이 산화에서의 첫 단계는 항상 2개의 기질인 피리딘 뉴클레오타이드pyridine nucleotides인 NAD와 NADP 중 하나의 환원이다. 환원된 형태는 전자뿐만 아니라 수소이온을 수용한다. 따라서 그들은 NADH 또는 NADPH로 된다.

환원력

환원력이란 개념을 강을 막아서 저장되는 에너지에 비유해서 생각해보자. 분명히 이 에너지는 전기 생산 혹은 농업 생산을 위한 관계 용수 등과 같은 다 목적을 위해 사용되어질 것이다. 마찬가지로 NADH와 NADPH와 같은 생체 에너지도 생체 내

직접 에너지를 형성하거나 곡물의 경작과 유사한 생합성에서 단위체building block 생산을 하는데 사용되어 질 수 있다.

환원력에 대한 또 다른 예

전자 전달은 결과적으로 수소 이온을 세포부터 방출시킨다. 수소이온은 세포 내로 다시 들어갈 수 없다. 따라서 세포 내 외의 수소 이온(pH)의 차이가 발생할 것이다. 그뿐만 아니라 전하차도 유발한다. 이들 pH와 전하electronic charge의 차이의 총액은 수소 이온력proton motive force라고 불리는 위치 에너지를 형성한다. 이러한 현상을 케미오시스chemiosmosis라 하며, 세포는 ATP형성과 같은 많은 목적들을 위해 이렇게 화학에너지(pH)와 전기에너지charge를 사용한다.

세균 내에서 전자 전달계의 위치

원핵 세포에서는 가수분해효소, 퀴논quinones, 말단 산화제terminal oxidases등과 같은 전자 전달계에 관여하는 대부분의 효소들은 세포질 막에 존재한다. 이는 서로 근처에 위치하게 하여 전자와 양자를 하나에서 다른 하나로 전달하는데 용이하게 한다. 이는 또한 세포로부터 수소 이온들을 배출하게 한다. 반대로 진핵 세포에서 이 과정은 세포 내 미토콘드리아 막에서 발생한다.

ATP 생성

ATP는 ADP에 인산기phosphate group를 첨가함에 의해 형성되고 이 단계 반응은 에너지가 필요하다. ATP를 생성하는데는 두 가지 방법이 있다. 하나는 수소 이온을 방출시켜 수소이온력proton motive force을 생산하여 막에 위치하는 특정 ATPase라는 효소가 수소이온력을 이용하여 ADP를 인산화시켜 ATP를 생성한다. 어떻게 이러한 반응이 일어나는지는 아직 정확히 알려져 있지 않다. 또 다른 방법은 기질을 이용하는 단계인 기질 수준 인산화substrate-level phosphorylation라고 불리는 직접적 생성 방법이다. 이 경우는 고 에너지 결합high-energy bond을 통한 대사 중간물질들 사이에 결합되어 있는 인산기가 직접적으로 ADP에 결합되어 ATP를 만드는 방법이다.

에너지의 상호전환

세포 내 여러 형태의 에너지는 상호전환이 가능하다. 우리는 앞에서 환원력이 ATP를 형성하는데 어떻게 사용되어지는지를 보았다. 이는 환원력이 다른 형태로 작용할 수 있고, ATP는 수소 이온력protonmotive force을 생산하는데 사용되어질 수 있다. ATP는 생합성에서 많은 단계를 유도하는데 필요하다. 수소 이온력protonmotive force은 또한 세포 내로 영양물질의 이동, 편모의 이동을 위한 방향 전환 등을 유도하기 위해 필요하다.

미토콘드리아와 세균사이의 에너지 획득 방법 차이

호흡을 하는 세균은 미토콘드리아의 사이토크롬계cytochrome chain와 유사한 경로를 통해 에너지를 생산한다. 발효를 통해 에너지를 얻는 세균은 분명한 차이가 있다. 또 다른 차이는 미토콘드리아는 상대적으로 비가변성 환경 즉 세포 내부에서 존재하는 반면 세균은 자유 환경인 가변성 환경 내에 존재한다는 것이다. 미토콘드리아는 하나의 특정 경로를 가지는 반면, 대부분의 세균은 에너지 생산을 유도하기 위한 다양한 종류의 대사 경로를 가지고 있다.

4.5 주 대사작용Central Methabolism

단원요점

- 중요 대사작용은 다음을 생산한다.:
  - 전구체 대사산물,
  - ATP로서의 에너지,
  - NAD(P)H로서의 환원력.
- 세균에 있어 세 가지 중요한 경로를 가지고 있다. :
  - 해당과정Glycolysis,
  - pentose phosphate pathway,
  - TCA cycle

주 대사작용과 이화작용

중요 대사작용central methabolism은 동화작용anabolism과 이화작용catabolism으로 설명된다. 즉, 음식물을 작은 화학적인 조각으로 부수는 이화작용과 이들 조각들을 모아 세포내의 구성물질을 형성하는 동화작용으로 나누어진다.

에너지 생산의 주 대사작용

에너지를 생산하기 위해 기질을 사용하는 것뿐만 아니라 주요 대사작용은 생합성과 환원력을 생산하기 위해 필요한 전구체 대사 산물의 생성에 필수적이다. 따라서 주 대사작용은 ATP, 전구체 대사산물, 환원력을 생산한다.

주 대사작용의 한계

주 대사작용은 인간의 세포를 포함한 살아있는 생물에서 발견되어진다. 모든 세포는 전구체 대사산물, ATP, 환원력을 필요로 한다. 모든 생물은 다른 경로들을 가지지만, 그들은 다양한 부분에서 주 대사작용과 연결된다.

주 대사작용 사이의 관계

해당과정glycolysis과 TCA 회로사이의 연결을 알아내는 것은 쉽다. 해당과정은 피루베이트pyruvate를 생산하는데서 끝이 나고, 이 피루베이트는 TCA 회로의 첫 번째 구성요소인 아세틸 코에이acetyl CoA로 전환된다. 펜토스 포스페이트 경로pentose phosphate pathway와 해당과정은 더 복잡한 관계를 가진다. 그들은 각각 시작되어지지만 펜토스 포스페이트 경로의 두 가지산물 중 하나인 포스포 글라이세르알데하이드phosphoglyceraldehyde는 해당과정으로 들어간다(그림 4.3).

해당과정의 이해

포도당glucose이 ATP 생산과 피루베이트pyruvate로 전환되는 전체적인 반응을 해당 작용이 한다. 해당과정은 포도당의 인산화로 시작하여 피루베이트pyruvate와 ATP를 생산하는 과정으로 끝난다. 이 과정에서 생기는 대사 중간산물은 생합성 경로에서 사용되어지는 전구체 대사산물로 흡수된다. 따라서 해당과정은 ATP, 환원력, 전구체 대사산물, TCA 회로내로 유입되는 피루베이트 등의 생성 등의 여러 목적을 가진다.

펜토스 포스페이트 경로

펜토스 포스페이트 경로pentose phosphate pathway는 글루코스-6-포스페이트glucose-6-phosphate 로 그 경로가 시작이 되는 점에서는 해당과정과 유사하다. 그러나 5탄당인 ribose-5-phosphate로 부서져지고 이것은 다시 일련의 복잡한 반응에 의해 4-탄소 전구체 대사산물인 erythrose-4-phosphate와 해당과정으로 들어가는 포스포글리세르알데하이드phosphoglycer- aldehyde로 재배열된다. 이는 또한 환원력과 2개의 부수적인 전구체 대사산물들을 형성한다(그림 4.4).

TCA 회로

이 경로는 에너지와 전구체 대사산물의 생산 과정이다. 해당과정보다 훨씬 많은 양의 에너지(ATP)가 TCA 경로에서 생성된다. 해당과정에서 형성된 피루베이트pyruvate는 그 자체가 전구체 대사 산물인 아세틸 코에이acetyl CoA로 산화되어짐으로써 TCA 경로로 들어간다. Acetyl CoA는 4-탄소 구성물carbon component인 옥살로아세테이트oxaloacetate와 결합하여 6-탄소 구성물6-carbon component인 시트레이트citrate로 된다. 시트레이트citrate는 3개의 카르복실carboxyl기를 가지고 있어 TCA cycle, 트리카복실릭에시드 회로TriCarboxylic Acid cycle라 부른다. 이 경로에서 환원력, ATP, 4개이상의 전구체 대사산물이 형성된다(그림 4.5).

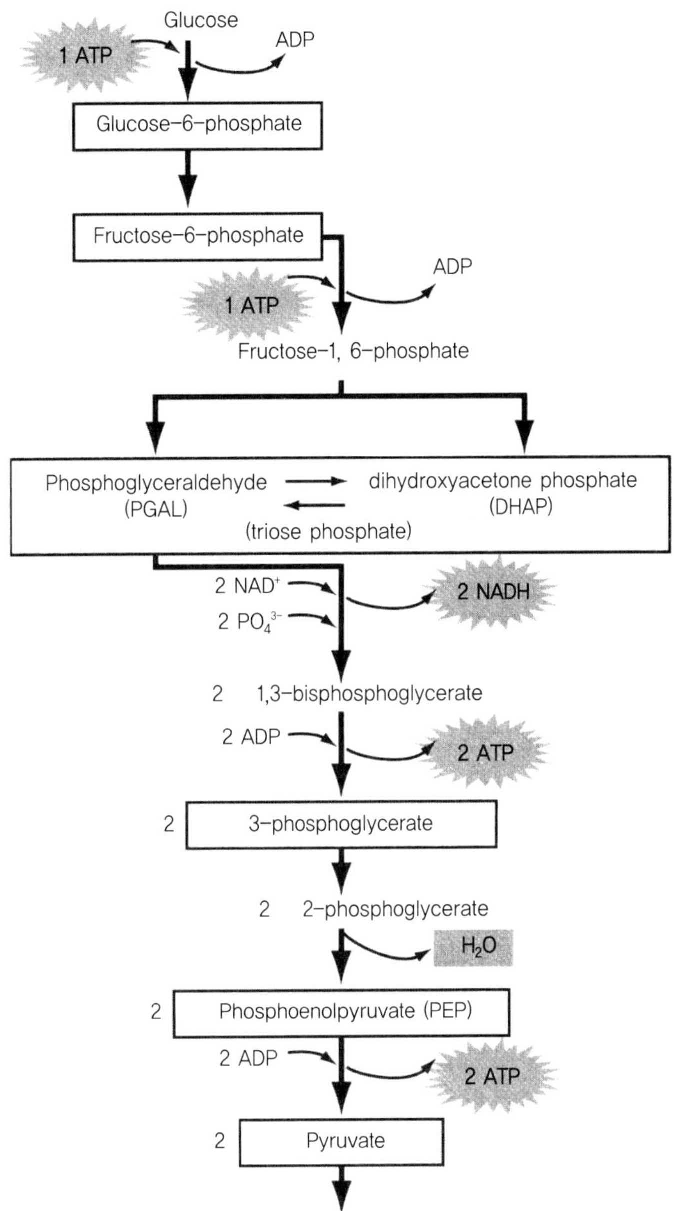

그림 4.3

해당 작용glycolytic pathway.

약어: AP, adenosine diphosphage; ATP, adenosine triphosphate; NAD, nicotinamide adenosine dinicleotide; NADH, reduced NAD

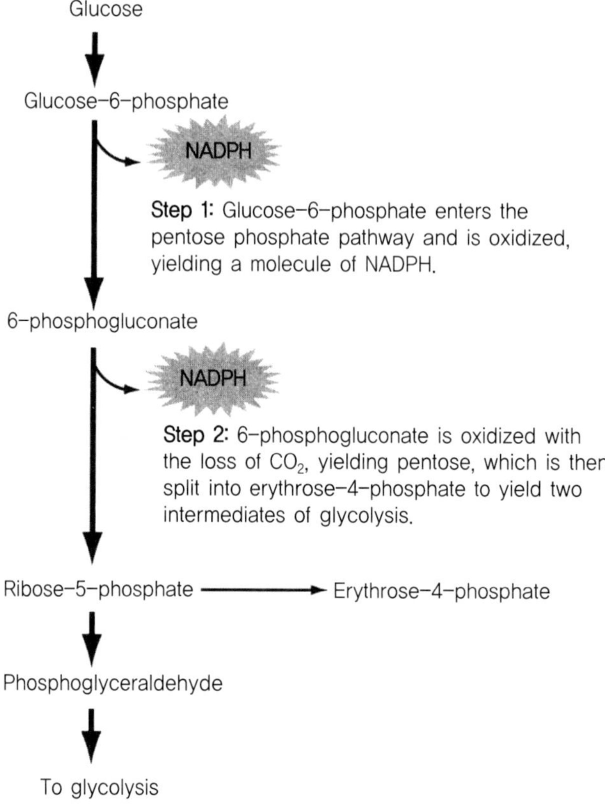

그림 4.4

펜토스 회로pentose cycle.

약어: NADH, reduced NAD;

NADP, nicotinamide adenine dinucleotide phosphate

TCA 경로가 cycle이라고 불리는 이유

그것은 이 과정이 순환 원circle을 형성하여 작용하기 때문이다. 6-탄소 구성물carbon compound인 시트레이트citrate는 4-탄소 구성물carbon compound인 옥살로아세테이트oxaloacetate로 분해된다. 옥살로아세테이트는 2-탄소 구성물질인 acetyl CoA와 결합하여 새로운 분자인 시트레이트를 만든다. 따라서 TCA 회로는 시트레이트로 시작하여 옥살로아세테이트로 전환되고 보다 많은 시트레이트를 형성하기 위해 이를 사용하는 원cycle의 형태로 그려진다.

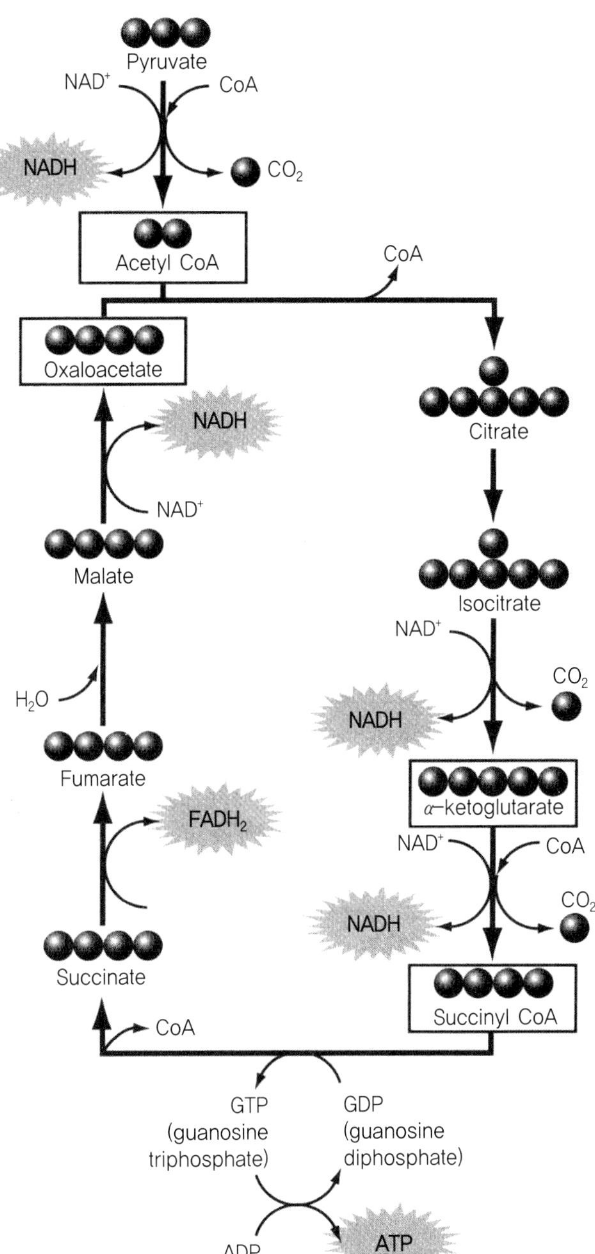

그림 4.5
TCA 회로TCA cycle.

4.6 호기성Aerobiosis과 혐기성Anaerobiosis

단원요점

- 세균은 절대 호기성, 절대 혐기성 혹은 통성혐기성을 가지고 있다.
- 몇몇 절대 혐기성 세균은 산소가 있으면 죽고 몇 가지 내성균들도 산소의 존재하에서는 더 이상 성장하지 않는다.
- 혐기성 에너지 대사작용은 발효와 혐기성 호흡을 포함한다.

발효세균과 혐기적 조건

절대 혐기성 세균의 대부분은 호흡을 할 수 없다. 그러나 몇몇 발효 세균은 산소의 유무와는 무관하다. 이 들은 그들의 에너지 대사작용에 산소를 사용하지는 않지만 산소가 존재하는 환경에서도 성장 할 수 있다. 따라서 발효와 혐기성은 같은 의미는 아니다.

절대 혐기성 세균의 생존 범위

절대 혐기성 생물이 산소의 존재 하에 성장 할 수 없다는 정의가 있지만 이는 산소에 의해 절대적으로 죽는다는 의미는 아니다. 산소에 의해 죽지 않는 세균을 편성 혐기성 생물aerotolerant anaerobes라고 부른다. 예를 들면 뉴모코쿠스pneumococcus와 같은 streptococci종들이다.

산소의 유독성

혐기성 생물에 몇 가지 효소들은 산소에 노출되면 활성을 잃기 때문에 산소는 혐기성 생물에게 유독하다. 게다가 호기성 신진대사작용은 결과적으로 과산화수소(H_2O_2), 슈퍼옥사이드(Superoxide, O_2^-), 히디록실기(hydroxyl radical OH)과 같이 유독한 산소 분자를 가지는 화합 물질을 생산한다. 모든 편성 혐기성균은 과산화물을 파괴하는 슈퍼옥사이드 디스뮤테이즈Superoxide dismutase라 불리는 효소를 생산한다. 호기성 생물은 또한 과산화수소를 파괴하는 퍼옥시데이즈peroxidases라 불리는 효소를 가지고 있다.

혐기적 호흡

몇몇 세균은 일반적인 산소 의존성 호흡과 닮은 과정인 혐기성 호흡을 수행 할 수 있다. 호흡의 전자 전달계 말단 전자 수용체는 산소가 아니라 질산염이나 황산염과 같은 무기물질이다. 이런 과정에 의해 형성된 환원물은 아질산염, 질소가스, 혹은 황화수소이다. 심지어 퓨마레이트fumarate와 같은 몇몇 유기물이 혐기성 호흡에 의해 형성된다.

자연계에 산재하는 혐기성 호흡

강과 호수 바닥과 같은 곳은 혐기적 상태이고, 황산염이나 질산염이 풍부하다. 질척한 강바닥에서 나는 썩은 달걀 냄새는 황환원 세균sulfate-reducing bacteria이 존재함을 의미한다. 흙과 수중환경에서부터 질산염의 환원반응인 탈질 산화는 자연계에서 질소물질의 재순환에 중요한 역할을 한다. 만일 이러한 반응이 일어나지 않는다면 대기 중 질소는 고갈되고 질산염은 유독한 상태로 축적될 것이다.

4.7 자가영양의 방법

단원요점

- 식물, 조류, 몇몇 미생물 등의 자가 영양체autotroph는 CO_2로부터 유기물질을 생성한다.
- 타가 영양체는 성장을 위해 유기물질이 필요하고 전적으로 자가 영양체에 의존하다.
- CO_2를 이용하기 위해서 자가 영양체는 에너지원이 필요하다. 식물, 조류, 몇몇 세균은 이를 위해 태양 빛이 필요하다. 나머지 세균은 에너지를 무기물질의 산화에서 얻는다.
- 몇몇 생물은 광합성 과정에서 산소를 생산하나 그렇지 않은 생물도 있다.

생존 방식인 자가영양

자가영양을 하는 생물은 생합성에 필요한 전구체 대사산물을 얻는 타가 영양체 heterotrophs와 근본적으로 다르기 때문에 자가영양은 하나의 생존 방법이다. 식물, 조류, 미생물을 포함한 자가 영양체는 대기중의 CO_2를 고정하거나 이용하고, 미리 형성된 유기물 단위체organic building blocks가 없이도 성장 할 수 있다. 동물과 대부분의 미생물을 포함한 타가 영양체는 당, 특정 아미노산등과 같은 물질을 자가 영양체에 의해 미리 만들어진 유기물에 의존한다.

자가 영양체

대기중의 CO_2가 미리 존재하는 유기물질에 결합하여 하나 이상의 탄소를 가지는 물질로 전환하는 생물의 능력은 마술이다. 수용체는 인산화된 당인 ribulose biphosphate로 식물, 조류, 자가 영양체들 모두가 같다. 놀랄 것 없이 이러한 반응을 수행하는 효소는 ribulose biphosphate carboxylase로 살아 있는 생물 중에서 가장 풍부한 효소이다.

캘빈-벤슨 회로Calvin-Benson cycle

Ribulose biphosphate에 탄소를 첨가하는 것은 생물적인 구성성분을 형성하기 위해 CO_2를 이용하는 대신에 하나의 탄소를 이용하는 방법이다. 이러한 과정이 계속 진행되어지면 많은 생물학적인 물질이 합성되어진다. CO_2가 ribulose biphosphate에 첨가되어질 때 3-포스포글리세르알데히드3-phosphoglyceraldehyde가 3-탄소 분자들로 파괴되어지고, 이는 캘빈-벤슨 회로Calvin- Benson cycle의 한 부분이며 또한 전구체 대사산물을 생성하는 과정이다(그림 4.6).

CO_2 고정을 위한 에너지

CO_2 고정 과정은 에너지를 생산하는 것이 아니다. 오히려 에너지를 필요로한다. 에너지원은 photoautotrophs에게는 햇볕이나 chemoautorophs에게는 무기물질의 산화이다. CO_2를 고정하는데 사용되어지는 에너지는 ATP형태이다. CO_2 고정은 환원작용이기 때문에 에너지뿐만 아니라 환원력 또한 요구되어진다 (고정된 탄소는 CO_2 보다 환원된 상태이다).

빛과 에너지

Photoautotrophs은 빛에너지인 광자를 수용할 수 있는 클로로필chlorophyll과 같은 색소를 가진다. 이 과정에서 색소는 전자를 방출하고 보다 높은 에너지 상태로 활성화된다. 이 때에 호흡과 비슷하게 광자 구배가 형성되어진다. 광합성과 호흡 둘 다 전자전달계는 막membrames내에 존재한다. 따라서 광합성과 호흡은 에너지를 생산하는 방법에서 서로 유사하다.

광합성의 다양성

광합성은 순환적, 비순환적 광인산화 두 가지 형태가 있다. 순환적 광인산화cyclic photophosphrylation에서 전자는 최종적으로 클로로필로 돌아가고 비순환적noncyclic 과정에서는 다른 기질이 전자를 수용한다. 식물과 조류는 비순환적 광인산화를 사용한다. 이러한 생물들에서 광합성의 중요성은 산소를 생산하는 것이다. 그러나 최종 산화된 생산물은 항상 산소가 아니라oxygenic photosynthesis 황sulfur과 같은 다른 구성 성분이 되기도 한다nonoxygenic photosynthesis. 우리 대기 중의 산소는 실질적으로 생물학

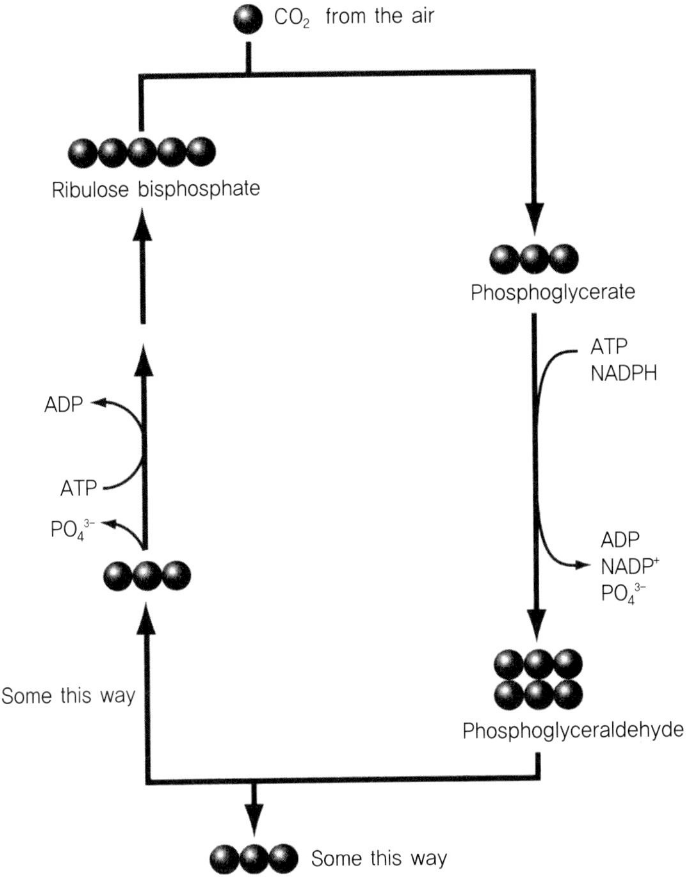

그림 4.6
캘빈-벤슨 회로Calvin-Benson cycle.
약어: NADP, nicotinamide adenine dinucleotide phosphate; NADH, reduced NAD

적인 기원을 이루며 산소 의존적 광합성oxygenic photosynthesis의 근원이다.

Chemoautotrophs과 phtoautotrophs의 차이

Chemoautotrophs은 같은 방식으로 작용하지만 빛에서 에너지를 얻지 못하고, 무기물질의 산화로부터 에너지를 얻는다. 황화물sulfide, 철ferrous, 암모늄ammonium이나 아질산 이온nitrite ions들과 같은 무기물들은 각각 다른 종류의 세균에 의해 산화된다.

4.8 생합성과 중합반응

단원요점

- 세포내 구성 성분building block의 생합성 과정은 전구체 대사산물, 에너지, 환원력의 3 요소를 필요로 한다.
- 고분자 분자macromolecules를 생성되는데 중요 전구체 대사산물 들이 사용된다.
- 거대 분자 내로의 구성 성분의 고분자화(중합반응)은 순차적으로 진행된다.
- 중합반응은 효소와 에너지를 요구한다. DNA, RNA와 단백질을 생산하는 반응에서는 주형분자template molecules가 요구된다.

생합성의 주 대사작용에 대한 의존성

생합성의 삼 요소는 주 대사작용에 의존한다. 첫째 주 대사작용의 반응은 ATP를 형성하기 위한 유용한 에너지를 생산한다. 다음으로 그들은 생합성과 다른 필수적인 활성에 필요한 전구체 대사산물과 함께 세포에 적용된다. 마지막으로 그들은 환원력을 제공한다. 이들 모두는 거대분자 세포 구성 성분을 생성하는데 필요한 구성 성분building block을 형성하는데 필요하다.

생합성의 단계적 형성

몇 가지 화학 반응들이 생산물을 필요하므로 생합성 반응은 단계적으로 일어난다. 일반적으로 각각의 효소는 이들 단계들 중 단지 한 단계의 반응을 촉매할 수 있다. 이들 단계를 통틀어 대사경로metabolic pathway라고 한다. 세균을 비롯한 대부분의 생물은 꼭 같지는 않지만 서로 유사한 대사경로를 사용한다. 게다가 전구체 대사산물은 모든 생명체의 세포에 있어서 동일하다.

전구체 대사산물

전구체 대사산물은 생합성에 필수적인 전구체 합성을 유도하는 생명체 구성 성분이다. 모든 형태를 만들 수 있게 수정 가능한 어린이 장난감 세트의 구성 요소로 간주해 보자. 거의 모든 종류의 세포는 동일한 "장난감 세트"를 이용한다.

전구체 대사산물의 종류와 대사경로

중요 대사 산물이 있고 적어도 대장균*Escherichia coli*에서 약 1000가지 효소가 적어도

1000가지 화학 반응을 촉매 할 수 있다. 그 중에서 약 20%는 생합성 반응들이다.

구성 성분building blocks형성

구성 성분building block은 고분자macromolecules를 중합하는데 사용되는 구조 전구물질로서 빌딩을 지을 때 사용되는 벽돌과 같은 역할을 한다. 이들 구성 성분은 생체 고분자를 합성할때 특정한 결합서열에 따라 중합한다. 예를 들면 단백질의 일차구조는 20개의 아미노산이 결합되는 순서에 의해 결정된다.

순서Ordering

세포는 그들의 DNA에 유전 정보를 저장한다. 정보는 전령messenger RNA내로 전사되고, 이들은 다시 단백질로 번역된다. 구성요소building blocks들의 결합 서열은 효소에 의해 순서가 결정된다. 그리고 그들 자체는 DNA에 의해 결정된다.

중합Polymerization

중합체의 형성은 생체 구성 성분들간의 화학적 결합이 생체 고분자로서의 생합성은 생체 고분자가 높은 에너지 상태에 있기 때문에 이들 중합반응은 에너지를 필요로 한다. 그곳으로 ATP가 유입된다. 많은 경우에서 ATP는 생체구성성분building blocks과 효소적으로 반응한다. 그것의 말단에 인산기phosphate를 전달하고, 활성화된 생체 구성요소activatied building blocks라는 것을 형성한다. 다른 경우에는 CTP나 GTP가 ATP를 대신하여 사용된다. 활성화된 구조 구성요소는 반응성이 높아서 더 이상의 에너지를 쓰지 않고도 중합 될 수 있다. 그 과정 중에서 구성성분들building block은 그것의 활성 인산기activating phosphate를 내어놓는다. 단백질 합성을 위해 부가적인 에너지가 mRNA를 따라 리보솜ribosome을 움직이는데 사용된다. 아미노산 구조 구성요소amino acid building block은 tRNA 분자와 연결되어 아미노아실-tRNAaminoacyl-tRNA를 형성하며 활성화된다.

4.9 조립Assembly

단원요점

- 많은 조립 반응은 연속적으로 발생한다.
- 단백질의 적절한 폴딩folding은 샤프론chaperons이라 불리는 단백질들에 의해 이루어진다.

세포의 구성요소

DNA, RNA, 단백질과 지방 등을 가지고 있더라도 우리가 세포를 만들 수는 없다. 그것이 세포 구조를 형성하기 위해 조직화나 세포가 조립되기 전에는 우리가 가지고 있는 것은 단지 중합물일 뿐이기 때문이다.

중합체로부터 세포 내 구조물로 되기 위한 효소의 역할

많은 중합체는 서로 상당한 친화성과 특이성을 가지고 결합한다. 예를 들면, 52개의 단백질과 3가지 형태의 ribosomal RNA는 시험관내에서로 활성이 있는 라이보좀functional ribosomes으로 자가조립self assemble된다. 플라젤린 단백질flagellin protein은 편모섬유flagellar filaments내로 자가 조립된다. 비록 자가조립의 많은 다른 예가 있을지라도 효소는 조립작용에 직접 관여하지 않는다. 효소는 중합반응 중에 특정 과정을 손질하고 수정하며(예를 들면 인phosphate이나 메틸기methyl group를 첨가하거나, 감추어진 단백질로부터 일시적인 시그날 시퀀스signal sequences의 제거) 혹은 다른 방식으로 조합과정에 관여한다. 단백질의 폴딩과정에 관여하고 단백질이 적절히 자가 조립체를 형성하도록 도와주는 과정을 샤프로닝chaperoning이라 한다.

샤프론Chaperones

샤프론chaperones은 많은 폴딩과 조합 과정에서 도와주는 단백질과 결합하는 단백질이다. 사실, 몇몇 폴리펩타이드polypeptides는 샤프론chaperone의 도움 없이 활성 효소가 되도록 적절하게 폴딩folding되어질 수 있지만, 샤프론chaperones은 DNA의 복제기구와 같은 기능적 복합체로 단백질 그룹의 폴딩을 도와주는데 우선적으로 관여한다. 모든 세포는 많은 양의 복합적인 기능을 가지는 샤프론chaperones을 가지고 그들은 세균에서 인간의 세포에 이르기까지 아주 유사하다. 샤프론chaperones은 특히 세포가 견디는 허용 온도의 범위보다 높은 온도에 노출되었을 때 많은 양이 생산된다. Hsp60, Hsp70, Hsp90와 같은 열충격이 관여하는 단백질들이 이러한 범주의 샤프론chaperones에 속한다.

4.10 미생물의 영양과 물리적인 환경

단원요점

- 모든 미생물은 탄소carbon, 산소oxygen, 질소nitrogen, 인phorus, 황sulfur, 그리고 많은 종류의 미량 원소들을 필요로 한다.
- 자가 영양은 탄소원으로서 대기중의 CO_2를 이용하고, 타가 영양은 미리 생성된 자가 영양 생물의 구성 성분을 이용한다.
- 타가 영양체를 위한 배지는 영양 조건이 제한적인 배지에서 영양이 풍부한 배지 영양 배지까지 다양하다.
- 각각의 생물은 특정 범위의 온도, pH, 수압 그리고 삼투압과 같은 환경 범위를 가진다.

자가 영양체와 타가 영양체 배양 배지의 차이점

타가 영양체를 위한 배지는 글루코스glucose와 같은 유기 탄소원을 가지고 있어야만 한다. 자가 영양체는 CO_2가 필요하며, 화학영양chemotrophs은 산화 가능한 무기질 염inorganic salt이 필수적이다.

배양배지

배양배지를 제조할 때 몇 가지 목적으로 동일한 구성성분을 사용 할 수 있다. 그 예로는 탄소원으로서 에너지원과 구성 성분 등을 모두 수행하는 글루코스나 인산원과 완충제로서 사용되어 질 수 있는 인산phosphates을 들 수 있다. 만약 염이 적절한 농도에서 존재한다면 그들은 또한 배지의 적절한 삼투압에 영향을 미칠 것이다.

영양배지Nutrient broth

소나 양등의 근육질 추출물(육즙) 조합물과 부분적으로 펩톤peptones이라 불리는 가수분해된 단백질 혼합물에 붙여진 이름이다. 영양배지를 만드는 것은 최소한의 노동과 비용을 가지고 많은 영양을 제공하는 간단한 방법이다. 대부분의 영양배지의 구성성분은 알려져 있지 않지만 명백히 아미노산, 당sugars, 뉴클레오티드nucleotides와 비타민을 포함한다. 그러한 빛의 대용품은 아마도 수백 가지의 구성성분을 혼합시킨 것이다.

최소배지Mininal media

주어진 종의 성장에 필요한 최소 구성 성분을 담고 있는 합성 배지에 붙여진 이름이다. 최소배지는 알려진 구성 성분의 무게를 달아 만든 것이다. 대장균*E. coli*와 같은 몇몇 세균에서 최소배지는 상당히 간단할 수 있다. 이는 이들 종species이 글루코스와 같은 유일한 탄소원과 광물mineral이 포함되어있는 것으로부터 골격building block만들 수 있다. 반면, *Streptococci*와 *Staphylococci*들과 같은 몇몇 종은 영양적으로 아미노산과 비타민과 같은 부가적인 생장 요소growth factor를 요구한다. 주어진 종의 영양 요구성이 간단하면 할수록 생합성 경로의 구성 성분을 보다 복잡해짐에 틀림없다.

탄소원

글루코스는 단일 탄소원으로 사용되어 질 수 있는 유일한 구성성분은 아니다. 예를 들면, 대장균은 락토스lactose, 프럭토스fructose나 몇 가지 아미노산 중 하나와 같은 다른 구성 성분을 이용할 수 있다. 이러한 목록은 몇몇 30가지 알려진 기질을 포함한다. 그러나 이는 슈도모나스*Pseudomonas*종과는 비교도 되지 않는다. 이는 수백 가지 유기물질에서 성장할 수 있다. 따라서 유전공학자들이 슈도모나스를 환경 오염원을 분해시키기 위해 연구했다는 것은 놀랄만한 일이 아니다. 그리고 당연히 슈도모나스 종은 다양한 기질을 이용할 수 있는 물과 흙이 있는 곳 모두 존재한다.

영양 요구성

몇몇 인체 병원균은 살아있는 생체 내에서만 증식이 가능하다. 이는 사람 체내의 환경과 밀접하게 관계되어 있다. 폐렴구균류*Pneumococci*나 임균류Gonococci는 혈청 등 여러 영양물과 생장요소를 요구하며 매독균Treponema을 비롯한 많은 균들은 인간의 생체내에서만 증식이 가능한데 이는 영양뿐만 아니라 진화와도 관계가 깊을 것으로 생각된다.

원핵 생물과 진핵 생물의 열 내성

원핵 생물은 진핵 생물보다 매우 높은 온도에서 성장 할 수 있다. 특히 이러한 원핵 생물을 고세균*Archaea*이라 부른다. 이들은 화산 지역의 온천수나 해저 화산 지역에서 발견된다. 이들은 80-110℃에서 성장되며 진화적으로 볼 때 초기 지구 환경에 적응된 원시 세균으로 여겨진다. 낮은 온도에서의 열내성은 덜 두드러지는데, 몇몇 어류뿐만 아니라 곰팡이는 원핵생물prokaryotes이 생존 가능한 극히 낮은 온도에서 잘 성숙한다. 몇몇 곰팡이는 자신이 어는 온도에서는 성장 할 수 없지만 물의 어는점freezing point 이하에도 성장할 수 있다. 그 이유는 대사작용에 의해 열을 발생할 뿐만 아니라 부동액으로 작용하는 구성요소를 만들어서 0℃이하에서 어는 것을 방지하기 때문이다.

온도범위

많은 종들이 편성facultavive라는 말을 가지는데 이는 그러한 종들이 특정온도에 두드러진 경향을 가지며 성장한다는 말이다. 그들은 비록 성장 속도가 느려질지라도 온도 범위를 벗어난 곳에서도 자란다. 다른 어떤 종들은 좁은 온도범위를 가져 그 범위에서만 자랄 수도 있다.

열 민감성

생물이 성장 할 수 있는 최대 혹은 최소 온도를 결정하는 것은 주로 그들 단백질의 열 민감성 때문이다. 미생물 체내의 구성 단백질이 열에 의해 변성되어 진다면 성장 할 수 없기 때문에 높은 온도에서 그런 현상이 나타난다. 단백질이 그들간의 소수성 상호작용hydrophobic interaction의 약화 때문에 불활성 형태로 모양이 바뀔 수 있기 때문에 낮은 온도에서 성장은 둔화된다.

수소이온농도 (pH)

몇몇 미생물은 낮은 pH에서 잘 자라고 다른 것은 거의 중성 pH에서 잘 자란다. 나머지는 염기alkaline쪽에서 성장한다. 몇몇 호산균acidophiles은 광산 폐기물의 산 여과에서 발견되어지는 pH 1.0에서 성장 할 수 있다. 호염균aplaliphiles은 pH가 12정도로 높은 미국 서부에서 발견되어지는 소다 호수soda lakes에서 발견된다. 대부분의 의학적으로 적당한 세균은 중성을 좋아한다. 일부 생물은 매우 좁은 pH 범위를 가지고 있지만 대부분은 비교적 넓은 범위의 pH에서도 적응된다. 외부의 pH와 무관하게 내부의 pH는 대부분의 세균에게서 중성을 유지하도록 되어 있다.

고압의 미생물

미생물의 세포는 사람을 압사시킬 수 있는 수압에서 살아 남을 수 있다. 이는 물이 쉽게 미생물의 막을 통과하여 내부 압력과 외부 압력을 균등하게 해주기 때문이다. 그러나 매우 높은 압력에서는 생화학적 반응에 영향을 미치고 성장을 멈추게 한다.

삼투압

세균 세포는 주변 환경보다 높은 농도를 가지기 때문에, 낮은 삼투압에서는 미생물은 그들의 팽압turgor를 유지한다. 높은 삼투압에서 세균은 세포 내부의 높은 삼투압을 유지할 수 있는 삼투 내성체osmoprotectants라 불리는 구성 성분을 이용한다. 호염균halophiles이라 불리는 몇몇 미생물은 매우 높은 염 농도에서 잘 견딜 수 있다. 이들은 염전, 사막의 호수 등에서 발견된다. 그곳은 미생물의 성장의 결과로 밝은 붉은 빛을 띤다. 호염균halophiles을 염이 첨가되지 않은 증류수에 넣으면 삼투압 차이로 파괴된다.

유전학

5

단원요약

유전학Genetics은 형질이 한 생물에서 그 자손으로 전달되는 기작과 정보의 흐름을 취급하는 학문이다. 어떤 정보를 지닌 형질인지, 정보가 어떻게 발현이 되는지 그리고 어떻게 복제가 되며 그 후에 일어나는 발생과 생물의 탄생에는 어떻게 기여하는지를 알고자 하는 학문이다.

이런 생물의 모든 대사에 대한 정보는 그 생물의 게놈genome에 있다. 이 정보는 자연적으로 변할 수도 있고 또한 인위적으로 변화시킬 수도 있다. 원핵생물과 달리 진핵 생물은 이러한 유전정보를 변화시킬 수 있는 몇 가지 독특한 기작을 가지고 있다.

5.1 DNADeoxyriboNucleic Acid와 RNARiboNucleic Acid의 구조와 특성

단원요점

- DNA는 단백질 합성을 위한 전사와 자신의 복제 이 두 가지 주 과정에 관여한다.
- Watson과 Crick에 의해 처음(1953년)으로 이중나선의 형태를 지니는 DNA의 구조가 밝혀졌다.
- 핵산(DNA와 RNA)의 기존구조는 인산에 기본골격인 데옥시리보오스(리보오스)에 4가지의 핵산염기가 결합되어 있는 형태를 지니고 있다.
- 염색체내 DNA는 상보성 원칙에 의해 이중의 가닥으로 형성된 나선의 구조를 형성한다.

Watson과 Crick의 DNA 구조

DNA의 구조는 1953년에 왓슨(Watson)과 크릭(Crick)에 의해 처음으로 A는 T와 G는 C와 상보적으로 결합하여 상보적 염기쌍을 형성하는 DNA의 이중나선 구조가 밝혀졌다. 가령 ATCCCG는 TAGGGC와 상보적으로 결합하며(그림 5.1) 이는 DNA 복제를 위한 단순한 메커니즘의 기초를 제공한 일대 사건이었다.

이들 이중나선의 두 상보적 가닥이 분리된다면 각각의 가닥은 특이한 염기쌍 짝

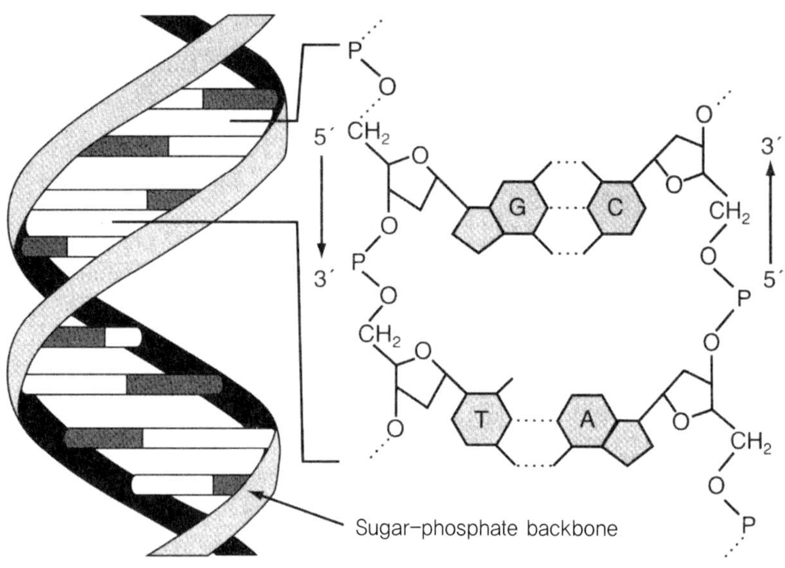

그림 5.1
DNA의 구조

짓기base-pairing을 요구하기 때문에 새로운 상보적 가닥을 합성할 수 있으며 이는 복제로 연결될 수 있다.

DNA와 RNA의 구조

기본적인 DNA 사슬의 골격은 인산phosphate과 당인 데옥시리보오스deoxyribose 단위가 번갈아 가며 형성되어 있고, 각각의 당은 핵산의 염기에 연결되어 있다. DNA내에는 4가지의 다른 염기가 존재하는데 ; 그것은 아데닌(adenine: A), 구아닌(guanine: G), 시토신(cytosine: C), 티민(thymine: T)이며 RNA에는 티민 대신 우라실(uracil: U)이 존재한다.

또한 DNA와 RNA에서 기본 골격에서의 차이는 당구조인 리보스ribose의 2번 탄소에 붙은 -OH(리보스)와 -H(데옥시리보스)의 차이로 DNA와 RNA를 구분하는 구조적인 차이점을 발견할 수 있다. 이들 DNA는 세포 내에서 안정한 형태로 존재하며 유전정보를 다음 세대에 전달하기 위한 수단이 되나, RNA, 즉 전령 RNAmRNA는 불안정하여 해독translation을 위한 일시적 유전정보 전달체의 역할을 함으로써 일시적이고도 쉽게 분해가 되는 성질을 지니고 있다.

DNA 구조의 특성

염색체내의 DNA는 단일 가닥으로 존재하지 않으며, 동일하지 는 않으나 상보성(complementary, A는 T와, G는 C와 결합)의 법칙이 존재하여 두 가닥의 폴리뉴클레오티드로 존재한다. 이들 상보성으로 인해 항상 이중가닥double-stranded을 형성하며, 나선의 배열구조를 형성한 이중나선double helix으로 되어 있다. 상보성 법칙은 각 염기의 짝에만 적용되고 이런 짝의 양적인 변화가 유전자의 기능을 설명할 수 없으나, 화학적으로 안정한 구조를 형성케 하고, 생물학적으로는 DNA의 복제를 보다 효율적으로 할 수 있게 해 준다.

상보성에 의해 결합된 G(guanine, 구아닌)과 C(cytosine, 사이토신)에는 세 개의 수소결합이, A(adenine, 아데닌)과 T(thymine, 티민)에는 두 개의 수소결합이 이루어진다. GC 비율(GC%) "G+C/A+T"이 높으면 세 개의 수소결합이 더 존재하게 되어 열에 더 안정하며 잘 분리되지 않는다. 이 비율이 높고 낮은 부분들이 염색체chromosome상에서 관찰되며, RNA 중합효소RNA Polymerase에 의한 풀림의 강약의 경향에 따라 부분적인 전사transcription의 시작을 촉진하거나 억제할 수 있다.

5.2 세균의 복제기작과 단백질합성을 위한 RNA 합성 및 해독

단원요점

- 세균의 DNA 복제는 한 기점Origin에서 양방향으로 시작하여 염색체chromosome의 말단terminus에서 끝난다.
- 복제는 DNA를 구성하는 두 가닥의 5'에서 3'방향으로 진행되어 "선도가닥leading strand"과 "지연가닥lagging strand"를 형성한다.
- 단백질합성을 위한 DNA의 유전정보는 전령 RNA(mRNA, messenger RNA)로 전달된다.
- 전령 RNA(mRNA)의 정보는 개개의 아미노산에 해당하는 운반 RNA(tRNA)에 의해 단백질 합성 정보가 판독된다.
- 유전암호의 단위체를 "codon"(코돈)이라 하고, 이는 세 개의 염기들로 구성되어 있다.

세균 염색체chromosome의 복제 기작

세균의 복제에는 기존의 DNA 두 가닥이 새로운 상보가닥합성의 주형template으로 작용하고 기존의 한 가닥과 새로 합성된 상보 가닥이 짝이 되어 DNA를 구성하는 기작인 반보존적 복제semiconservative replication와 각 DNA 가닥이 새로운 DNA 가닥DNA strand를 합성하기 위한 단일 주형template으로의 역할을 하여 DNA 두 가닥은 서로 분리되지 않는 보존적 복제conservative replication들을 생각할 수 있으나 대장균*E. coli*에서의 실험을 통하여 세균은 반보존적 복제에 의해 DNA 복제와 나아가 분열이라는 과정을 거치게 됨을 확인하였다.

복제 개시는 복제기점Origin에서 시작하여 전체 염색체chromosome를 따라 양방향으로 계속되며 말단terminus라고 하는 곳에서 끝난다. 실제 복제는 복제 가지Replication fork라고 하는 DNA의 영역에서 이루어지고, 새로운 상보가닥의 합성의 모체가 되는 DNA 가닥, 즉 주형template의 상보적인 가닥(프라이머)이 형성되면서 진행된다. 또한 DNA 복제를 위한 합성방향은 5' 쪽에서 3' 쪽으로 합성이 되고, DNA 두 가닥은 서로 반대 방향으로 결합되어 있기 때문에 두 DNA 사슬에서는 각각 반대방향으로 합성(그림 5.2.)된다.

DNA 복제

복제가 시작되면 두 DNA 사슬은 DNA 헬리케이즈DNA helicase에 의해 서로 떨어지게 되어 복제가지Replication fork를 형성한 뒤 단일가닥으로 나뉘어지고 이 상태를 유지하기 위하여 단일가닥 결합단백질single-strand binding protein이 결합하고 있다가 새로운 DNA 사슬이 형성될 때 떨어져 나간다.

나누어진 단일가닥single strand의 복제는 복제기점origin에서 말단terminus <"head to tail"> 방향으로 진행이 되고, 선도가닥leading strand은 복제가지쪽으로 DNA 중합효소DNA polymerase에 의해 합성이 연속적으로 진행되지만 지연가닥lagging strand은 반대 방향으로 불연속적인 복제가 되어 작은 단편의 형성이 이루어지는데 이는 나중에 DNA 연결효소DNA ligase에 의해 연결되어 진행되며 복제 말단에서 중단되는 메커니즘을 보이며 자세한 사항은 아래 그림 5.2와 같다.

세균 RNA의 합성

RNA는 전령-RNAmRNA, 리보솜-RNArRNA, 운반-RNAtRNA 세 가지가 있다. 이들 RNA는 RNA 중합효소RNA polymerase의 작용, 즉 RNA 중합효소가 전체 염색체의 일부분에 결합하여 특정 부위에 도달할 때까지 합성된다. DNA 복제기작과 비슷하게 DNA 두 사슬이 해리되면서 열림("bubble") 형태를 만들어 RNA 중합효소가 DNA 사슬에 상보적인 RNA를 합성(그림 5.3)한다.

RNA 합성은 DNA 두 사슬 중 한 사슬(의미가닥, sense strand)에서만 일어나며 RNA 합성에 의해 만들어진 산물(mRNA)은 단일 가닥의 사슬(자체 결합에 의해 일부는 두 사슬처럼 보이기도 함)로 구성된다. 참고적으로 DNA의 두사슬 중 하나<의미가닥sense strand>는 단백질합성에 필요한 정보를 가지고 있으며 그 상보사슬<무의

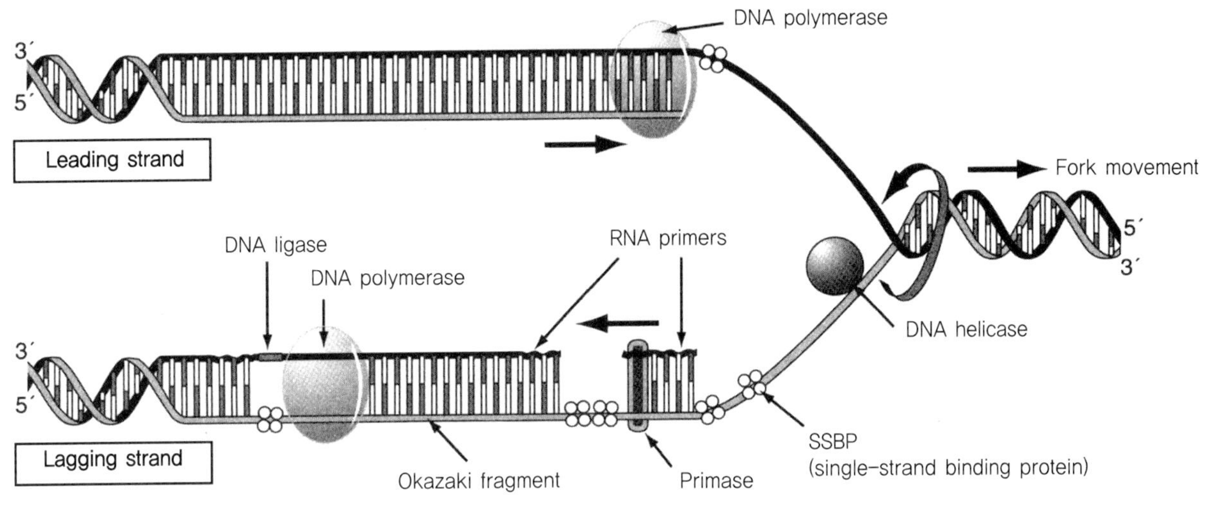

그림 5.2
leading strand와 lagging strand를 합성중인 DNA replication

미가닥antisense strand>은 단백질합성 정보를 가지지 않는다. 이러한 의미가닥을 주형으로 해서 단일가닥의 mRNA의 합성을 RNA 합성 또는 유전자의 전사transcription라 한다. DNA복제는 상대적으로 크기가 크지만 RNA는 하나의 유전자gene 혹은 몇 개의 유전자gene를 가지는 크기 정도이며 크기는 전체 염색체에 비해 매우 작은 크기를 가진다.

단백질 합성

생성된 mRNA는 유전암호genetic code가 지정하는 대로 폴리펩타이드polypeptide의 아미노산의 서열로 해독translation되며 해독은 세포질의 리보솜ribosome에서 이루어진다. 각각의 리보솜은 두 개의 소단위체subunit인 3-5개의 다른 RNA와 50 - 60개의 다른 단백질로 이루어져 있다. 단백질 합성을 위한 mRNA의 해독은 세포질에 각각의 아미노산에 해당하는 운반 RNAtRNA가 존재하여, 전령 RNAmRNA가 가진 아미노산 서열에 맞추어 아미노산을 지닌 운반 RNA가 리보솜ribosome의 mRNA와의 결합을 이루면서 단백질을 합성해 나간다. 운반 RNAtRNA와 아미노산의 결합은 각각 운반 RNAtRNA의 수만큼 aminoacyl-tRNA 연결효소aminoacyl -tRNA liagase에 의해 ATP를 소모하면서 이루어진다.

유전암호genetic code는 mRNA 세 염기가 하나의 코돈codon을 형성하는 트리플렛 코드triplet code이며 이로서 mRNA에서 64가지의 경우의 수에 해당하는 코돈이 될 수 있고 각각의 코돈에 해당되는 운반 RNA의 안티코돈과 결합을 통해 펩타이드가 합성된다. 하지만 모두가 아미노산을 암호화coding하는 것은 아니다. 61가지와는 다른 3가지 난센스 코돈(nonsense codon, UAG, UAA, UGA)은 여기에 맞는 운반 RNAtRNA가 없기 때문에 3가지의 난센스 코돈을 가진 mRNA를 만나면 단백질 합성이 종결된다.

리보솜이 A site(각 코돈에 따라 아미노산을 가진 전령 RNAtRNA가 결합하는 곳)와 P site를 이용해 mRNA의 AUG 코돈에서 시작하여 한 코돈씩 전령 RNAmRNA를 따라 이동하면서 각각의 코돈에 맞는 운반 RNA의 안티코돈과 결합을 통해 펩타이드를 연결, 단백질을 합성해 나간다. 난센스 코돈을 만나면 단백질합성을 멈추고 리보솜과 mRNA가 떨어져 나간다.

5.3 돌연변이Mutation : 유전물질의 변화

돌연변이원Mutagen의 종류

화학적 변이원chemical mutagens은 DNA와 반응하여 그 구조를 변화시키는 화학적인 물질을 말하며, 물리적 변이원Physical mutagens은 어떤 염기base를 결합시켜, 자유 래디컬을 형성하여 변화를 촉진하거나 DNA내에 절단을 유발시키는 변이를 말한다. 그리고 생물학적 변이원Biological mutagen으로는 유전자 사이에 들어가 그 유전자를 불활성화시키는 "점프 유전자"(jumping genes, 삽입 염기서열insertion sequences과 트랜스포죤transposons)를 그 예로 들 수 있다.

돌연변이Mutation의 실례

물리적인 돌연변이에는 치환substitution, 결실deletion, 역위inversions, 전위transposition, 복사duplication 등이 있으며 이는 다음의 그림 5.4에 잘 나타나 있다.

어떤 DNA 단편은 게놈genome내에 자신을 삽입할 수 있는 능력(점프 유전자 jumping gene)을 보유하는데 생물학적 돌연변이의 실례로서 전이요소transposable elements가 여기에 해당된다. 이 전이요소transposable element가 전이transposition에 필요한 유전자를 모두 가지고 있다면 삽입 서열insertion sequence이라고 하며 여기에 다른 유전자를 가지고 있으며 보다 큰 것을 트랜스포죤transposon이라 한다. 기능은 수용성 세포recipient cell에 들어간 후, 유전자 사이에 들어가 그 유전자를 불활성시켜 삽입성 돌연변이insertion mutation를 일어난다. 트랜스포죤transposon의 경우 삽입insertion에 의하여 새롭게 삽입된 유전자에 의한 새로운 기능을 나타내기도 한다.

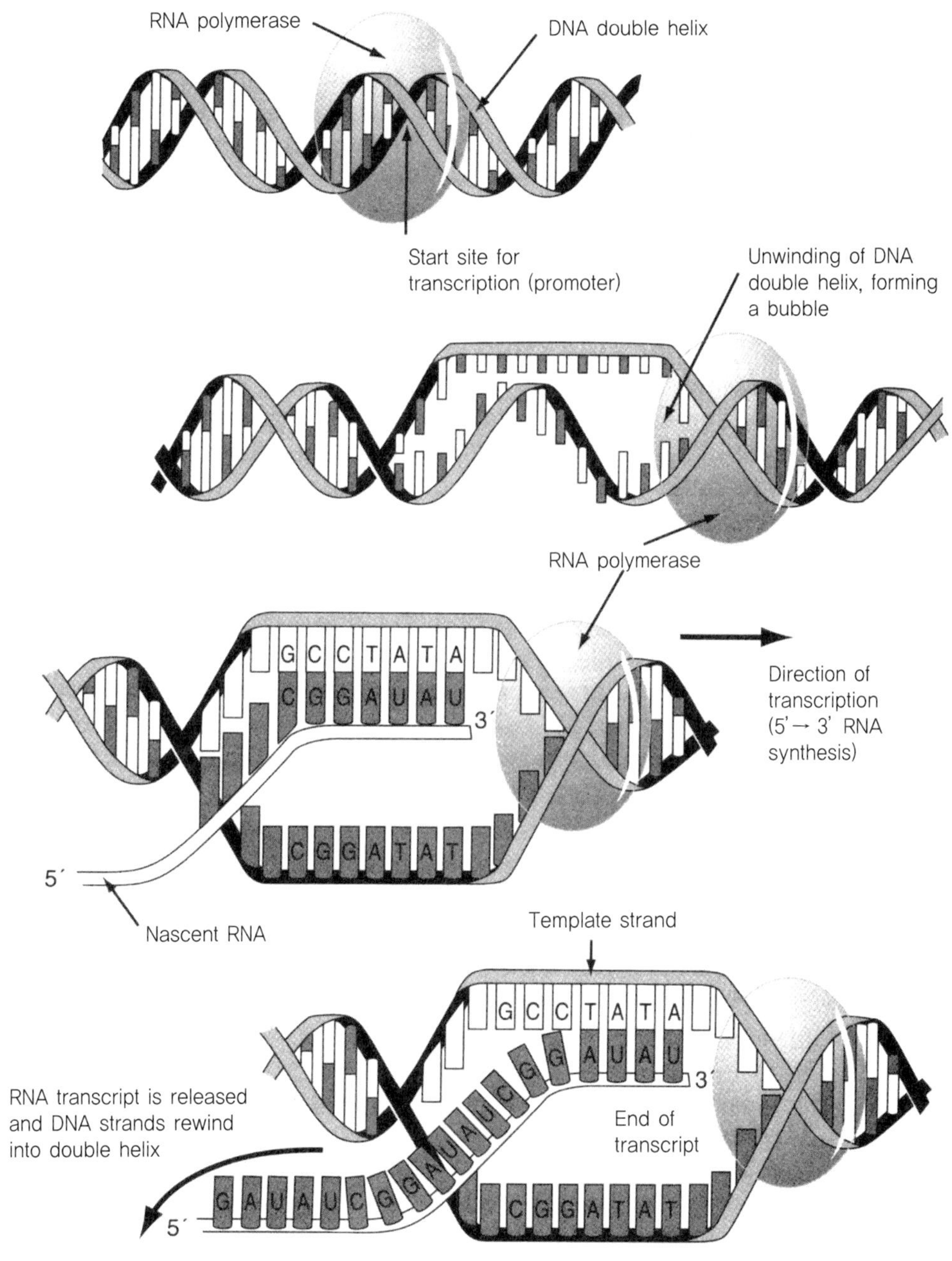

그림 5.3
DNA에서 RNA로의 전사

전이요소의 특징으로서는 또한 전이요소의 양끝이 반복서열repeated sequence로 구성되어 있다는 특징이 있으며 트랜스포재이즈transposase라고 하는 효소에 의해 전이요소가 게놈genome에 삽입되는 현상을 보인다. 전이요소의 전이 시기는 전이transposition가 항상 일어나는 것은 아니고 자체 억제 유전자의 조절에 의하여 옮겨 다니는 것이 제한적이며 전이transposition가 일어나기 전에 이 억제 유전자가 발현되지 않다가 일단 삽입되게 되면 발현하여 전이transposition의 비율이 떨어지게 된다. 전이요소의 세포 내 삽입은 DNA와 마찬가지로 형질전환transformation, 형질도입transduction, 접합conjugation 등에 의한 방법으로 삽입된다.

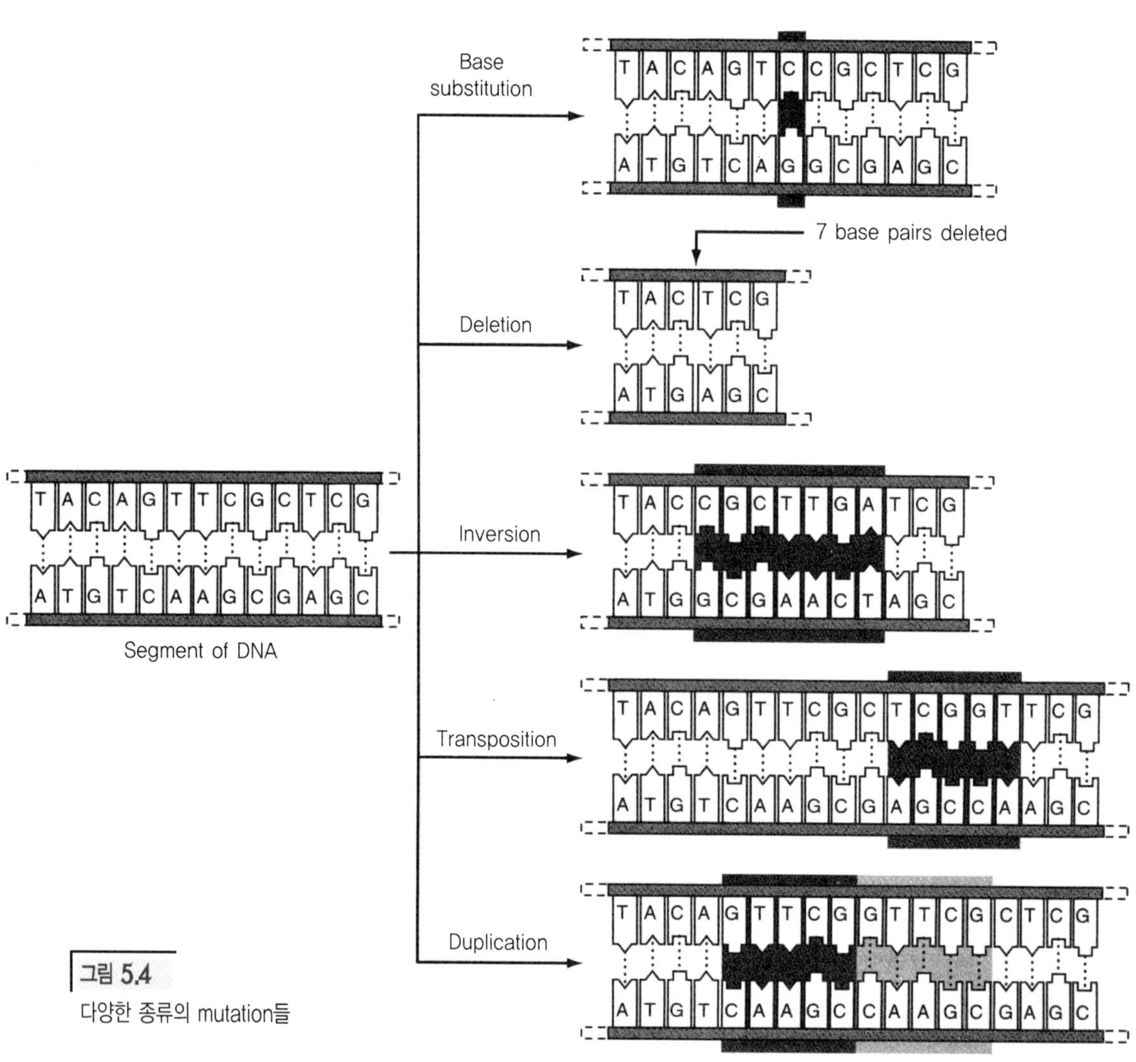

그림 5.4
다양한 종류의 mutation들

세균과 인간에서의 유전적 차이점

인간이나 다른 고등생물에서는 두 개의 배우자gametes가 합쳐져 온전한 그들의 전체 게놈genome을 구성한다.

세균에서는 유전물질의 교환이 한 세포에서 다른 세포로 한 방향으로 일어나고 거의 완벽하게 일어나지 않는다. 인간에게서는, 감수분열meiosis 동안, 즉 재조합 단계에서 교환이 일어나기 때문에 잦은 빈도로 발생, 세균에서는 재조합 단계에서 유전물질을 교환하지 않기 때문에 고등생물처럼 이런 교환현상이 자주 일어나지 않는다.

5.4 세균 유전자와 유전자 전달 방식

단원요점

- 세균bacteria에서는 염색체chromosome외에 플라스미드plasmid를 통하여 유전정보를 전달하기도 한다.
- 형질전환(transformation, <노출된 상태의 DNA로>), 형질도입(transduction, <파지 침입phage infection을 통해>), 접합(conjugation, <세포접촉을 통해>)와 같은 방법으로 한 세포에서 다른 세포로 유전정보genetic information가 전달genetic exchange이 일어난다.

세균 유전자gene의 성질

아주 개괄적인 추정은 다음과 같이 할 수 있다. 예를 들어 *E. coli*의 게놈genome은 약 4.5×10^6 염기쌍base pairs으로 구성되어 있다. 이것을 3(한 아미노산을 암호화coding하는 핵산의 수)과 400(평균 단백질의 아미노산 수)로 나누면 3750개의 유전자를 가지고 있는 것으로 추정된다. 여기에는 유전자 발현gene expression의 조절이나 유전자간의 중복overlapping의 가능성은 배제한다.

다른 방법은 전체 세포의 용균액lysates을 전기영동two-dimensional electrophoresis하여 알아 볼 수 있다. 천 개 이상의 단백질이 관찰, 이것은 실제보다 낮은 수라고 할 수 있는데 그것은 동시에 모든 유전자가 발현되는 것은 아니며, 또한 어떤 단백질은 많이 혹은 작게 합성되어 관찰이 모호할 수도 있고, 어떤 단백질은 불용성(세포막에서 추출한 단백질)으로 물에 녹지 않을 수 있기 때문이다.

전체 염기 서열화sequencing를 통한 추정도 또한 가능하다. 만약 전체 유전자의 서열을 밝혀 낼 수 있다면, 각 유전자는 독특한 형태를 지니기 때문에 전체 유전자의 개수를 산출한 것이다. 모든 유전자는 보다 특별한 염기서열에서 시작하고 끝난다. 따라서 밝혀진 전체 염기서열sequence을 따라가다 이러한 특별한 염기서열이 있으면 임의의 유전자로 추정하고 그 유전자 해독틀(ORFopen reading frame)을 찾을 수 있다. 이러한 전체 해독틀(ORF)의 수를 통하여 전체 유전자의 수를 산정한 것이다.

플라스미드Plasmid

플라스미드는 비교적 크기가 작고 몇 개의 유전자를 가지고 있다. 대개 특수한 환경에서 살아가기 위한 유전자를 가지고 있으며 DNA 복제replication, 전사transcription, 번역translation과 같은 세포의 필수적인 기능에 관여하는 유전자는 거의 가지고 있지 않지만 플라스미드 자체 유지를 위한 유전자를 가지고 있다.

유전자 전달 방식

형질전환transformation은 DNA 자체만으로, 형질도입transduction은 세균성 바이러스phage를 통하여, 접합conjugation은 세포 접촉을 통하여 일어난다.

DNA가 세포로 들어왔을 때 대부분의 경우, DNA는 침입자로 선별되어 파괴된다. 그렇지 않을 경우 재조합에 의해 플라스미드나 염색체chromosome내로 들어 가게 된다. 만약 플라스미드였다면 환형의 형태를 지닌 플라스미드로서 복제를 할 수 있게 된다.

형질전환Transformation

자연적으로 형질전환transformation이 가능한 세포는 거의 드물다. 대부분의 세균은 인위적으로 세포막에 조작을 가하여 성질을 변화시킴으로써 가능하게 된다. 예를 들어 대장균*E. coli*은 온도를 낮추어 칼슘용액calcium solution을 처리함으로써 외부의 DNA를 받아들일 수 있게 된다. 이렇게 인위적 처리에 의한 것을 인위적 형질전환artificial transformation이라 한다.

형질도입Transduction

파아지Phage는 병원성virulent 그리고 잠재성temperate의 두 바이러스가 존재하는 것으로 알려져 있다.

병원성 파아지virulent pahge는 공여 세균donor bacterium에서 복제하여 새로운 파아지를 생성하고 그 결과 숙주세포를 용해하여 죽이면서 세포 밖으로 방출된다. 잠재성 파아지temperate pahge의 경우는 비슷하지만 새로운 파아지Phage의 생성시기를 숙주세포가 충분할 때까지 염색체chromosome의 일부 혹은 환형의 플라스미드circular plasmid로 존재하다가 어떤 자극에 의하여 자신의 DNA를 복제하고 세포를 죽이는 병원성 파아지virulent pahge가 된다.

세균성 바이러스bacteriophage 혹은 파아지Phage라고 하는 바이러스가 세포에 감염됨으로써 유전자가 전달되는 것을 형질도입transduction이라 한다. 이전에 감염된 숙주 세균(공여주)에서 유래하여 수용주recipient strain가 공여주와 몇 개의 유전자가 다르고 이런 유전자가 바이러스에 의하여 수용주 세포로 옮겨졌다면 형질도입transduction이 일어난 것이다. 여기에는 일반적 형질도입generalized transduction과 특수 형질도입specialized transduction이 있다.

일반적 형질도입Generalized transduction

어떤 바이러스virus에서 파아지 헤드phage head에 자신의 DNA를 넣지 못하고 실수에 의해 세균 DNA가 삽입된 경우 일반적 형질도입generalized transduction이 일어난다.

병원성 파아지(coliphaes T1, T4)의 경우 십만 번에 한번 꼴로 매우 드물게 일어난다. 이런 경우 수용체 세균에서 복제는 할 수 없지만 감염 DNA의 서열이 동질일homologous 경우 게놈으로 들어 갈 수 있다. 잠재성 파아지(*E. coli* P1)의 경우 이런 형질도입transduction이 천 번에 한번 꼴로 일어난다.

특수 형질도입Specialized transduction

파아지Phage의 게놈genome에 세균의 일부 유전자가 끼어 있을 경우를 특수 형질도입specialized transduction이라 한다. 파아지 게놈phage genome이 공여주의 게놈 내에 들어갔다 나온 결과이다.

접합Conjugation

세균은 브리지bridge 혹은 이와 유사한 DNA를 전달할 수 있는 구조를 가지고 있어야 하고 이러한 기작은 대개 대장균에서는 F'인자F factor라고 하는 접합 플라스미드conjugal plasmid에 의해 이루어지고 있다.

5.5 재조합 DNA와 유전자공학Genetic Engineering

단원요점

- 재조합 DNA는 인위적으로 원하는 유전자를 클로닝 벡터cloning vector에 집어 넣음으로써 가능하다.
- 재조합 DNA는 절단cutting, 접합splicing, 연결annealing 등의 단계를 거친다.
- 재조합 DNA는 수용체 세포receptor cell에 집어넣고, 이 세포의 원하는 특징을 이용하여 선별한다.

재조합Recombination의 정의

재조합Recombination은 새로운 gene들의 조합과정을 설명하기 위해 유전학에서 사용되는 용어이다. 이런 재정렬rearrangement은 감수분열meiosis 과정과 같은 것을 통하여 자연적으로 일어난다. 재조합 DNA 기술rDNA technology은 이러한 것을 인위적으로 행하며 같은 종 혹은 서로 다른 종간에도 가능하게 한다. 자연적 재조합Natural recombination은 항상 이루어져 왔고, 재조합 DNA 기술rDNA technology은 1973년에 시작되었다.

자연적 그리고 인위적 재조합recombination에 있어서 자연적으로 동질성이 있는 DNA 사슬간의 교환에 의해 재조합recombination이 일어난다. 한편, 재조합 DNA 기술rDNA technology은 염기서열과는 상관없이 DNA 단편들로부터 재조합이 가능하다.

서로 연관상 멀리 떨어진 종-예를 들어 인간과 bacteria-간의 DNA 단편들도 하나의 molecule로 합쳐질 수 있다. 마음만 먹는 다면, 칠면조, 귤나무 그리고 호박 유전자를 동시에 가지는 재조합체를 만들어 추수감사절을 대비할 수도 있다. 하지만, 이러한 기술로 한 생물체 전체를 만들 수는 없다.

클로닝Cloning

재조합 DNA를 많이 복제할 수 있도록 하기 위하여 클로닝cloning이 꼭 필요하다. 재조합은 실행했으나 클론clone으로 가지고 있지 않다면 아주 작은 재조합 DNA를 가지는 것이고 이것은 사용하는데 매우 부족하다. 이를 극복하기 위하여 재조합 DNA를 숙주세포에 넣어 복제함으로써 많은 양의 재조합 DNA를 얻을 수 있다.

클로닝에 박테리아를 많이 이용하는 이유는 우선 대량industrial scale으로 키울 수 있고, 한 유전자(특히 플라스미드에 있는 유전자)의 수를 증가시킬 수 있도록 프로그램할 수 있을 뿐만 아니라 그 유전자를 발현 가능 혹은 불가능하게 하기 쉬우며 돌연변이주를 얻기 쉽기 때문이다.

하지만 박테리아 이용 시 단점으로는 진핵세포eukaryotic cell는 인트론intron을 가지고 있지만 대개의 경우 세균은 인트론을 제거하지 못한다. 이 경우 인트론이 없는 DNA는 mRNA를 역전사 효소reverse transcriptase를 이용하여 만든 cDNA complementary DNA를 이용하기도 한다.

클로닝 벡터Cloning vector는 우선 수용체 세포recipient cell에서 복제가 가능해야 한다. 좋은 클로닝 벡터cloning vector는 다음 두 가지 요건을 갖추어야 한다. 수용체 세포recipient cell에서 안정적으로 존재해야 하고 표지 유전자(tag gene, 쉽게 동정이 가능한 DNA 서열을 지닌 유전자)를 가지고 있어야 한다. 대부분의 벡터vector들은 항생제 내성 유전자를 가지고 있어서 이를 표지 유전자로 사용한다.

클로닝Cloning 과정

DNA는 비교적 간단히 세포추출물cell extract로부터 분리할 수 있다. 큰 사이즈 때문에 알콜 내에서 실타래 같은 덩어리를 형성하고 이들 다른 세포 물질로부터 유리봉을 이용하여 건져 낼 수 있다. 단백질을 해리시키는 페놀phenol이나 다른 용액을 이용하여 더 깨끗하게 분리 가능하다.

첫 번째 단계는 DNA를 벡터에 접합시켜야 한다. 우선 절단효소restriction enzyme로 자르게 되는 데 이 효소enzyme들은 각각 그들이 인식(또는 절단하는)하는 특별한 DNA 염기서열을 가지고 있다. 이 염기서열들은 회문구조palindrome의 특징을 가지고 있다. 자르게 되면 양방향 같은 곳에서 자르게 되어 짧은 염기 염기서열이 한 사슬에 남아 이를 점착말단sticky end이라고 한다. 동일한 서열의 점착말단sticky end을 가지진 것끼리 연결될 수 있다. 같은 효소로 잘려진 벡터vector와 DNA를 서로 섞어 주어 점착말단sticky end간에 결합이 일어나도록 유도한 다음 라이게이즈ligase를 이용하여 갭gab을 연결한다.

이렇게 라이게이션ligation한 용액 내에는 원래의 것과 연결된 것을 포함하고 있어서 선택적으로 원하는 DNA를 구하기 위하여 형질전환transformation을 거치게 된다. 대개 *E. coli*를 이용하게 되지만 다른 세균이나 동물세포를 이용하기도 한다.

형질전환transformation하는 동안 대부분의 수용체 세포는 원하는 DNA 분자를 가지고 있지 못한다. 아주 작은 비율로 혹은 수백만 세포 중의 하나보다도 작은 비율로 존재한다. 이렇게 미약한 수의 재조합 세포는 클로닝 벡터가 선별할 수 있는 성질selcetable property, 즉 항생제 내성antibiotic resistance 같은 유전자를 가지고 있기 때문에 이런 항생제를 가진 고체배지에서 키우게 되면 원하는 세포만 증식, 증식된 재조합 세포는 의도된 목적이나 산업적 목적에 이용한다.

표 5.1 유전자 클로닝cloning의 순서

1. 클로닝할 유전자를 지닌 DNA를 순수하게 정제한다.
2. 클로닝 벡터내로 이 DNA의 조각을 연결, 접합시킨다.(이 벡터는 복제가 불가능한 상태의 DNA 조각이다) 이로서 재조합 DNA 분자의 형성이 이루어지게 된다.
3. 이 재조합 DNA를 적당한 숙주세포내로 삽입시킨다.
4. 원하는 유전자가 실제로 숙주세포내로 삽입되어 있는지를 확인한다(효소분석법이나 생물분석법을 통해).
5. 원하는 유전자를 지닌 클론을 대량 확보하기 위해 원하는 유전자를 지닌 숙주세포를 배양한다.

유전자 발현 조절

6

단원요약

대사과정과 유전자의 발현은 다양한 기작에 의해 조절되고 있다.

단원요점

- 효소의 활성은 조절된다.
- 유전자들은 발현의 속도가 증가되던가, 중지되던가 혹은 중간 정도의 속도로 조절된다.
- 유전자의 발현은 환경적 요인들에 의해 조절되기도 한다.
- 유전자의 발현은 전사 혹은 번역단계에서 조절되어질 수 있다.
- 유전자의 발현의 조절은 전체 조절단계에서 이루어질 수 있다. 다시 말하면 많은 유전자들을 동시에 조절하여 하나 혹은 그 이상의 중요한 세포 활성을 조절한다.

유전자의 발현과 전사, RNA합성, 번역과의 차이점

유전자의 발현은 유전정보를 유전자로부터 유전정보가 부호화하고 있는 단백질로 옮겨지는 것을 말한다. 전사와 RNA합성은 같은 의미로 DNA로부터 mRNA를 만들어내는 것이고, 번역이라는 것은 mRNA의 정보로부터 단백질을 합성하는 것이다. 따라서 유전자의 발현은 전사와 번역 두 단계에 의해 이루어진다.

유전자 발현을 조절하는 목적

이것은 환경에 따라 생물이 필요로 하는 물질을 만들 수 있도록 해준다. 예를 들어 세균이 배지에 포함되어 있는 아미노산을 먹고 자란다면 이런 아미노산을 스스로 만드는 것은 에너지와 이들을 만드는데 필요한 전구체의 낭비일 것이다. 따라서 아미노산의 합성을 위한 유전자는 발현이 조절되어 단백질 합성이 억제된다. 같은 맥락으로 어떤 당이 배지에 존재할 때 이를 이용하는 효소를 암호화하고 있는 유전자를 발현시키기도 한다.

유전자 발현조절 이외의 대사물질 생산 조절

대사산물의 생산은 유전자의 발현단계에 뿐만 아니라 관여하고있는 효소의 활성을 조절함으로서도 가능하다. 따라서 아미노산을 배지에 첨가하는 것은 일반적으로 아미노산을 생산하는 효소들의 활성 억제를 유도한다. 이런 현상을 최종산물 저해작용 혹은 feedback 조절작용이라고 불리는데 그 이유는 생합성 경로의 최종산물이 처음 혹은 초기 합성경로를 저해하기 때문이다.

생합성 효소 활성 조절의 장점

생합성 효소를 억제하는 것은 이들 효소 활성의 즉각적인 중지를 유발한다. 따라서 생합성 경로에 사용되는 에너지와 building block을 절약할 수 있다.

생합성 효소 유전자의 발현조절의 목적

생합성 효소의 저해는 이러한 효소가 더 이상 만들어지지 않는다는 것을 의미하지는 않는다. 이러한 효소들이 합성되지만 작용이 저해되는 것은 대사과정에서 상당히 비효율적이다. 따라서 이미 존재하는 효소의 활성과 효소의 생합성을 둘 다 중지시키는 것이 가장 효과적이기 때문에 생합성 효소들의 활성을 조절하는 한 방법으로 생합성 효소 유전자의 발현을 조절한다.

오페론

오페론operons이란 하나의 mRNA로 전사되어지는 몇 개의 유전자들이 모여있는 것이다. 중요한 점은 모든 이런 유전자들이 하나의 단일체로 조절되어져 생리학적으로 유용한 기능을 하는 것이다. 이러한 유전자 복합체의 특징은 오페론의 모든 유전자들이 하나의 조절 단백질repressor에 의해서 켜졌다 꺼졌다 할 수 있다는 것이다. 이것은 효과적이고 경제적인 일련의 회로들을 하나의 스위치로 켰다 껐다 하는 것과 유사하다.

오페론의 최소 단위

오페론의 최소 단위로는 유전자 발현 억제 단백질repressor, 프로모터(promotor, RNA 중합효소 결합 위치), 오퍼레이터(repressor 결합 위치), 단백질을 암호화하고있는 유전자들structural genes과 터미네이터(terminator; operator의 전사가 중지되는 위치)로 구성된다(그림 6.1).

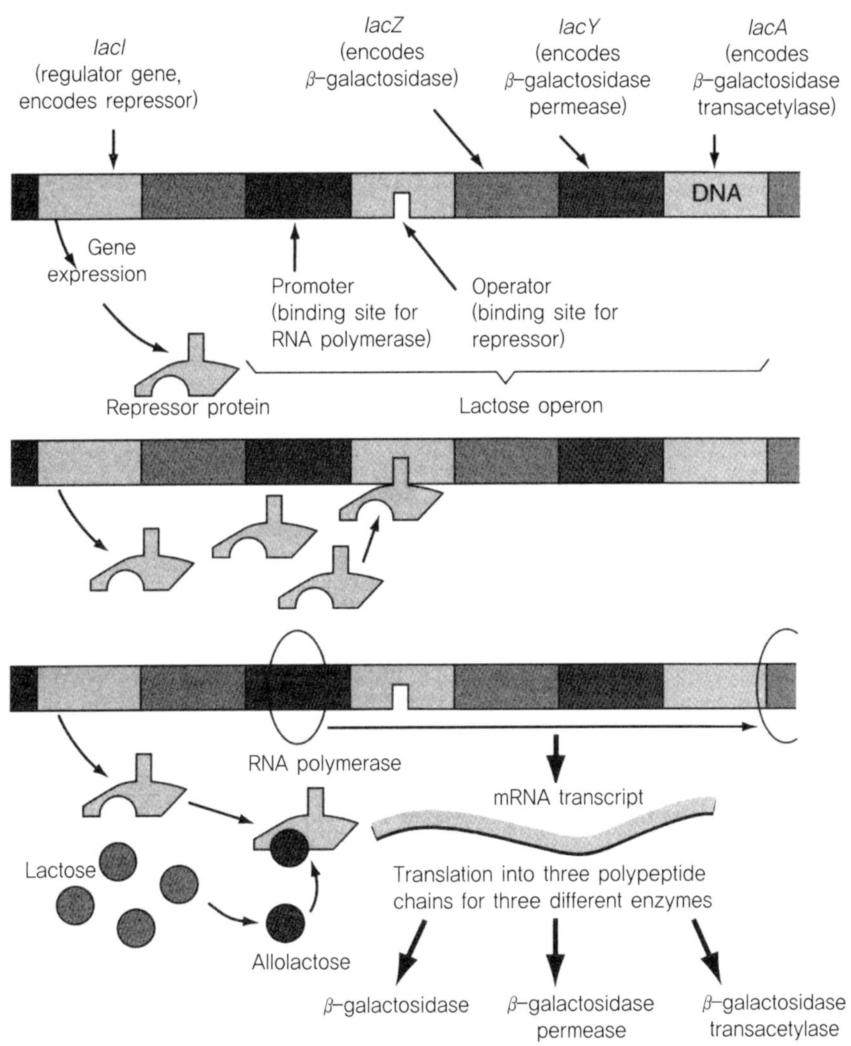

그림 6.1
오페론 모델

억제 단백질Repressor

오페론의 전사를 억제하는 단백질이다. 대부분의 억제 단백질들은 항상 낮은 농도로 생산되어진다. 억제 단백질이 스위치로서의 작용을 하기 위하여 활성단계와 비활성 단계 사이를 선택적으로 변환시킬 수 있어야한다. 이것은 억제 단백질이 구조적 변화를 일으켜 가능하다. 그런 변화는 배지의 영양소의 유무에 따라서 일어난다.

따라서 억제 단백질은 환경에 따라서, 예를 들면 배지에서의 당의 유무에 따라, 활성형이 되었다가 불활성화 된다. 억제 단백질의 불활성화가 일어났을 때를 유도반응 induction이라고 한다. 억제 단백질은 오퍼레이터operator라고 불리는 DNA위치에 결합하여 RNA중합효소가 DNA를 전사하는 것을 막는다.

오퍼레이터operator의 작용원리

오퍼레이터가 억제 단백질의 결합 위치로 적절하게 작용하기 위해서는 전사가 시작되는 위치의 아래부위downstream에 위치하고 있어야 한다. 억제 단백질이 오퍼레이터에 결합하면 RNA중합효소는 RNA합성을 위한 진행을 할 수 없어 전사가 중단된다.

프로모터promotor와 전사

프로모터는 DNA상에서 RNA중합효소가 결합하여 전사가 시작될 수 있도록 하는 위치에 있다. 이러한 기작은 RNA중합효소가 복합 단백질체로 구성되어 있어 효소 중심부core와 프로모터를 인식하는 시그마 인자sigma factor로 이루어져 있기 때문이다. 시그마 인자의 종류가 많지 않기 때문에 전사 시작 단계의 기작은 전체적인 조절 작용을 한다.

단백질 유전자Structural gene

각종 단백질들을 만드는 정보를 가지고 있다. 이들은 mRNA로 전사되는 부분이다.

터미네이터Terminator

터미네이터란 DNA상에서 전사를 끝내 RNA합성이 더 이상 진행되지 않도록 하는 염기 서열이다. 따라서 mRNA는 전사 개시 위치로부터 끝나는 위치까지로 한정될 수 있다.

억제 단백질 유전자의 오페론 상의 위치

억제 단백질과 같은 조절 단백질은 보통 조절이 트렌스trans 형태로 작용한다. 다시 말하면 그들은 어디서나 만들어져 세포질을 통해 확산하여 DNA 상의 목적 위치로 갈 수 있다. 결과적으로 그들을 암호화하고 있는 유전자들은 염색체의 어디에나 있을 수 있다. 몇몇 조절 단백질들은 하나의 오페론은 물론 다른 곳에 위치한 오페론에 영향을 미칠 수 있다.

세균 오페론의 환경에 대한 영향

오페론 조절의 주요한 측면으로 분자량이 작은 물질인 유도제inducer의 유무에 달려있다. 유도제는 일종의 조절 단백질인 억제 단백질을 활성형과 비활성형의 구조로 바꾼다. 따라서 억제 단백질은 환경을 감지한다고 할 수 있다.

발현 억제repression 이외의 유전자 조절

특정 유전자의 활성을 일으키는 단백질로 활성자activator가 있어 특정 유전자(오페론) 전사 속도를 증가시킨다. 억제 단백질과 마찬가지로 이것들은 효과자effector의 유무에 따라서 활성형과 비활성형의 형태가 있다. 또한 일부 유전자들은 양이 매우 적은 RNA중합효소의 시그마 요소에 의하여 그 프로모터가 인식되어짐으로써 발현이 조절된다. 이러한 시그마 요소의 농도를 증가시킴으로써 세포는 이들 유전자로부터의 전사를 증가시킬 수 있다. Heat-shock 유전자, 포자형성 유도 유전자, 휴지기 관련 유전자들이 이러한 방법에 의하여 발현이 조절된다.

저분자량 물질에 의한 오페론의 조절

분자량이 작은 물질들 중 일부는 오페론을 활성화시키는 반면 다른 물질들은 오페론을 억제한다. 그 이유는 그 분자가 억제 단백질과 효과자 중 어느 것에 작용하는지에 달려있다. 억제 단백질은 유전자의 발현을 억제하는 방향으로 작용한다. 반면에 활성자는 반대의 역할을 하여 전사를 증가시킨다.

하나 이상에 유전자 발현에 영향을 미치는 조절 단백질

전통적인 예는 CAPcatabolite activating protein이다. 이 단백질은 cAMP와 결합하여 대사작용에 관여하는 효소들을 암호화하고 있는 많은 오페론으로부터 전사를 촉진한다.

발현억제 이외의 유전자 전사 억제

이런 방법 중에 하나는 어테뉴에이션attenuation인데 이것은 리프레션과는 다른 방법으로 작용한다. 어테뉴에이션은 일반적으로 아미노산의 생합성에 관여하는 효소들의 생산을 조절한다. 이때에 어떤 억제 단백질 분자도 관여하지 않는다. 어테뉴에이션은 세포 내 아미노산 양을 '읽는다' 라고 말할 수 있다. 만일 세포가 단백질 합성에 필요한 이상의 양의 특정 아미노산이 존재할 때 어테뉴에이션은 이 아미노산의 생합성에 관여하는 효소의 전사량을 감소시킨다. 어테뉴에이션이 작용하는 방법은 다소 복잡하다.

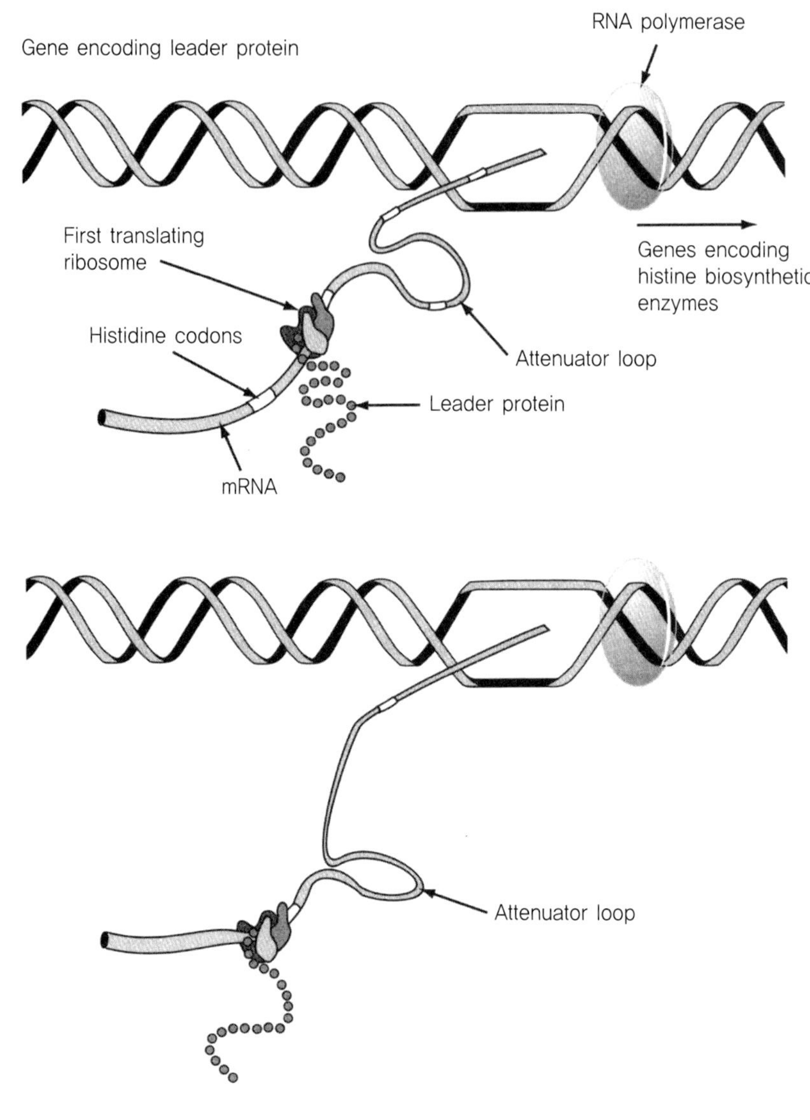

그림 6.2
히스티딘 오페론의 유전자 발현의 어테뉴에이션

어테뉴에이션attenuation의 작용

어테뉴에이션에 의해 조절되어지는 오페론은 조절 오페론의 모든 요소들 외에 새로운 것이 하나 더 있다. 이것이 프로모터/오퍼레이터와 첫 번째 유전자사이에 사이에 놓여있는 리더 시퀀스leader sequence이다. 이것은 특정한 아미노산의 양을 감지한다. 이 부분에는 특정한 아미노산-예를 들면 히스티딘-의 암호codon가 여러 개 반복되어 있다. 히스티딘이 많을 경우 리보솜에 의한 번역은 빨리 일어나고 그 결과 RNA 중합효소가 더 이상 지나지 못하고 전사가 멈추는 머리핀 모양의 터미네이터가 형성된다(그림 6.2). 그 결과 히스티딘의 생합성에 필요한 효소의 합성이 억제된다. 히스티딘이 없을 경우에는 안티터미네이터anti-terminator라는 머리핀 모양이 만들어진다. 이것은 RNA 중합효소가 무사히 지나갈 수 있도록 하고 생합성에 필요한 효소를 만들도록 해준다.

전사 단계 외의 유전자 발현조절

유전자의 발현은 RNA가 만들어지고 난 후에도 조절되어질 수 있다. 예를 들면 번역과 단백질합성의 단계에서도 가능하다. 가장 좋은 예가 리보솜의 단백질이다. 이러한 단백질에 대한 유전자들은 오페론의 형태로 나열되어 있다. 이러한 단백질의 일부는(사실 하나의 리보솜 단백질 오페론당 하나) 그들 자신의 mRNA 번역을 억제하는 능력을 가지고 있다. 그러한 단백질이 리보솜을 만드는데 필요로 하는 양 이상으로 존재할 때 그 단백질은 효과적으로 단백질을 합성하는 장치에게 같은 오페론상의 다른 단백질들과 그 자신의 합성을 중지시킨다. 또 리보솜과의 결합으로 여분의 단백질이 줄어들면 mRNA의 번역이 재개된다. 따라서 리보솜 단백질이 리보솜의 합성에 필요한 정도로 유지될 것이고 세포주위를 떠다니는 여분의 리보솜 단백질은 다량 만들어지지 않을 것이다.

글로벌 레귤레이션Global regulation

이것은 세포가 직면하는 많은 종류의 환경적 영향들에 대해서 단지 한가지만의 경로가 아니라 다양한 대사과정의 조절경로들이 필요하다는 것을 의미한다. 하나의 세포가 탄소, 질소 혹은 인산이 부족하게 될 때, 아니면 직접적인 스트레스(예를 들면 온도, 압력, 삽투압 등의 변화)에 처하게 되었을 때, 새로운 환경에 성공적으로 적응하기 위해서는 세포는 대사과정에 많은 부분의 변화를 요구한다. 이렇게 조절되어진 변화들은 하나의 오페론에 작용하는 것 보다 높은 단계의 유전자발현 조절 단계에 의해 이루어져 수많은 오페론들에 영향을 미칠 수 있게 한다. 글로벌 레귤레이션의 예는 전사와 번역을 위한 요소들을 부호화하고 있는 대부분의 오페론의 합성을 조절하는 엄격한 반응 시스템이나 대사 효소를 부호화하고 있는 유전자들에 관여하는 대사 억제 시스템들이 있다. 또한 특정 스트레스에 대처하기 위해 준비하고 있는 많은 다른 요소들도 많이 있다.

레귤론Rugulon

레귤론이란 동일한 조절 단백질 (억제 단백질 또는 엑티베이터)에 의하여 조절되는 오페론 집합을 의미하는데 이들 오페론은 게놈 전체에 산재되어 있고 그들 자신의 조절 기작을 가지고 있기도 하다.

미생물의 운동

7

단원요약

미생물은 유리한 환경을 찾기 위해 편모를 이용하여 이동하고 불리한 환경은 피하며, 편모를 이용하여 두 환경 모두에서 조절이 가능하다. 토양(흙)과 수계(물)는 매우 중요한 미생물들의 서식 환경이며, 이러한 미생물들이 서식한다는 사실은 인간과 세균과의 관계에서도 매우 중요하다. 세균은 환경을 감지하는 방법과 자신들 사이, 그리고 다른 가까운 유기체들과의 전달(감염) 방법을 가진다.

7.1 세균의 운동성과 주화성

단원요점

- 세균은 주로 편모를 이용하여 움직이고 일부는 활주운동으로 움직인다.
- 편모는 나선형 구조의 단백질이다.
- 편모는 지지링을 갖고 있는 기저소체basal body로 세포막 안쪽에 연결되어 있다.
- 편모운동은 양자기력protonmotive force을 필요로 한다.
- 편모를 가진 세균은 편모가 한쪽 방향으로 회전할 때 이동할 수 있고 다른 방향으로는 뒹굴어 다닌다.
- 운동성 세균은 주화성을 가지며 이는 유인물 쪽으로 움직이고 자신에게 해로운 것으로부터 떨어져서 운동한다.
- 주화성 운동은 더 오랜 시간동안 생산적인 이동 속에서 보낸 결과이다.
- 주화성은 암호 형질도입signal trasduction이라 불리는 기작에 의존한다.

세균의 운동성 기작

모든 세균이 운동성을 가지고 있는 것은 아니며, 어떤 세균들은 운동성이 있으나 어떤 세균들은 운동성이 없다. 일부 운동성을 가진 세균들은 편모의 회전으로 움직이고 어떤 세균들은 표면 위를 미끄러지듯이 움직인다.

세균의 편모

세균은 프로펠러가 배를 움직이듯이 corkscrew 모양의 편모가 회전하며 움직인다. 각각의 편모는 기저소체를 구성하는 이중의 지지환ring 세트에 의해 회전 기둥과 같이 세포막 안쪽에 있다. 각각의 이중 환은 막의 서로 다른 층에 위치한다. 예를 들어 그람음성균의 편모 기저소체는 2개의 이중환을 가지고 있고 그람양성균은 하나의 이중환만을 가지고 있다.

편모의 회전

편모를 회전시키는 "motor"는 세포질 막에 포함되어 있는 양자기동력을 에너지로 이용한다. 더욱 놀라운 것은 운동시 세포가 가진 에너지의 1% 미만을 소모한다는 것이다. 또한 편모를 가진 세균은 그러한 적은 에너지로 초당 자신의 몸길이의 10배를 이동할 수 있다.

어떠한 세균은 많은 편모를 가지고 있는데, 수많은 편모가 세포 표면의 전체에 붙어 있어 세포가 사방팔방으로 밀려지기 때문에 어느 한 방향으로 움직일 수 없을 것이라고 생각할 수도 있다. 그러나 모든 편모가 그들의 나선축에 의해 한쪽 방향으로 회전할 때 편모들은 복합 프로펠러처럼 작용하는 다발로 뭉쳐진다. 그러면 세균은 질주run이라 불리는 움직임으로 이동할 수 있다. 만약 편모가 각기 다른 방향으로 움직인다면 다발은 따로따로 움직일 것이고 세균은 어느 한 방향으로 진행할 수 없다. 그러한 세균은 곤두박질tumble이라 불려진다.

편모의 운동방향

균일한 배지 상에서 편모는 한 상태에서 다른 상태로 불규칙하게 움직인다. 이러한 조건 하에서 세균은 어느 특정한 방향으로 움직일 수 없을 것으로 보여진다. 하지만 어떤 화학물질들이 가해지면 이는 격렬하게 변화한다. 즉, 다른 변화들에 대한 한 방향으로의 회전의 빈도이다. 예를 들어 편모는 시계방향의 회전에 의해 시계반대방향으로 더 오랜 시간동안 회전할 것이다. 이는 tumbling보다 더 오랜 시간의 running을 하기 때문에 나타나는 결과이며 따라서 세균은 화학물질로 향하거나 화합물로부터 멀어지려 한다. 이러한 현상을 주화성chemotaxis이라고 한다.

주화성의 작용

세균의 편모는 감각기관의 한 부분으로 아마 생물에 있어서 가장 단순할 것이다. 그 감각기관의 작용은 영양분과 같은 유인물attractants이나 독성 화합물과 같은 꺼리는 물질repellents과 같이 배지 중의 특정 화학물질의 농도에 따라 변한다. 세균은 막에 수용체 단백질을 가지고 있고 attractants와 repellents의 농도구배concentration gradients를 감지한다. 이들 단백질은 다른 단백질에게 "talk", 즉 세포질을 통해 신호들을 교대로

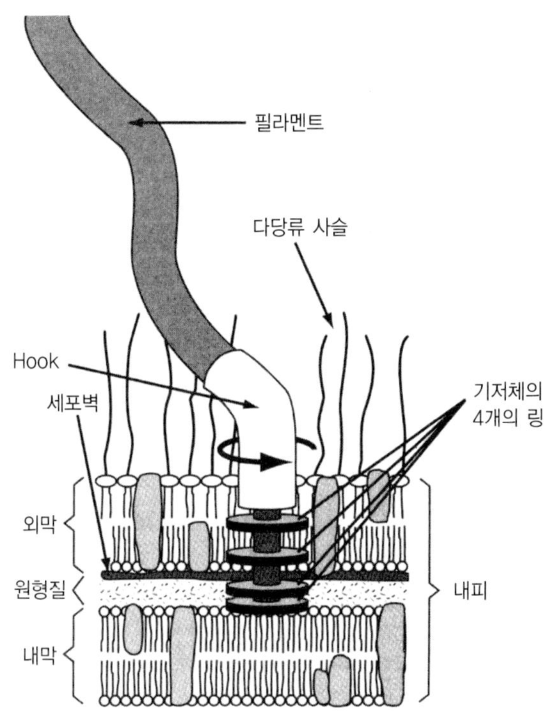

그림 7.1
그람 음성세균의 편모

보낸다. 주위의 신호를 감지하여 편모의 회전방향을 바꾸는 과정은 세포가 그들 환경에서 감지하는 여러 가지 유형 중에서도 암호 형질도입signal transduction이라고 불리는 보편적인 현상의 예이다. 그러므로 영양분이나 독성물질의 농도를 감지함으로써 세균은 가고 싶은 방향으로 더 오랜 시간동안 이동할 수 있다.

세균의 화학물질 농도인식

세균은 그 크기가 아주 작지만 세균의 세포는 현재의 화학물질의 농도를 감지하고 바로 직전의 화학물질의 농도와 비교한다. 이런 분자기억장치molecular memory는 상당히 복잡하고 신호변환경로signal transduction pathway에서 신호전달 단백질들은 메틸화반응methylation을 수반한다.

주화성을 가진 세균의 운동방향

주화성을 가지고 있는 세균의 운동방향은 어느 한쪽 방향으로만 움직이지 않는다. 어떤 세균들은 알맞은 산소 농도가 존재하는 쪽으로 이동하고(주기성; aerotaxis), 광합성 세균들은 빛이 있는 쪽으로 이동한다(주광성; phototaxis). 또 어떤 종류의 세균들은 주자성magnetotaxis으로 자기력선을 따라 일렬로 존재한다. 따라서 이러한 성질은 미생물들이 담수와 해수의 밑바닥으로 향하게 하거나 멀리 떨어져 이동하는 것을 도와준다.

세균의 운동형태

어떤 세균들은 그들의 편모배열의 차를 이용해 움직인다. 예를 들어 spirochetes는 원형질에서 함께 뭉쳐진 편모를 가진다. 이들은 필라멘트 축이라고 불리며 corkscrew처럼 다발을 형성하며 세균이 움직일 수 있게 해준다. 어떤 세균은 편모를 전혀 사용하지 않고 움직이는데, 표면을 따라 기어다니지만 아직 그 정확기작은 밝혀지지 않았다.

7.2 단백질 분비와 동종인식

단원요점

- 세균은 주위 환경이나 다른 미생물과 독성물질 같은 특정 단백질을 분비함으로써 정보들을 얻을 수 있다.
- 막에서의 단백질 분비와 삽입은 유사하며 이는 막을 가로지르는 전위를 위한 특별한 기구가 필요하다
- 세균은 자신과 같은 종의 수를 감지하는데 도움을 주는 화학물질을 방출한다.

세균과 다른 미생물과의 정보교환 방법

세균은 단백질과 숙주에 침입하는 것처럼 다른 세포에 영향을 주는 화합물을 분비함으로써 서로 정보를 교환한다. 분비된 단백질은 독성물질과 같이 숙주세포에 해를 입힐 수도 있기 때문에 세균이 분비한 단백질이 면역 반응을 알아내는 항원일 가능성도 있다.

세균이 분비한 구성물질이 다른 미생물에 미치는 영향

세균이 분비한 단백질 중의 일부는 가용성 성분으로 분비되지만 다른 것들은 세균막의 일부분이며 다른 세포가 감지할 수 있는 거리에 분비된다. 세균이 가지고 있는 대부분의 강한 항원은 세포 표면성분에 존재한다. 대부분 세균의 독소는 가용성이고 독소를 만들어내는 세균으로부터 상당히 먼 거리까지 작용한다.

이러한 문제는 분비되는 단백질뿐만 아니라 세균의 막에 삽입되어 막 구조물의

일부가 되는 단백질에도 해당된다. 이것도 단지 세균뿐만 아니라 일반적인 세포에서 관찰되는 현상으로 미생물이 막을 통한 특정 단백질의 수송에 대한 기작을 가지고 있다는 것을 나타낸다.

막을 통한 단백질 수송경로

분비되거나 막에 삽입될 단백질은 특별한 특징을 가진다. 이러한 단백질의 대부분은 막의 소수성 부분과 쉽게 상호작용을 하는 소수성 부분을 가지고 있으며, 대부분 아미노산 서열의 끝 부분에 막의 분자에 삽입되도록 하는 신호 펩타이드signal peptide라 불리는 부분을 가지고 있다.

막에 삽입된 단백질 분자의 작용

단백질 분자의 일부분이 밖으로 나와 세포질에 존재하더라도 접힌 채로 존재하고 그것은 막을 가로질러 이동되지 않으려 할 것이다. 이런 현상을 일어나지 못하게 하기 위해서 특정 세포질 단백질은 분자와 상호작용하여 접힌 상태로 유지된다. 그러므로 막을 통과하는 단백질 이동은 특정 원소를 포함하는 특이적 기능이다.

그람음성균과 그람양성균의 단백질 이동

그람음성균은 외막과 내막의 2개의 막을 가지고 있으므로 세균은 양 막을 통과할 것이라 예상되는 외막의 표면에 미리 단백질을 분비하거나 삽입한다. 그러나 periplasm을 통과하는 곳이나 두 막이 서로 부착되는 특정 접합부위의 단백질 이동경로에 대해서는 아직 밝혀져 있지 않다.

일정수 감지Quorum sensing

세균이 자기 종족의 수를 감지하는 현상을 일정수 감지Quorum sensing라 부른다. 세균은 특정 농도가 밀집되었을 때에만 스스로 감지할 수 있는 특정 화학물질(아미노산 유사세린의 유도체)을 분비한다. 이러한 방법으로 세균의 수는 한정된다.

한편 일정수 감지Quorum sensing는 세균이 일정 농도에 도달했을 때 자신이 가지고 있는 특별한 기능을 작동시키거나 작동시키지 않는데 있어서 편리하다. 쿼럼Quorum의 농도에 도달했을 때 세균은 자신의 특정 유전자를 발현시키거나 발현시키지 않는다. 그 예로 해양 세균이 생물발광현상을 나타내는 것이다. 해양세균의 대부분은 물고기의 표면에 밀집하여 물고기와 공생하며 살아간다. 만약 세균이 고농도로 존재한다면 빛을 방출하기 위한 감각을 만들고 물고기의 조명역할을 하게 된다. 그러나 엷은 바닷물(종족수가 없는)에는 빛을 방출하는 세균이 거의 없다. 의학적인 견지에서 단순히 숙주 내에 세균의 침입을 예방하는 것보다는 세균의 수가 아주 높아져서 독소나 다른 병원성 매개체가 분비되는 경우를 조심해야 한다.

미생물의 증식과 사멸

8

단원요약

환경에 따라 미생물 군집은 예측 가능한 수학적 법칙에 따라 번식하거나 사멸한다.

8.1 증식의 개념

단원요점

- 세균의 증식은 대단히 빠르며 일부는 20분내에 증식한다.
- 세균수가 두 배로 증가되는데 걸리는 시간을 세대 시간이라 하며 그 때의 속도를 증식 속도라 한다.
- 세균은 영양성분이 결핍되거나 독성 물질이 축적될 경우 증식을 멈춘다.
- 세균을 새로운 배지에 접종하면 유도기, 대수기, 정상기, 그리고 사멸기를 거친다. 정상기 때의 세균을 신선한 배지에 옮기면 유도기 상태로 되어 재증식된다.

세대시간과 증식속도

세대시간이란 세균이 자라서 두 배의 크기가 되어 그 자신을 두 개로 만드는데 필요한 시간이다. 일반적으로 빠른 증식속도를 가진 세균은 20분 이하의 증식속도를 갖는다. 증식속도는 일정시간에 일어나는 증식 정도를 나타내며 세대시간이 20분인 세균은 1시간에 3번 분열하게 된다.

반대수semilogarithmic 그래프를 이용한 세균 증식의 표시

세균 증식은 반대수semilogarithmic 그래프 용지에 그리는 것이 용이하다. 세균수는 기하학적으로 증가하기 때문에 배양 시간에 따른 세균수를 나타내면 기울기가 아주 가파르게 위로 굽은 곡선을 얻게 된다. 그러나 세균수를 대수로 나타낸다면 직선을 얻을 수 있다(그림 8.1).

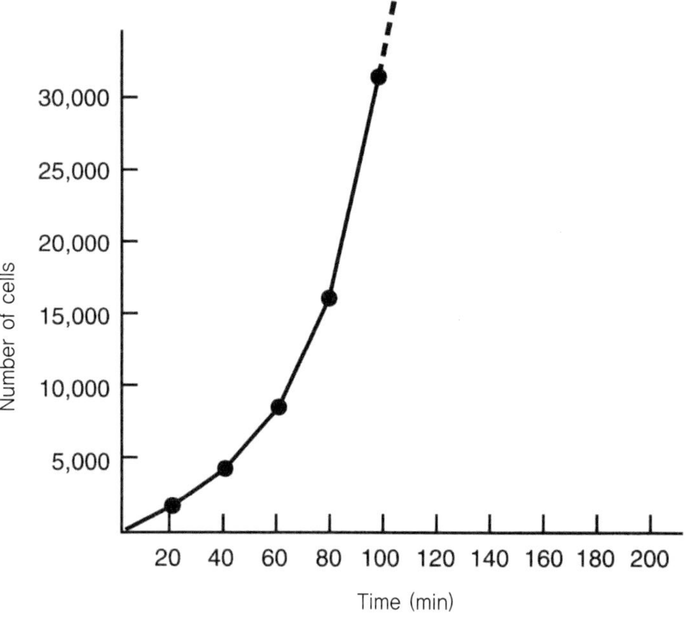

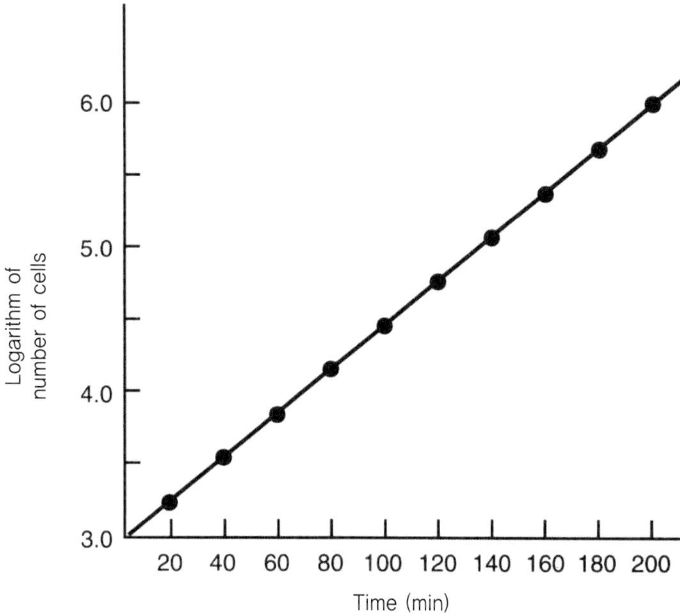

그림 8.1

직선 및 대수 그래프에 의한 세균의 성장 곡선

분열횟수에 의한 세균수의 계산

손가락을 사용하면 일정한 세대분열 후에 얼마나 많은 세균이 만들어졌는지 쉽게 알 수 있다. 첫 번째 손가락이 2개체의 세균수를 나타내고, 두 번째 손가락이 4, 세 번째가 8, 네 번째가 16, 그리고 32. 다음 손으로 계속해서 64, 128, 256, 512, 1024까지 나타낼 수 있다. 각 손가락이 1세대를 나타낸다면, 10 세대 후 세균수가 1024배 증가한 것이다. 이 숫자는 최초 균수가 얼마이든지 10 세대분열 후에는 그 세균수의 1000배정도가 될 것이므로 유용하게 쓰일 것이다. 예를 들면, 1000개의 세균으로 시작한다면 10 세대 후에는 1백만, 다시 10 세대 후에는 10억이 될 것이다.

세균분열이 계속되지 않는 이유

만약 세균의 분열이 지속된다면 우리는 곧 세균에게 점령당하게 될 것이다. 그러나 이러한 과정이 계속되지는 않는데 이유는 다른 모든 생물과 마찬가지로 세균 역시 어느 일정한 군집 크기에 도달하게 되면 영양분이 결핍되고 그들의 증식을 중지시킬 정도로 독성 성분들이 축적되기 때문이다. 이로 인하여 세균 증식은 일정하게 멈추게 되면서 정상기로 접어들게 된다.

배양액 내에서의 영양성분 고갈과 독성성분 축적

두 가지 현상 중 어떠한 것이 먼저 발생하는가는 여러 가지 조건에 의하여 결정된다. 배양 조건과 환경에 따라 약간의 차이는 있겠지만 영양분이 부족한 배지에서는 영양분이 풍부한 배지보다 빨리 고갈될 것이고, 완충능이 낮은 배지에서는 대사과정의 산 축적이나 pH 저하가 훨씬 빠를 것이다. 또한 세균의 종류에 좌우되기도 하는데 많은 양의 산을 만드는 세균은 pH 저하가 훨씬 빨리 일어나게 된다.

유도기

유도기는 신선한 배지에 정상기의 세균을 접종했을 때 일정시간동안 균증식이 일어나지 않는 시기를 말한다. 이때 증식은 일어나지 않지만 세균은 그들의 대사 활동을 증가시키기 위한 준비를 함으로써 새로운 환경에 적응한다. 따라서 그들은 더 많은 단백질을 만들기 위해 새로운 리보솜ribosome을 만들기 시작한다. 활발히 증식중인 세균을 새 배지에 접종했을 경우에는 유도기가 나타나지는 않는다. 증식중인 세균은 정지 없이 계속 증식하며 같은 배지가 제공될 경우 어떠한 유도기도 나타나지 않는다.

대수기

대수기는 모든 세균이 두 개의 세균으로 분열하고, 분열로 형성된 세포 또한 분열을 계속하여 기하급수적으로 균수가 증가하는 시기를 말한다. 거의 모든 단세포 미생물은 대수생장으로 증식하지만 대수생장 속도는 균주와 배양조건에 따라 크게 다르다. 일반적으로 세균은 진핵세포 보다 빨리 자라며, 크기가 작은 진핵세포가 큰 것보다 빨리 자란다.

정상기(정지기)

배지 중 영양분의 고갈과 대사산물의 축적으로 세균의 증식이 정지되는 시기를 말한다. 그러나 정상기에도 증식이 완전히 정지되는 것은 아니다. 증식하지 않아도 세균이 생존하는데 중요한 대사 작용은 계속 일어나고 있다. 즉, 정상기 동안의 세균은, 대수 증식기에는 발견할 수 없었던 특수한 적응 단백질adaptive protein을 만든다. 어떤 경우에는 비증식기 동안 생존이 가능하도록 세균의 구조가 변형되기도 한다.

사멸기

정상기에 도달한 세균을 계속 배양하면 세포가 사멸되기 시작하는데 이때를 사멸기라고 한다. 이때 세포의 사멸과 함께 세포분해가 일어난다. 미생물의 생장기는 미생물 집단에서 관찰되는 현상으로 단일세포에서 이루어지는 현상은 아니다. 유도기, 대수기, 정상기, 사멸기는 세포의 집단에서만 적용되며 개개의 세포에는 적용할 수 없다.

영양분의 농도와 증식속도

영양분의 농도가 증식 속도에 어떤 영향을 미치는지 명확하지는 않지만 영양분이 풍부한 상태에서는 영양분 농도가 증식속도에 영향을 끼치지는 않는다. 다만 영양분이 부족하기 시작하면 미생물의 증식속도가 느려진다. 따라서 영양분의 농도와 증식속도와의 관계는 주어지는 영양분의 미생물 흡수력affinity과 관련이 있다. 흡수력이 클수록 증식은 영양분 농도에 영향을 덜 받게된다.

연속배양

연속배양은 미생물을 증식상태로 장시간 유지시키는 방법으로, 신선한 영양분의 배양액을 연속적으로 공급함과 동시에 배양액을 동량 유출시키는 배양방법을 말한다. 일반적으로 신선한 영양분의 첨가를 측정하는 데에는 펌프가 이용되며 같은 양을 빼내기 위해서는 유출 밸브overflow valve를 이용한다. 영양성분의 첨가속도는 미생물의 증식속도에 따라 조절할 수 있으며, 이를 chemostat라고 부른다. 이러한 연속

배양법은 미생물 균체의 생산이나, 혹은 비타민, 항생물질 등의 균체 대사산물을 대량생산하기 위해서 사용되고 있다.

독립 영양균과 종속 영양균

미생물은 발육증식을 계속하기 위하여 외계로부터 필요한 영양물질을 섭취하여야 하며, 섭취한 물질을 분해하여 에너지를 획득하고 분해된 물질은 다시 균체성분의 구성요소로 이용된다. 일반적으로 미생물이 요구하는 영양소는 물, 무기염류, 탄소원, 질소원, 비타민 등으로 구분되는데, 이러한 영양소들을 획득하는 형식에 따라 미생물을 크게 독립 영양균과 종속 영양균으로 구분할 수 있다. 독립영양균autotrophs은 무기탄소원과 무기질소원을 이용하여 생육할 수 있는 미생물을 말하며, 무기탄소원에는 CO_2, 탄산염, 무기질소원에는 아질산염, 질산염, 암모늄염 등이 있다. 종속영양균heterotrophs은 유기화합물을 탄소원으로 하여 생육하는 미생물을 말하며, 대부분의 세균이 여기에 속한다.

온도에 따른 미생물의 증식

세균은 자신의 온도를 스스로 조절하지는 못하지만 증식하기 위해서는 적당한 온도 범위에서 대사 반응을 진행시켜야 한다. 온도는 모든 화학 반응(대사작용을 포함하여)에 큰 영향을 끼치며, 따라서 세균의 증식속도에도 영향을 끼친다. 세균은 그 종에 따라 증식을 위한 특징적인 최적 온도와 범위를 가지며 대체적으로 40℃를 넘지는 않는다. 미생물학자들은 그 종류에 맞는 최적 증식조건을 제공하기 위해서 배양기(incubator; constant-temperature chamber)를 사용한다. 온혈동물의 병원균은 대부분 37℃에 가까운 최적 온도를 가지고 있으며 실온에서는 아주 느리게 증식한다. 따라서 병원 실험실에서는 35-37℃로 조절된 배양기를 이용하며, 특별한 경우 30℃를 이용하기도 한다. 부수적으로 미생물 증식을 늦추기 위해 냉장고를 사용하지만 저온성균psychrophiles은 냉장온도에서도 증식 가능하다. 마찬가지로 세균을 죽이기 위해 가열하기도 하지만 고온성균thermophiles은 끓는 물의 온도에서도 증식할 수 있다. 우리 사람의 체온과 비슷한 최적 온도를 가진 세균을 중온성균mesophiles이라고 부른다.

8.2 미생물의 조절

단원요점

- 미생물이 사멸 인자에 노출되었을 경우 미생물이 일시에 사멸되지는 않으며, 대수적으로 감소된다.
- 미생물은 사멸 정도와 목적에 따라 멸균(모든 미생물의 완전한 사멸)과 소독(병원성 균수의 감소) 등으로 구분된다.
- 미생물 제어에는 물리적 · 화학적으로 다양한 방법이 있다.
- 미생물은 사멸 인자에 대한 민감도가 다양하다.

무균 상태sterile

무균상태는 말 그대로 균이 존재하지 않는 상태를 말한다. 토양이나 다른 미생물 함유 물질을 영양 배지에 접종했는데 어떠한 증식도 일어나지 않았다 하더라도 이것이 무균 상태를 의미하는 것은 아니다. 이것은 온도, pH, 압력 또는 미생물 증식을 억제하는 어떤 영양 인자가 토양에 존재하고 있다는 것을 의미한다. 다른 배지나 조건에서라면 증식할 수도 있다.

미생물의 사멸

미생물이 사멸요인에 노출되었을 경우 일시에 사멸되는 것은 아니다. 일부는 곧바로, 일부는 나중에 사멸한다. 하지만 대부분의 생존 미생물들은 일반적으로 일정한 속도로 사멸한다. 즉, 초기 미생물수의 90%를 사멸하는데 10분이 소요된다면 살아남은 미생물의 90%는 다음 10분내에 사멸하는 식이다. 생존 미생물수의 대수를 시간에 따른 그래프로 그린다면 음수negative 기울기의 직선을 얻을 수 있으며, 이를 사멸 곡선이라 부른다.

미생물의 사멸 속도

미생물 종은 주어진 처리에 언제나 같은 속도로 사멸하는 것은 아니다. 그것은 두 가지 요인에 의해 좌우되는데, 첫째는 미생물의 생리적 상태로서 일반적으로 대수증식기의 세균은 정상기 때의 세균보다 민감하다. 둘째는 배지의 성분이다. 예를 들면, 열, 냉각 또는 화학물에 노출된 세균은 배지 내에 단백질이 있는 경우 사멸속도가 느려진다. 따라서 생체유동액 내의 세균은 사멸하기가 더 어렵다.

가열에 의한 사멸 효과

가열은 물체의 표면뿐만 아니라 내부에도 침투하여 모든 미생물을 사멸시킬 수 있는 간단하며 저렴하고 효율적인 방법이다. 그러나 열에 민감한 물질이나 플라스틱, 그리고 단백질이나 다른 열 감수성 분자가 함유되어 있는 용액에는 이용할 수 없다. 한편 멸균은 증식하는 세균뿐만이 아니라 내열성이 있는 세균의 포자까지도 사멸시킬 수 있어야 한다. 포자를 사멸시키기 위해서는 물이 끓는 온도보다 높은 온도가 필요하며, 이를 위해 가압 하에서 수증기를 이용한다. 통상적인 가압 가열법은 1.1㎏/㎠(15 lb/in2)의 증기압력을 이용하며, 이 때 온도는 121℃가 된다.

열과 화학 물질에 대한 민감도

세균 포자이외에 일반세포는 열이나 화학물질에 동일하게 민감한 것은 아니다. 일부는 대단히 민감하지만(예; Mycoplasma), 포도상 구균Staphylococci등은 저항성이 강하다. 또 일부 세균과 원시세균Archaea은 놀라울 정도의 높은 온도에서도 활발히 증식한다. 현재까지 알려진 세균 중 최고 113℃에서도 증식할 수 있는 균이 있다. 마찬가지로 pH 1과 pH 11에서 증식 가능한 것이 있으며 높은 삼투압에서도 증식할 수 있는 것이 있다. 그러나 이러한 특수 미생물들은 생체 내에서 증식하여 질병을 일으키는 병원미생물인 경우는 거의 없다.

저온 살균된 우유의 부패와 우유의 살균법

온도가 미생물 사멸에 대단히 효율적이라면 왜 저온 살균은 며칠 후에 부패하는 경우가 있는가? 저온 살균은 모든 미생물이 아닌 일부 병원성 미생물을 사멸시키기 위해 충분한 온도로 가열시키는 것으로 우유와 같이 열에 민감한 성분이 함유된 식품 중의 미생물 수를 줄여 보존성을 높일 때 이용되는 방법이다. 이 처리는 소의 결핵균이나 브루셀라질병를 일으키는 미생물처럼 우유에 의해 감염될 수 있는 많은 병원성 균을 사멸시킨다. 현재 널리 이용하고 있는 우유의 살균방법에는 저온살균법, 고온단시간살균법, 초고온순간가열살균법 등이 있다. 저온살균법(low temperature long time pasteurization ; LTLT)은 우유를 62-65℃에서 30분간 가열살균하고 10℃이하로 급냉시키는 방법으로 소규모 우유처리장에서 많이 사용하고 있으며, 우유 중의 병원미생물은 모두 사멸한다. 고온단시간살균법(high temperature short time pasteurization ; HTST)은 우유를 71.1℃에서 15초간 가열한 후 급냉시키는 방법으로 많은 양의 우유를 연속적으로 처리할 수 있다. 이 방법으로 내열성 균도 거의 죽일 수 있다. 초고온순간가열살균법(ultra high temperature short time pasteurization ; UHT)의 원리는 HTST법과 같으며 130-150℃에서 1-2초간 가열하는 방법이다. 대량의 우유를 연속적으로 처리할 수 있으며 우유 중의 미생물은 거의 완전히 사멸한다. 위와 같은 우유의 살균법은 어느 것이든 우유 자체에는 최소한의 영향을 미치게 하고 우유 중에 혼입될 수 있는 모든 병원성미생물을 사멸시킬 수 있도록 고안되어 있다.

동결에 의한 세균의 사멸

동결은 모든 세균을 사멸시키지 않는다. 동결에 의해 세균 세포내부에 빙결정을 형성시키기에는 균체 크기가 너무 작기 때문에 일부 세균의 증식을 억제시킬 수는 있으나 사멸시키기는 어렵다. 또한 세균의 종류나 증식 상태에 따라 동결내성에 차이가 있다. 즉 대수증식기의 세균은 쉽게 사멸하는 반면 정상기의 세균은 자주 살아남는다.

방사선

세균 사멸에는 자외선UV과 방사선이 이용된다. 약한 침투력을 가진 자외선으로는 표면에 노출된 물질만 살균된다. 자외선등의 살균기작은 미생물의 균체 내 감수성이 민감한 핵산단백질 분자에 타격을 주어 미생물의 세포파괴를 유발함으로써 살균효과를 갖는다. 그러나 방사선은 투과력이 강하여 물질 내부의 균까지도 사멸시킬 수 있다. 살균력이 있는 방사선으로는 전자방사선인 X선, γ선, 입자방사선인 α선, β선, 중성자, 양자, 고속전자선이 있지만 장치의 경제성 등의 이유로 실용화되어 있는 것은 Co-60의 γ선에 의한 방사선멸균이다. 그리고 살균 과정 중에 열이 나지 않으므로 냉살균이라고도 한다. 그러나 미생물의 종류에 따라서 방사선 내성이 달라서 일부 미생물은 방사선에 아주 민감한 반면 일부는 놀라울 정도로 저항성이 강하다.

여과를 이용한 멸균

열 처리법이 액체를 멸균하는 가장 일반적이고 효과적이나 열에 민감한 액체의 멸균에는 이용할 수 없다. 열에 민감한 액체의 살균에 특별히 중요한 멸균 기술로 여과법이 있다. 여과기란 미생물은 통과하지 못하지만 액체는 충분히 통과할 수 있는 작은 기공을 갖는 물질을 말한다. 여과가 모든 물질을 살균하는 것은 아니므로 세균이나 더 큰 세포들은 여과에 의해 제거되지만 virus는 제거되지 않는다. 심지어 아주 작은 mycoplasma와 같은 미생물은 일반적인 세균이 여과 제거되는 여과지filter를 통과할 수 있다. 이로 인해 여과지를 통과한 세포들이 여액 중의 송아지 혈청 같은 영양성분을 섭취하기 때문에 여러 가지 문제를 일으키기도 한다. 멸균을 위해 여과되어야 하는 입자 크기의 범위는 매우 넓다. 큰 미생물의 지름은 10㎛보다 크며, 작은 세균의 지름은 0.3㎛ 이하이다.

미생물의 분류

9

단원요약

미생물도 역시 생물계의 일원으로 분류방법은 진화에 기초를 둔 자연분류 방법이 원칙이다. 그러나 세균이나 바이러스는 화석의 존재가 거의 발견되지 않고 있기 때문에 인위분류를 하고 있다. 미생물의 분류방법은 종류에 따라 다양하여 원생동물Protozoa은 동물규약, 조류Algae와 진균Fungi은 식물규약, 세균Bacteria은 세균규약 바이러스Virus는 바이러스규약(아직 미완성)에 따른다. 그렇지만 이들은 미생물이라는 폭넓은 영역을 공유하고 있기 때문에 이들간에는 同名異物homonym을 피하기로 약속하고 있다.

단원요점

- 미생물을 비롯한 생물의 세계는 매우 다양하다. 현재까지 알려진 동물에 약 100만종 식물이 약 50만 여 종 추정되고, 현재 과학적으로 기록되지 않은 것이 약 300만-1000만종 쯤 된다.
- 자연계 내에서 거의 무질서하게 존재해 보이는 생물의 다양성을 생각 할 때, 생물의 세계를 계통을 세워 보다 합리적이고 체계적으로 연구하려는 학문이 분류학이다.
- 분류학은 가장 기초적인 동시에 가장 포괄적인 학문이다. 따라서 생물학은 분류학에서 시작하여 분류학으로 끝난다. 분류학은 생물학의 초보적인 단계로서 모든 생물을 命名naming하고 記載description하며 分類하고 더 나아가 이들의 이론적인 근거를 밝히는 학문으로 정의할 수 있다.
- 본 장에서는 세균규약을 중심으로 세균분류의 원칙을 기술한다.

9.1 명명규약

분류학은 논리적이고 또한 생명의 기원까지를 염두에 두고 접근하는 철학적이고 사변적인 학문이다. 이러한 사유思惟의 소산으로 만들어진 결과는 미지의 생물에게 이름을 부여하는 마지막 절차로서 정리 될 수 있다. 따라서 이름을 붙이는 것은 고도로 절제되고, 일정한 법칙을 가지고 수행이 될 수밖에 없으며 체계적인 법 절차를 따라서 이루어진다. 이미 식물과 동물의 분류는 Linne이후 약 200여 년에 걸쳐서 각자의 독자적인 규약체계를 가지고 있으며 미비한 점을 계속 보완하고 있다. 이와 같이 규약이 계속 개정되는 이유는 크게 2가지로 요약 할 수 있는데, 첫째는 과학이 크게 진보하기 때문이고 또 다른 이유는 사람들의 인식이 세월에 따라 변하기 때문에 그것에 부응하기 위함이다. 이 체계는 일반법의 가족법과 매우 유사하며 규약을 만든 근본 취지도 명명체계를 안정화시키고 후대의 학자들이 생물의 이름을 새로 명명할 때 지침을 주기 위해서이다.

세균규약 역시 세균학의 발전을 위하여 전 세계 대부분의 미생물학자들이 받아들일 수 있는 정확한 명명 체계가 필요하며 명명을 바르게 하기 위하여 국제적으로 인정되는 규칙으로 학명(Scientific name)을 규정하는 것이 필수적이다.

분류 역사상 1970년대까지 세균은 식물계 원생식물문에 소속되어 있었다. 따라서 세균규약은 식물명명규약을 모체로 하고 동물명명 규약을 참조로 하여 1975년 첫 번째 규약이 결집되게 되었다. 그 후 곧바로 규약개정이 실시되었고 1980년 1월 1일까지 기간을 두고 정비하여 인위적으로 명명기준 설정일로 정하였다.

이들의 고도한 분류이론들이 가시적이고 구체적으로 표현된 구상물이 명명규약이며 명명규약의 목적은 학명을 안정시키고, 애매함이 없이 명쾌하게, 꼭 필요한 사물에 이름을 바르게 붙이기 위해서 제정된 것이다.

분류 체계

지구상에 존재하는 생물들은 형태적으로 매우 다양할 뿐만 아니라 사는 장소, 대사 생리 등이 매우 다르다. 이와 같이 무질서해 보이는 생물군들의 분류체계는 여러 가지가 있지만 크게 인위분류와 자연분류 2가지로 나누어 볼 수 있다. 인위분류(Practical 또는 Artificial Classification)는 완전히 표현형에만 기초를 두고 종을 분류하는 것으로서 이는 진화나 화석, 또는 발생학적인 과정, 비교해부학적인 증거 등이 결여되어 있어 논리적인 한계를 가지고 있다. 그러나 이러한 단점이 있지만 일상적으로 간편하게 이용할 수 가 있기 때문에 특별한 경우에 제한적으로 사용이 된다. 특히 세균의 분류는 그 대표적인 예로서 형태적인 정의가 매우 단순하고 순수배양 개념이 19세기 후반까지도 확립되지 못하였으며, 성의 분화가 거의 이루어져 있지 않고 또한 화석의 발견 등이 쉽지 않기 때문에 현재까지 인위분류에 기초를 두고 분류하고 있다.

자연분류(Natural 또는 Phylogenetic Classification)는 인위 분류에 대비되는 개념으로 분류학이 지향해야될 방향이 된다. 이 방법은 기본적으로 시간의 변수와 혈연관계에 기초를 둔 다윈의 진화론적인 개념을 중점으로 하여 화석, 발생학적인 근거, 비교해부학적인 근거 등 매우 과학적이고 객관적인 입장에서 생물사이의 상호관계를 따져서 체계적으로 접근하는 방법이다. 진핵을 가진 고등생물의 분류는 이 방법을 취한다.

세균규약

세균 규약은 모든 세균에 대하여 적용된다. 세균을 제외한 미생물군들은 해당 규약에 의해서 명명된다. 진균과 조류는 "식물 규약"에 따라서, 원생동물은 "동물 규약"에 따라서, 바이러스는 "바이러스 규약"에 따라서 명명하기로 하였다. 세균규약은 타 규약과 독립적으로 존재하며 특히 식물규약에서는 없는 총칙 원리 규칙 권고 등 4가지 구성체계로 이루어져 있다.

세균규약의 체계

세균 규약은 총칙, 원리, 규칙, 권고를 핵심부분으로 하고, 뒷부분에 색인이 첨가되어있다.

총칙은 세균명명규약에 대한 이해를 돕기 위하여 규약의 전반적인 사항에 관하여 운영방침을 소개한 서론 부분에 해당되며 식물명명규약에는 이 부분이 언급되지 않았다. 7개 조항으로 이루어져 있는데 목적, 학명의 규정, 규약의 성격, 규칙의 목적 및 적용범위, 규약의 적용 범위, 규약의 체제 명명이 해당되는 범주 분류군 등에 대한 용어 정의로 구성되어 있다.

원리는 학명의 질서를 세우는 규약의 기본 정신이며, 규칙과 권고는 이 원리에 따라서 만들어진다. 9개의 조항으로 이루어져 있다. 원리는 명명에서 가장 핵심이 되는 중요한 문제들, 즉 이름의 안정성, 오류나 혼동의 원인이 될 수 있는 이름의 폐기, 불필요한 이름의 제정 회피 등과 같은 명명원칙에 직접 관계가 깊은 여러 문제들과, 세균 규약과 기타 다른 규약들과의 관계, 학명에 사용되는 언어, 명명의 목적, 명명기준의 정의, 정확한 이름을 취득할 조건, 정당공표 되지 않은 이름의 처리, 바른이름의 정의 이름의 개정에 관한 사항들에 대한 원칙을 폭넓게 언급하고 있다.

규칙은 원리를 구체화하기 위하여 제정된 것이며 과거의 명명을 정돈하고 미래의 명명에 대비하기 위한 것이다. 학명의 기준이 되는 규칙은 "국제세균명명규약 International Codes of Nomenclature of Bacteria"에 구체적으로 기술되어있다. 명명 규칙은 분류군의 한계를 정하는데 관여하지 않으며 분류군의 관계들을 결정하지 않고 분류군에 적용된 학명의 정확성 여부를 평가하는 것이 주목적이다. 분류군의 한계를 정한다 함은 제안된 분류군이 이론적으로 옳은가 그른가의 여부를 묻는 것이 아니다. 다만 제안된 이름이 명명규약의 규칙에 정확히 맞는가 맞지 않는가의 형식문제를 평가하는것이다. 또한 본 규칙은 새로운 학명을 만들고 제안하는 절차를 제시한다. 모두 65개조로 구성이 되어있다.

권고는 부차적인 사항들을 취급하며, 규칙을 보완하기 위한 것이다. 권고는 규칙과 같은 강제력은 없으며 다만 미래에 보다 나은 명명을 할 수 있는 지침을 제공하기 위한 것이다. 따라서 기존의 학명이 권고와 상충될지라도 이러한 이유로 인하여 폐기될 수 없다.

단서조항은 규칙의 개정과 규칙에 대한 특별한 예외, 의심스러운 경우 규칙의 해석을 위하여 국제세균분류위원회 (International Committee of Systematic Bacteriology : ICSB)와 그 소속 소위원회인 법률분과위원회Judical Commission에 의해서 제정되었으며 법률분과위원회는 ICSB를 대신하여 활동한다. 법률분과위원회에 의해서 발의된 의견Opinions들은 위원들로부터 10명 또는 그 이상의 찬성표를 얻은 다음 유효하나, ICSB에 의해서 거부될 수 있다.

ICSB의 현재 공식 학술지는 국제 미생물 분류학 및 진화잡지 International Journal of Systematic and Evolutionary Microbiology (IJSB)이다.

규약 말미에 부록과 색인편이 첨가되어 있으며 특히 색인편에 전문용어가 언급되어 있다.

본 규약에서는 承認된 目錄에 실리지 않아서 현 규약에서 이름을 인정받지 못한 여러 예들도 포함되어 있다. 그 이유는 과거에도 발생하였고 앞으로도 일어날 수 있는 명명상의 문제점들에 대한 적절한 예를 현재 적법하게 사용하고 있는 承認된 目錄 안에서는 찾을 수 없었기 때문이다.

세균 규약(Bacteriological Code, 1975년 제정, 1990개정)은 개정 출판된 날(1992)로 부터 그 효력을 발생하며, 앞서 제정된 모든 세균 명명규약들은 폐지된다. 규약의 개정은 ICSB 본회의에서만 이루어질 수 있고, 특별한 예외를 제외하고는 소급遡及하여 적용된다. 이 소급법은 일반적인 법체계와 근본적으로 다른 분류학 분야의 고유한 공통적인 특징인데, 그 이유는 선취권을 보호하고 이름의 안정성을 유지하기 위해서이다.

규칙에 어긋나는 이름은 유지될 수가 없지만 국제 세균 분류 위원회는 법률분과위원회Judical commission의 권고에 따라서 규칙에 예외를 둘 수 있고 적절한 규칙이 없거나 규칙의 구체적인 적용이 불명확할 때 그 관련된 모든 사실들을 정리하여 법률분과위원회에서 이를 심의하도록 한다

9.2 분류의 단계

자연계 내에서 얻어진 미지의 검체가 어떤 생물군에 속하는가를 알기 위해서는 다음과 같은 절차를 밟게된다.

1) 동정(同定, Identification)

동정이란 미지의 검체를 이미 알려진 기존의 分類群에 예속시키는 작업으로, 분류학의 첫 단계로서 다양한 개체(미생물의 경우 strain)를 그 특징에 따라 쉽게 인식할 수 있는 群group으로 나누고 群들 사이에 일정한 차이를 알아내는 일이다. 따라서 같은 표현형phenon끼리 일단 모으고 이것을 다른 표현형군과 차이점을 규명해나가는 분석단계analytical stage라고 할 수

있다. 따라서 이 작업은 기존에 설정된 분류군에 대상이 되는 검체를 예속시키는 작업이기도 하다. 동정을 위하여 검색표(檢索表, key)를 이용하기도 하는데 이 검색표는 반드시 분류학적으로 중요한 형질에 의해 작성된 것이 아니라 단지 개체를 쉽게 구별하기 위한 간단 명료한 형질들을 이용하여 작성한, 동정의 편의를 위해 인위적으로 만든 길잡이라고 할 수 있다. 더 이상 특성을 나눌 수 없는 최소한의 표현형들의 무리를 種으로 할당한다. 즉 각 표현형이 이미 명명(命名, nomenclature)된 기재(記載, description)들 중 어느 것과 일치하는가 조사하여 種名亞種名을 확정한다. 이러한 과정을 동정이라 한다. 이를 첫 단계 분류학이라는 뜻에서 알파 분류학alpha taxonomy라고 부른다.

2) 분류

동정단계에서 확정된 種準位의 분류군(分類群, taxon)을 유사의 정도에 따라 정리하여 점차 상위의 분류군으로 묶어 올라가 계통적으로 배열하는 과정을 분류라고 한다. 즉 분류단계는 어떤 분류군을 설정하여야 할것인가 까지를 결정해야하는 이론적이고 철학적인 배경까지를 포함하는 단계이다. 계통적으로 분류하는데는 작은 분류군으로부터 큰 분류군까지를 단계적으로 범주(範疇, category)에 맞추어야 한다. 분류의 단계는 동정이 분석적인 것에 대하여 종합적인 것이므로 종합단계synthetic stage라 하며 둘째 단계의 분류학이란 뜻에서 베타 분류학beta taxonomy라고 부른다. 분류는 결국 同位의 분류군 중에서 형질이 유사한 것 끼리를 한데 묶어서 상위의 분류군으로 구분하는 과정이다.

3) 종형성과 진화연구

분류학에서 세번째 관계는 종형성(種形成, species formation)과 진화의 요인factor을 연구하는 것인데 생물의 다양성을 인과적으로 설명하는 것을 중요시 한다. 이 단계를 세번째 분류학이라는 뜻에서 감마 분류학gamma taxonomy이라 한다. 그러나 이는 대단히 어렵고 세월이 소요된다. 그 이유는 種內의 여러 작은 집단들을 대상으로 그 변이와 분포상태, 환경, 집단사이의 관계 또는 近似種과의 관계를 연구함으로서 種의 분화(speciation) 과정을 알아내는 것이다. 유전에 관한 실험이 필요하다.

분류군과 범주

자연분류는 동정절차를 거친 다음 일차적으로 種 과 屬으로 구성되는 명명과정을 거쳐 체계적인 일련의 위계서열hierarchy안에 할당하는 작업이다. 이때 할당되는 개개의 단위인 분류군과 이들 분류군을 전체로 통합하는 범주category로 나뉘어진다.

분류군(Taxon pl. Taxa)은 단계적 분류의 어느 한 단계에서 하나의 형식적인 단위로서 인식되며 실재하는 생물의 한 群을 말한다. 즉, 種, 屬, 科등 하나 하나의 독립된 단위 실체 계급을 말한다.

범주(範疇, Category)

범주란 단계적 분류에 있어서 계급rank 또는 단계level를 말한다. 따라서 범주는 계통적이고 통일된 연속적인 집단개념으로 그 내부에 단계적인 여러 계급을 포함하고 있다. 따라서 범주란 분류를 하기 위하여 체계적으로 편의상 설정한 것을 말하며 작은 계급부터 큰 계급으로 순차적으로 정리하면 種species-屬genus-科family-目order-綱class-門(pylum 또는 부문division)-界kingdom를 기본 설정틀로 한다.

이들을 종합하여 요약하면 분류군과 범주는 성질이 완전히 다르나 실제로는 범주의 명칭이 2가지로 쓰인다. 例로서 현재 지구상에 100만종 이상의 동물이 있다는 문장이 있다면 여기서 말하는 種은 種단계의 분류군taxon을 말하는 것이다. 이제 科family를 정의한다면 科는 亞科 바로 위 亞目 바로 아래에 있는 한 범주Category로서 말할 수 있다. 일반적으로 분류에서는 분류군taxon의 개념이 범주의 개념보다 훨씬 중요하게 쓰여질 때가 많다.

분류군의 계급

분류군의 범주에 대한 정의는 개개인의 생각에 따라서 다를 수가 있으나, 이 범주에 대한 상대적인 순서는 어떤 분류체계에서도 바뀔 수 없다(규칙 5a). 즉, 예를 들어 亞種을 인정할 것인가 인정하지 않을 것인가 또는 族tribe을 설정할 것인가 등에 대한 판단은 개개인의 생각에 따라 다를 수 있기 때문에 어떤 고정된 틀을 주장하기는 어렵다. 그러나 亞種이 種보다는 어떤 경우에도 상위계급이 될 수는 없는 일이다.

세균규약의 규칙에 적용을 받는 種과 그 상위의 분류학적인 범주들을 하위계급에서 상위계급으로 순차적인 나열을 하면 다음과 같다. 왼쪽은 정규 계급이고 오른쪽은 선택적인 것이다. 상응하는 라틴어 명칭과 漢字는 괄호 안에 표기하였다.

정규 계급	선택적인 계급
Subspecies (亞種, Subspecies)	Species (種, species)
Subgenus (亞屬, Subgenus)	Genus (屬, Genus)
Subtribe (亞族, Subtribus)	Tribe (族, Tribus)
Subfamily (亞科, Subfamilia)	Family (科, Familia)
Suborder (亞目, Subordo)	Order (目, Ordo)
Subclass (亞綱, Subclassis)	Class (綱, Classis)

식물규약과의 차이는 절(節, section), 연(聯, series)등이 인정되지 않으며 동물규약과의 차이점은 이밖에도 상(上,super- 例, 上科 Super family)이 인정되지 않는다.

세균규약에서는 亞種 보다 아래계급의 분류군에 대해서는 취급하지 않는다. 변이(變異, variety)는 亞種의 同物異名(異名同物, synonym)로서 그 사용은 혼동을 야기하기 때문에 권장할 만한 일이 못되며 규약이 공포된 이후 새로운 이름에 변이를 넣게 되면 그 이름은 인정을 받을 수 없다.

種의 개념

세균뿐만 아니라 생물학에서 種은 범주의 하나로서 분류의 가장 기본이 되는 단위이다. 그러나 보다 중요한 것은 범주로서의 種보다 種단계의 분류군taxon으로서 種이다. Species는 원래 종류Kind를 의미하는 말로서 Ray(1686)가 처음으로 이를 사용하였고 Linne가 이 영향을 받아 사용하여 오늘에 이르고 있다. 그러나 이에 대한 정의는 분류학자들의 철학이 깃들어 있기 때문에 명확하게 정의하는 것이 쉽지는 않다.

屬의 개념

屬은 種 다음 계급의 범주에 속해있는 실재하는 분류군으로 다른 屬들과 생화학적인 성상이나 생물학적인 여러 형질들이 확연히 구분되고 그 안에 유연관계가 매우 가까운 種들의 무리를 포함하고 있다.

屬보다 높은 분류군

이 개념들은 屬의 정의에 준한다.

명명(命名, Nomenclature)

모든 사물은 이름을 가짐으로서 구체화된다. 이 과정을 命名nomenclature이라 부른다. 명명에는 通俗名vernacular name과 學名Scientific name 2가지 종류가 있다. 通俗名이라함은 질병원인균, 균주번호 또는 기호, 혈청형변이주, 유전자 변이주등 그때 그때 필요성에 의하여 만들어지며 이들의 사용범위는 매우 제한적이고 특수한 경우에 사용된다. 이들의 예로는 임질균, *Esherichia coli* O157, phagovar등이다. 이에 대하여 학명이라 함은 분류군에 붙여주는 이름으로 규약에 의해서 엄격한 관리를 받고 전 세계에서 보편적으로 사용된다. 생물의 분류는 자연계에 무질서하게 존재하는 생물계 집단에 보다 합리적이고 체계적인 이름을 부여함으로서 체계를 세우려는 것이 그 목적이라고도 할 수 있다. 따라서 합리적인 명명을 위해서는 사용언어를 비롯한 여러 부수적인 법칙들이 필요하다.

세균규약을 비롯한 동물 과 식물의 제 규약들은 라틴어 또는 라틴어화된 단어로 명명하기로 약속되어 있으며 그 이유는 아래와 같기 때문이다.

(1) 라틴어는 死語이기 때문에 어미변화와 의미변화를 하지 못한다. 즉 안정성이 있다.
(2) 현재 사용이 되지 않기 때문에 객관성과 공변성이 있다.
(3) 라틴어는 중세 이후도 계속하여 유럽의 학자들에 의하여 폭넓게 학술어로서 통용이 되었고 근대 분류학의 시조라고 할 수 있는 Linne 역시 라틴어를 사용하여 학명을 기재하였기 때문이다.

고급분류군의 이름

屬 이상 目까지 분류군의 이름은 명사나 형용사로서 라틴어 또는 그리스어에서 온 단어를 라틴화 시킨 것이다. 여성 복수형으로 쓰며 첫 문자를 대문자로 쓰고 명사로서 취급된다. 특히 亞族부터 目까지는 基準屬의 語幹에 적당한 語尾를 첨가시키며 그 예는 다음과 같다.

階級	語尾	例
目	-ales	*Psudomonadales*
亞目	-ineae	*Psudomonadineae*
科	-aceae	*Psudomonadaceae*
亞科	-oideae	*Psudomonadoideae*
族	-eae	*Psudomonadeae*
亞族	-inae	*Psudomonadinae*

屬보다 높은 분류군을 인쇄할 때는 이태릭체로 써도 좋고 로만체로 써도 좋지만 가급적 이태릭체로 사용하기를 권장한다.

目 보다 높은 계급의 각 분류군에 대한 이름은 가급적 라틴어 또는 라틴어화한 단어를 쓴다. 이름으로 채택된 단어는 분류군의 여러 가지 특성을 종합적으로 나타내거나, 또는 한가지 중요한 특성을 잘 묘사해 주는 것이어야 한다.

예: 界-Procaryotae 원핵 생물계 綱-Schizomycetes

屬과 亞屬의 이름

屬이나 亞屬의 이름은 명사나 또는 명사로 사용되는 형용사 단수형으로 첫 글자를 대문자로 쓰고 라틴어 명사로서 취급한다. 이름은 그 어원이 무엇이었던 관계없으며 또한 인위적으로도 만들 수도 있다. 따라서 屬의 이름은 屬이상의 분류군에 대한 작명보다 자유롭다. 人名으로부터 연유되어 屬이름을 선택했을 경우, 남녀의 성별이 구분 없이 모두 여성형이며, 최소한 자연과학분야에 업적을 남긴 이의 이름을 취하여야한다. 기존의 동물분야나 식물분야에서 사용된 이름은 세균학 명명에서 사용이 가능하지만, 혼란의 방지를 위하여 가급적 피해야 하며 특히 아주 널리 알려진 동식물의 이름을 세균이름으로 사용하지 말아야한다.

예: 단일 그리스어 어간 *Clostridium*
두개 그리스어 어간 *Haemophilus*
단일 라틴어 어간 *Lactobacillus*
혼성된 이름으로 라틴어-그리스어 어간 *Flavobacterium*
라틴어화된 인명 *Shigella*
인위적으로 만든 것 *Ricolesia*

種의 이름

屬名 바로 뒤에 種小名epithet을 쓴다. 이와 같은 형태를 二名組合binary combination이라 부른다. 원칙적으로 種小名은 한 개의 단어형태를 취해야 한다. 만일 그 뜻이 두 개 이상의 단어로 이루어진 말이라도 이를 무시하고 한 단어로 합성시켜야 하며 하이폰과 같은 연결부호를 사용해서도 안 된다. 세균의 이름은 바르게 명명될 때 비로소 정당성을 가지게된다.

種小名은 어떠한 어원에서라도 취할 수 있고 또한 인위적으로도 만들 수 있다.

亞種의 이름

亞種小名은 種小名과 똑 같은 방법으로 만들어지고 種小名이 따르는 규칙을 그대로 따른다. 다만 형식적인 면에서 종이름은 二名組合을 취하나 亞種의 이름은 삼명조합(三名組合, ternary combination)인 점이 다르다. 삼명조합이란 屬名 바로 뒤에 種小名을 쓰고 그 다음에 약자로 'subsp.'(subspecies)라고 쓴 다음 마지막으로 亞種小名을 쓰는 3개의 핵심부분으로 나뉘어지는데서 연유되었다.

亞種 하위계급 세분군에 대한 이름

細菌規約의 規則에서는 이 分類群들의 명칭에 대해서 취급하지는 않는다.

命名基準

여러 종류의 분류학적인 범주에 속한 이름을 가진 분류군들은 명명 기준(命名基準, Nomenclature type)을 선정하여야 한다. 명명 기준을 세균 규약에서는 ' 基準type '이라 부르며, 기준은 영구적인 이름을 가진 분류군의 요소이다. 다시 말하면, 명명은 반드시

실존하는 대상물이 먼저 존재하여야만 이루어 질 수가 있다. 이때 기준이라 함은 명명의 근거가 된 증거물이다. 따라서 기준은 반드시 그 분류군의 가장 전형적이거나 또는 분류군을 대표하는 요소일 필요는 없다. 더구나 자연계 내에서 같은 種내에서의 다양성을 염두에 둔다면 그 種의 특성을 대표한다는 개념은 논리상 존재할 수가 없는 것이다. 다만 명명자가 명명을 할 때 많은 검체 중 우연하게 선택된 한 표본(또는 균주, strain)이라고 보면 될 것이다. 이러한 이유로 세균분류에서는 기준주type strain를 단지 그種의 이름을 등에 지고 다니는name-bearer, 즉 그 種의 영구적인 예시물로 보고 이름에 대한 단순한 참조정도로 생각한다.

동물과 식물규약에서는 여러 종류의 기준이 존재하지만 개정된 세균규약에서는 이러한 번잡스러움을 최소화 시켜 정기준과 신기준만 인정하고 있다.

記載Description 와 記相Diagnosis

記載는 생물학적 성질이 다른 생물군과 확실히 다른 점을 상세하게 기술한 것을 말한다. 그러나 기상은 근연종과의 차이점을 간략히 감별할 수 있도록 설명한 것이다. 그렇지만 실제 사용에 있어서, 기재와 기상은 혼동이 일어나는 것을 볼 수 있다. 이를 방지하기 위하여 동물과 식물(이 규약의 지배를 받는 진균류 포함)의 명명에는 반드시 라틴어로 기재를 하여 기상과 차별하려고 하지만 세규규약에서는 이를 규칙으로 정하여 요구하지는 않고 있다. 세균규약에서는 오로지 학명의 발표만 라틴어로 쓸 것을 요구하고 있다.

진핵 미생물

10

단원요약

진핵미생물Eukaryotic microorganisms은 지구 생물권에서 매우 중요한 다양한 집단을 포함하고 있다. 광합성의 특성에 따라 식물이나 동물로 지정한 초기의 분류학적 구도는 다분히 불충분해 보이며 다른 기준에 준한 다양성이 주어지게 된다.

10.1 곰팡이Fungi

단원요점

- 곰팡이Fungi는 독립적인 계kingdom인 균류Mycota에 속한다.
- 곰팡이는 광합성을 하지 않으며 사물기생(부생) 생물이다.
- 구조적으로 곰팡이는 단세포성yeasts이거나 사상성(균사, hyphae)으로 이루어져 있다.
- 균사hyphae의 집합체를 균사체mycelia이라 한다.
- 효모Yeasts는 단세포성이다.
- 일부 곰팡이는 두 가지 형태학적 증식 양상을 보인다. 예를 들어 단세포성 또는 균사로의 증식이 가능한 경우이다.
- 곰팡이는 유기물의 중요한 분해자로 작용한다.
- 일부 곰팡이는 항균제antibiotics와 공업적 산물을 생성한다.

곰팡이, 버섯mushrooms이 식물과 다른 차이점

곰팡이는 광합성을 하지 않기 때문에 식물이 아니고, 식물과는 다른 생식주기를 가지며, 연속적인 세포질cellular cytoplasm을 가진다.

현미경상에서의 두 가지 중요한 형태학적 구분

사상성Filaments과 단세포성yeasts이 두 가지 중요한 형태학적 구분의 하나이다. 많은 병원성 곰팡이들이 환경적인 조건에 따라 사상성이나 단세포성을 가지는데 이 현상을 이형성(二形性, dimorphism)이라 한다.

곰팡이의 이형성dimorphism에 영향을 미치는 것

일반적으로 매우 예외적인 경우이지만, 낮은 온도와 적은 영양원은 사상성을 선호하게 한다. 이형성dimorphism은 대부분의 이형성 병원균은 숙주체내에서는 단세포를 형성하고 숙주 표면에서는 사상성을 나타내기 때문에 병원성의 판별에 유용하게 사용된다.

곰팡이 세포의 분열

사상성 곰팡이는 세포의 끝 부분이 분열함으로써 이분열에 의해 분리가 이루어지거나 단세포성 효모yeast인 경우 세포의 출아budding에 의해 분열한다.

균사Hypha

곰팡이의 사상성 섬모Filament를 균사hypha라 한다. 일부 균사는 격벽septa을 가지나 다른 것은 격벽이 없다. 격벽공hole을 가진 격벽이나 격벽공이 없는 격벽에서 사상성 섬모를 따라 핵산이나 세포함유물의 이동에 방해를 받지는 않는다. 균사의 집합체를 균사체mycelium라 부른다.

효모Yeasts의 중요성

제빵 효모이며 빠른 증식을 보이는 *Saccharomyces cerevisiae*는 간단하고 쉬운 생식 주기를 가지고 있으며, 실험실에서 쉽게 조작이 가능하다. 효모를 이용한 실험은 세균을 이용한 실험처럼 용이하다. 더불어 효모는 고체 평판상에서도 생식주기를 지닌 채 존재하므로 유전학적 분석에도 용이하다.

목재에 부패 곰팡이

이 종류는 목재의 구조에 손상을 입히지만, 목재의 분해자로서의 역할도 겸한다. 이런 분해작용이 없으면, 목재와 셀룰로스가 분해되지 않은 상태로 존재하기 때문에 탄소순환과 지구환경에 매우 중대한 영향을 미치게 될 것이다. 이와 같이 곰팡이는 지구상의 생태계에 중요한 역할을 하는 필수 생명체이다.

식물병원성 곰팡이

곰팡이는 재배 작물에 매우 중요한 병원균으로 작용한다. 예를 들면 19세기 아일랜드에서 발생한 감자 마름병potato blight, 네덜란드의 느릅나무병Dutch elm disease, 밀 녹병균wheat rust, 옥수수 흑수병corn smut, 사과 반점병apple scab과 그외 다른 병들이 있다.

표 10.1 곰팡이의 주요한 group의 성질

Class	구분하는 특징	보기
하등 곰팡이		
Water molds수생점균류 Chrythidiomycetes와 Oomycetes난균류	배우자와 포자에 존재하는 특징적인 flagella	연못과 시내에 탁한 모양의 증식(*Allomyces*)
Terrestrial molds육생점균류 Zygomycetes접합균류	비운동성 배우자와 포자	어류에 증식(*Saprolegnia*); 검은빵곰팡이(*Rhizopus*)
고등 곰팡이		
Ascomycetes자낭균류	자낭ascus안에 생식포자 형성	그물버섯, 식용곰팡이(*Morchella esculenta*)
Basidiomycetes담자균류	담자basidium안에 생식 포자 형성	저장고의 흰단추버섯 (white-button-mushroom) (*Agaricus bisporus*)
Deuteromycetes불완전균류 (Imperfect fungi)	생식단계결핍(미발견)	
Yeasts효모	단세포성 타원세포, 3가지 균류의 고등곰팡이에 속한 경우	양조용, 제빵용 효모 (*Saccharomyces cerevisiae*)

이 병들을 제어하기 위해 농부들은 살균제를 사용하거나 곰팡이에 내성이 있는 작물을 재배코자 한다.

인간 질병 원인 곰팡이

C로 시작되는 *Candida, Cryptococcus*와 *Coccidioides*의 세 가지 균 종에 의한 것이 대표적이다. 다른 병원성 곰팡이에는 *Aspergillus, Blastomyces*와 피부곰팡이dermatophytes인 *Histoplasma* 등이 있다. *Aspergillus*속의 일부 균류는 발에 증식하여 aflatoxin이라는 강한 발암성 물질을 생성한다.

표 10.2 인간에게 질병을 일으키는 일련의 곰팡이

곰팡이(Genus, 속)	보기
Coccidioides	San Joaquin valley fever(콕시디오이데스증, 폐,피부질병)
Histoplasma	Histoplasmosis(히스토플라즈마증, 내피계질병)
Pneumocystis	Pneumocystis pneumonia폐렴
Candida	Thrush아구창, vaginitis질염, systemic infections조직 감염
Cryptococcus	*Cryptococcal meningitis*뇌수막염, abscesses종기
Aspergillus	*Aspergillus pneumonia*만성폐렴
Blastomyces	Blastomycosis(분아균증, 화농)
Dermatophytes (*Trychophyton, Microsporum, Epidermophyton*)	Athlete's foot무좀, jock itch(개선, 옴), ringworm백선

10.2 조류Algae

단원요점

- 조류algae는 수생 생물이다. 일부는 습윤 토양에서도 발견된다.
- 조류algae는 담수, 해수에서 모두 발견되며 지구상에서 광합성의 대부분을 차지하고 있다.
- 조류는 해양에서 먹이사슬의 주요한 구성성분이다.
- 일부 조류는 단세포성이며 현미경적 존재이고, 매우 거대한 종(해초)도 있다.
- 드문 예외를 제외하고 조류는 인간에게 감염을 일으키지 않는다.
- 일부 조류(예, 적조red tide를 일으키는 와편모조류dinoflagellates)는 매우 독성이 강하다.
- 지의류lichens 같은 일부 조류는 곰팡이와 공생관계를 유지한다.

조류의 색色

일부 해초seaweed와 적조red tide를 형성하는 와편모조류dinoflagellates는 붉은 색을 띈다. 갈조류kelp와 같은 조류는 갈색을 띈다. 이러한 색은 엽록소chlorophyll가 함유되어 있는 색소pigments에 따라 달라진다.

해양에서의 조류의 역할

조류들은 해양에서 생물 순환에 주요한 일부를 차지한다. 식물성 플랑크톤

phytoplankton이라 불리는 미세조류microscopic algae는 지구 전체의 광합성 중 80% 정도를 차지한다고 알려져 있다. 식물성 플랑크톤은 물고기와 수생 포유동물을 생존케 하는 먹이사슬의 기초를 이루고 있다. 예를 들면 일부 고래는 고래수염baleen이라 불리는 빗 모양의 구조를 통해 바닷물을 여과함으로써 식물성 플랑크톤을 섭취한다.

식용으로 이용되는 조류

일부 해초seaweeds는 직접 식용으로 이용되며 갈색 조류인 갈조류kelp는 많은 종류의 음식을 농후화시키는 재료로서 polysaccharides를 공급해주고 있다. 이 산물인 alginate와 carrageenan은 주로 아이스크림과 소스양념에 이용되고 있다.

조류의 또 다른 이용성

일부 조류는 미생물 배양액의 일반적인 고화제로서 agar의 재료로 이용되고 있다. 규조 껍질성분을 가진 규조류는 공업용 여과제인 가루로 이용되고 광약이나 분리 재료로 이용된다. 규조토diatomaceous earth라 불리는 물질은 소금층을 이룬 해양에서 분리되고 있다.

곰팡이와 공생하는 지의류lichen

곰팡이는 조류의 광합성에 의해 생성되는 영양원의 일부를 획득하는 이점이 있다. 조류의 이점은 덜 분명한데, 지의류의 단단함을 유지해주기 위한 곰팡이의 능력과 관련이 있을 것이다.

10.3 원생동물Protozoa

단원요점

- 원생동물은 가장 복잡한 단세포성 생물중의 하나이다.
- 원생동물은 주로 먹이의 섭취와 소화를 담당하는 정교한 수준의 세포소기관을 가지고 있다.
- 대부분의 원생동물은 복잡한 생활환을 가지고 있으며, 그외 일부는 주로 이분열이나 출아에 의해 분열한다.
- 일부 원생동물은 포낭cyst이라 불리는 특수 세포를 만들어 악조건에도 생존한다.
- 일부 원생동물은 동물이나 인체의 장관기, 질, 그리고 혈관과 같은 깊은 조직의 감염을 유발한다.

표 10.3 원생동물의 주요 그룹

부류	운동기관	질병과 발병위치의 보기
Flagellates (*Mastigophora*)	편모flagella	혈액과 조직:수면병, Chagas' disease수면병, leishmaniasis전염병; GI tract:giardiasis편모충장관기생; 질:트리코모나스증trichomoniasis
Ameboids (*Sarcodina*)	위족Pseudopods	GI tract;아메바성 이질; 심조직; 아메바성 농양amebic abscesses
Sporozoa	비운동성Nonmotile	혈액과 조직: 말라리아, 주혈원충병toxoplasmosis; GI tract: cryptosporidiosis
Ciliates	섬모Cilia	balantidiasis

원생동물의 복잡성

원생동물은 섬모cilia쪽으로 음식을 쓸어주는 입과 같은 기관, 음식이 소화되는 식포 food vacuoles 그리고 항문anus-like structure과도 같은 고도로 차별되는 소기관을 가지고 있다.

원생동물 배설

원생동물은 수축포contractile vacuole와 같은 그들 자신의 팽압을 조절하는 기구를 가지고 있다. 삼투압에 의해 세포 내로 일정하게 유입되는 물은 수축포를 형성하기 위해 합체하는 소규모의 액포vacuoles에 모아진다. 이것이 임계부피에 도달하면, 내용물은 배뇨작용의 형태로 구멍pore을 통해 체외로 배출한다.

원생동물의 복잡한 생활환

원생동물 중 특히 병원성으로 작용하는 것들은 고도로 복잡한 생활환을 가지고 있다. 그 이유는 보다 효율적으로 숙주에 도달하기 위해서이다. 이들은 중간 숙주인 모기, 진드기, 파리 등의 침샘이나 장내에서 증식하거나 cyst를 형성한 다음 이들이 최종 숙주인 사람이나 포유동물을 물었을 때 침샘을 통하여 감염된다.

원생동물의 포자충cyst

일부 원생동물이 여기에 해당되는데 그것은 cyst를 형성한다. 시스트는 원생동물이 건조와 온도상승(세균포자처럼 높지는 않지만)에 견디게 해주는 polysaccharide capsule에 의해 둘러 싸여진 비증식형 형태이다. 포낭을 형성하는 일부 원생동물은 장기간의 영양결핍에서도 생존할 수 있다. 예를 들어 이질을 일으키는 아메바와 같은 일부 병원성 원생동물은 기존의 숙주를 벗어나기 전에 포낭을 형성하며 이것이 다른 숙주에 전이될 수 있다.

그 외 조직이나 기관에 질병을 일으키는 원생동물

혈액 장관계를 비롯한 심층조직과 생식기에도 영향을 미친다. 일부는 말라리아, 수면병, 수면병Chagas' disease과 편모충전염병leishmaniasis같은 심각한 질병을 유발한다. 다른 원생동물도 질병을 일으키지만, Trichomonas나 Giardia에 의한 아메바성 이질과 같은 생명을 위협할 정도의 질병은 아니다.

10.4 기생충Worms

단원요점

- 기생충은 다세포 동물이다.
- 기생충은 인간 숙주 체내 · 외에서 서로 다른 형태로 존재하는 복잡한 생활환을 가지고 있다.
- 기생충의 주요한 그룹은 편형동물(flatworms, *Plathelminthes*), 회충(roundworms, *Nemathelminthes*)으로 나눌 수 있다.
- 편형동물에는 촌충tapeworms, 흡충, 디스토마*Trematodes* 등이 있다.
- 기생충의 감염은 오염된 음식물의 섭취에 의해 이루어지거나 피부를 통해 유생단계에서 감염되거나 곤충에 의해서 매개된다.

미생물로서의 기생충

대부분이 질병을 유발하는 능력과 같이 미생물과 일부의 유사점을 가지고 있다. 또한 일부는 생활환에서 현미경적인 단계를 가지는 경우도 있다. 따라서 기생충을 미생물학의 범주에 둔다.

기생충의 크기

일부 기생충은 작고 거의 눈에 보이지 않는다. 촌충과 같은 기생충은 매우 커서 30 feet (약 9m)이상 된다. 그러나 이 촌충은 각각의 segment를 모두 지니고 있을 때라고 여겨진다. 각각의 segment는 1cm 내외의 크기이다.

촌충의 구조

촌충은 매우 흥미로운 형태를 가지고 있다. 촌충두절Scolex이라 불리는 "머리 끝부분"은 장관기 벽에 촌충을 고착시키는, 일부 종에서는 고리hook를 이용하여, 다른 종에서는 흡판suckers을 이용하여 고착시키는 특별한 기관이다. 두절 바로 뒤에 있는 목부분 또는 germinal center는 분절segment이나 편절proglottids이 발육하고 있다. 촌충이 시기가 지남에 따라 편절이 커지게 되고 결국에는 이를 떼어놓게 된다.

촌충의 수정 방법

촌충은 난을 형성할 때 특이한 방법으로 만든다. 각각의 편절은 자웅동체로서 암수 모두를 생식할 수 있는 기관이다. 이를 양성hermaphroditic이라 한다. 편절은 알을 만드는 기관이며, 오래된 편절은 알로 포장이 되며, 그것들은 환경 중에 분비될 때 포장이 벗겨진다. 그것들은 다른 유전물질과 교환이 일어나지 않기 때문에 이 생물체에서의 성의 역할에 대해서는 의문시되기도 한다.

촌충에 의한 기타 질병

촌충은 장관기에만 감염을 일으키지는 않으며 심층 조직deep tissues에도 영향을 미친다. 장관기에서는 증세가 비교적 가벼울 수도 있다. 그러나 어떤 촌충의 시스트는 간, 폐, 또는 뇌와 같은 심층조직에 침투하여 심각한 감염(낭충증, cysticercosis)을 유발하기도 한다.

흡충Flukes

흡충은 촌충의 분절형태와는 매우 다른 구조로 이루어져 있다. 비록 일부가 자웅동체hermaphroditic임에도 불구하고, 일부에서는 난자와 정자의 성숙기가 다르기 때문에 교미를 한다. 이들 역시 장벽에 고착되기 위해 흡판을 가지고 있다.

흡충의 생활환

거의 대부분이, 인간에게 감염을 일으키는 흡충은 복잡한 생활환을 가지고 있다. 이것들은 인간이나 식물에 뱀과 같은 매개 숙주를 가지고 있다. 어떤 종은 물고기, 게 또는 수초와 같은 많은 매개숙주를 가진 것도 있다. 인간의 몸 안에서 흡충은 장관기로부터 혈관 안으로 그리고 폐나 간과 같은 기관으로 이동을 한다. 이것들이 미국에서는 발견되지는 않았지만, 전 세계적으로 심각한 고통을 가져다주고 있다. 이들 병 중의 하나인 주혈흡충증schistosomiasis은 대략 2억 정도의 사람에게 피해를 입힌다.

회충류의 내부 기관

회충류는 입과 항문을 가진 복잡한 소화시스템을 가지고 있으며, 초기상태의 신경시스템과 일반적으로 암수가 구분되어 있다. 질병 양상은 거의 인지되지 않는 경우부터 생명을 위협하는 범위까지 매우 다양하다. 이들은 인간의 소화기관 뿐만 아니라 심층조직과 기관에도 영향을 미친다.

편충의 생활환

편충whipworm의 일종인 *Trichuris truchura* 비교적 간단한 생활환을 가지고 있다. 불결한 식수나 분변을 통해 감염된 난은 장관에서 부화하여 대장 쪽으로 유충을 방출한다. 이들은 장관 안에 잠복했다가 대장 쪽으로 이동하여 암수 성체로 발육한다.

회충의 생활환

지렁이처럼 매우 커보이는 기생충인 회충*Ascaris* 또한 오염된 난을 음식물과 함께 섭취함으로 감염된다. 부화된 유충은 장관기에 머무르는 대신, 혈관과 폐 쪽으로 이동하여 잠복한다. 유충들이 충분히 성장하면, 다시 장관기 쪽으로 회귀하게 된다. 성숙 난은 분변을 통하여 다시 다른 사람에게 전파된다.

다른 회충류의 생활환

십이지장충인 *Necator* 또는 *Ancylostoma*는 토양에서 유충으로 존재한다. 오염된 토양에서 맨발로 걸을 때 이 유충은 사람의 피부를 뚫고 감염한다. 유충은 혈관으로 침입해 폐에 도달한다. *Ascaris*처럼, 이들은 폐로부터 식도를 통해 십이지장과 장관기 내로 들어간다. 여기에서 이들은 머리에 있는 부착기를 이용하여 고착하고 대량의 알을 낳아 외부로 방출한다.,

기생충 감염 예방법

기생충 생활환의 규명은 기생충을 퇴치할 수 있는 중요한 실마리를 제공해 준다. 그 예로서 남미에서는 공중위생 개선과 신발착용으로 십이지장충에 의한 감염을 대폭 감소시켰다. 청결하게 요리된 음식물과 수세식 변소, 상하수도의 개선은 이들 기생충감염을 매우 효과적으로 감소시킬 수 있다. 구충제의 사용도 효과적이지만 백신은 아직까지 실용화되지 않고 있다.

바이러스

11

단원요약

바이러스는 비세포성 입자이며 외피단백질capsid에 싸여 있는 유전물질로 구성되어있다. 바이러스들은 기주세포의 대사작용을 이용하여 증식을 한다.

단원요점

- 바이러스는 세포가 아니며 증식과정에서 원래의 구조를 잃어 버리면서 여러 구성요소로 분리된다.
- 바이러스는 RNA 또는 DNA의 핵산과 단백질로 구성되어 있다.
- 일부 바이러스는 외가닥의 핵산을 가지고 있으며 일부 바이러스는 겹가닥의 핵산을 가지고 있다.
- 일부 바이러스는 단백질과 지질로 이루어진 외막envelope을 가지고 있다.
- 바이러스는 동물, 식물, 곰팡이, 원생동물protists, 세균 등 모든 생명체에 침입할 수 있다.
- 바이러스는 일부 기주세포에 대하여 특이적으로만 감염을 일으킨다.
- 바이러스의 복제 과정은 다음과 같은 단계를 포함한다.
    - 세포 표면 수용체에 결합
    - 세포 내부로의 침입penetration
    - 바이러스 입자의 탈피uncoating - 침입과정 중 또는 침입 후 일어난다.
    - 바이러스 구성 성분의 합성
    - 바이러스 입자의 형성
    - 세포로부터의 방출
- 일부 바이러스는 기주세포의 유전자 안으로 삽입되어 잠복상태로 된다.
- 바이러스가 잠복상태에 있을때 일부세포는 암세포로 변형될 수 있다.

11.1 바이러스의 일반적 특징

바이러스viruses는 몇 가지 특징으로 인하여 다른 미생물과 구분된다. 첫 번째 특징은 바이러스는 크기가 너무 작아 광학현미경으로 관찰이 불가능한 초 현미경적 미생물submicroscopic microorganism로 바이러스의 관찰을 위해서는 전자현미경electron microscope을 이용하여야 한다. 두 번째 특징은 바이러스는 살아 있는 기주세포에서만 증식이 가능한 절대기생체obligate parasites라는 것이다. 바이러스의 증식에 필요한 유전정보는 이들을 보호할 수 있는 외피capsid에 싸여 있으며 이들 유전정보의 발현 및 증식을 위해서는 살아 있는 기주세포에 전적으로 의존하여야 한다. 바이러스마다 기주세포로부터 공급받는 요소들이 다르지만 가장 중요한 요소는 ATP와 단백질 합성에 필요한 리보좀ribosomes이다. 생명체의 생합성 과정에는 에너지가 필요하고 이러한 에너지는 ATP에 의하여 공급되어진다. 그러나 바이러스의 경우 이러한 ATP를 생성할 수 있는 능력이 없기 때문에 바이러스의 증식을 위한 핵산 및 단백질의 합성에 필요한 ATP를 기주세포로부터 공급받는다. 리보좀은 바이러스의 핵산으로부터 전사된 mRNA를 이용하여 단백질을 합성하는데 필요한 구성요소로서 바이러스들은 기주세포의 리보좀을 이용하여 단백질을 합성하게된다.

바이러스의 또 다른 특징으로는 다른 생물들이 RNA와 DNA를 모두 포함하고 있는 것과는 달리 RNA 또는 DNA 중 하나만 가지고 있다. 바이러스가 DNA 또는 RNA 하나만 가지는 이유는 아직 정확하게 알 수 없다. 다만, 필요한 유전정보를 전달하기 위해서는 두 가지 중 하나만 가져도 충분하며 두 가지를 모두 가지고 있다면 이를 위한 두 종류의 생합성 과정이 필요하기 때문에 대사작용의 흐름에 문제를 일으킬 수도 있을 것으로 여겨진다.

RNA 또는 DNA로 되어 있는 바이러스의 핵산은 외가닥single strand 또는 겹가닥 double strand으로 되어있는데 겹가닥이 외가닥보다 안정하지만 이것으로 두 가지 형태가 모두 존재하는 이유를 설명할 수 없다. 진화과정에서 두 가지 모두 유전체로 작용할 수 있기 때문에 각각의 바이러스가 대하여 선택되었을 것으로 여겨진다.

바이러스는 다른 세포들처럼 성장을 하지 않고 미리 합성된 구성요소들의 조합 assembly에 의하여 다량의 바이러스가 복제된다. 따라서 새로운 바이러스의 생산과정에서 바이러스는 핵산과 단백질이 분리되어 원래의 구조를 상실하게된다. 세포가 성장과정에서 원래의 구조를 유지하는 것은 생명체의 필수요건이며 이러한 이유 때문에 바이러스를 생물체로 여기지 않는 경우도 있다. 그러나 바이러스는 증식을 하고 일부 대사과정을 가지며 돌연변이와 진화가 가능한데 이러한 특징은 생명체의 특징이다.

11.2 바이러스의 구조적 특징

바이러스의 크기

바이러스의 크기는 매우 다양하지만 지름 300nm인 천연두 바이러스poxvirus를 제외하고는 광학현미경의 이론적 관찰한계 이하인 지름 20-200nm의 크기를 가진다. 따라서 바이러스의 관찰에는 전자현미경이 필요하다. 또한 바이러스는 대부분의 세균이 통과하지 못하는 여과막을 통과하며, 이러한 이유 때문에 바이러스의 실체가 알려지지 않았던 시기에는 바이러스를 여과성 바이러스filterable viruses 또는 여과성 병원체filterable agents라 부르기도 하였다. 이러한 작은 크기 때문에 바이러스 입자 안에 포함될 수 있는 핵산의 크기가 제한되며, 따라서 대부분의 바이러스는 복제에 필요한 최소한의 유전정보만을 가지고 나머지 기능은 기주세포로부터 공급받는다.

바이러스의 형태

대부분의 바이러스 핵산은 크기가 작기 때문에 바이러스의 구조를 이루는 단백질 유전자의 수가 제한되어 있다. 따라서 바이러스의 외피coat는 간단한 단백질 소단위체subunit들을 반복적으로 이용하여 만들어진다. 불규칙한 소단위체들을 이용하여 최소한의 에너지를 가진 안정된 바이러스 입자를 만드는 방법은 이들 소단위체를 대칭적으로 배열하는 것이며 그 결과 바이러스는 나선형helical 또는 구형(spherical 또는 polyhedral)의 기본 구조를 가진다.

나선형 바이러스의 대표적인 바이러스로는 담배 모자이크 바이러스(Tobacco Mosaic Virus, TMV)가 있다. 이 바이러스는 지름 18nm이고 길이는 약간씩 차이는 있지만 대개 300nm 이하이다. 입자를 이루는 2130개의 소단위체는 오른쪽 방향의 나선형으로 배열되어 있으며 나선 1회전마다 $16\frac{1}{2}$ 소단위체가 배열되어 있다. TMV와 같은 나선형의 바이러스들은 바이러스 자체의 모양이 나선형이라기보다는 소단위체들이 나선형으로 배열된 바이러스로서 때로는 사상형 바이러스 filamentous virus로 불리기도 한다.

구형의 바이러스들을 전자현미경을 통하여 관찰할 경우 구형보다는 오히려 다면체의 형태를 띠고 있다. 구형의 바이러스중 간단한 구조를 가진 소아마비 바이러스의 경우 크기가 30nm이며 20면체로 되어 있으며 각 면은 3개의 소단위체로 되어 있어 총 60개의 소단위체로 구성되어 있다. 그러나 대부분의 바이러스의 핵산은 60개의 소단위체로 구성된 입자 안에 채워 넣기에는 너무 크며 이러한 바이러스들은 20 면체의 각 면을 같은 크기의 삼각형으로 세분하고 세분된 삼각형에 소단위체를 배열하는 방법을 이용하여 소단위체 합성에 필요한 유전자의 크기를 증가시키지 않고 바이러스의 입자를 크게 한다. 따라서 이러한 바이러스들의 총 소단위체 수는 60, 180, 240, 480와 같이 증가한다.

위에서 설명한 기본적인 형태 외에 보다 복잡한 구조를 가지는 바이러스들이 존재하며 대표적인 예로는 박테리오파아지 T4가 있다. 이 바이러스는 구형의 머리에 나선형의 sheath(원통형외피 그림 11.1)가 연결되어 있고 그 끝에는 여러 개의 꼬리가 붙어 있다.

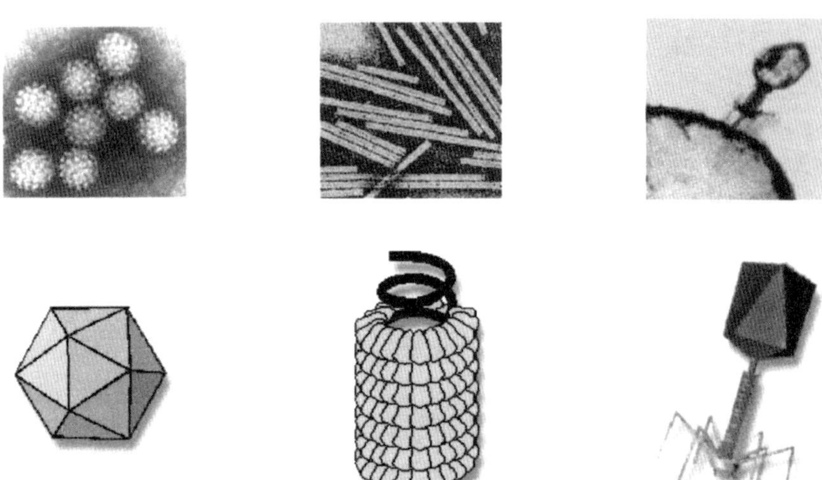

그림 11.1
바이러스의 기본 형태

바이러스의 구성

바이러스의 가장 중요한 구성 요소는 핵산과 단백질이다. 핵산은 바이러스의 복제에 필요한 유전정보를 포함하고 있으며 외가닥 또는 겹가닥의 DNA 또는 RNA로 되어 있으며 크기는 3kb에서 350kb까지 다양하다. 바이러스의 핵산은 한 조각으로 되어 있는 것이 대부분이나 일부 바이러스는 여러 조각으로 되어 있고 이들 조각은 하나의 입자에 들어 있거나segmented genome 각각의 조각들이 다른 입자에 들어 있어multipartite 하나의 완전한 바이러스를 이루기 위해서는 2-3개의 입자가 필요한 경우가 있으며 후자의 경우에는 일부 식물 바이러스에서 볼 수 있다.

바이러스를 구성하고 있는 대표적인 단백질은 외피 단백질coat protein로 이들은 바이러스 입자의 구조를 이루어 안에 들어 있는 핵산을 보호하고 이를 새로운 기주세포에 전달하는 기능을 한다. 외피 단백질은 대개 한 종류의 소단위체로 되어 있지만 일부는 몇 종류의 소단위체로 구성되어 있다. 외피 단백질이외에 일부 바이러스는 효소 단백질이 바이러스 입자에 포함되어 있는 경우도 있다. 단백질 이외에 polyamin류, 지질, 금속이온, 수분 등이 바이러스입자를 이룬다.

또한 일부 동물 바이러스와 소수의 식물 바이러스는 핵산과 외피가 외막envelope으로 둘러싸여 있는 경우가 있다. 바이러스의 외막은 기주세포의 인지질 2중막으로부터 유래하며 그 근원은 바이러스의 복제 및 조립 위치, 세포로부터의 배출 방법들에 의하여 결정된다. 외막에 바이러스 단백질이 돌출 되어 있으며 이들은 기주세포 표면에 존재하는 바이러스 수용체에 결합하는 기능을 가지기도 한다. 또한 외막을 가지는 많은 바이러스들은 외막 안에 바이러스의 복제과정 초기에 필요한 여러 가지 효소들이 들어 있는 경우가 있다. 이러한 외막은 세제나 유기용매에 대해 더 민감하게 만들기 때문에 바이러스의 보호기능을 하는 것은 아니다. 그러나 바이러스의 외막은 기주세포의 세포막과 융합하여 바이러스가 기주세포에 침입하는데 중요한 역할을 한다.

11.3 바이러스의 분류

바이러스의 분류 체계

1960년대 이후 많은 바이러스들이 발견되면서 바이러스의 분류 및 명명법에 대한 원칙이 필요하게 되었으며 이에 따라 1966년 국제 바이러스 명명 위원회(International Committee on Nomenclature of Viruses, ICNV)가 구성되었으며 이 위원회는 1973년 국제 바이러스 분류 위원회(International Committee on Taxonomy of Viruses, ICTV)로 개편되어 바이러스의 명명 및 분류에 관한 기준을 결정한다. 바이러스는 다른 생물처럼 계-문-강-목-과-속-종의 분류 단계를 가지지 않으며 속명과 종명을 쓰지 않는다. 현재 바이러스 분류에서 가장 높은 단위은 목(order, -virales)이며 그 아래로 과(family, -viridae), 아과(subfamily, -virinae), 속(genus, -virus)로 분류된다. 예를 들면, 홍역 바이러스는 Mononegavirales 목 -Paramyxoviridae 과-Paramyxovirinae 아과 -Morbillivirus 속 - Measles virus로 명명된다.

현재 4,000개 이상의 바이러스들이 보고되어 있으며 이들은 ICTV의 기준에 따라 분류가 된다. 바이러스는 침입하는 기주보다는 바이러스 자체의 특징에 의하여 분류되며 그 기준이 되는 요소들은 핵산의 종류(DNA 또는 RNA), 입자의 형태(나선형 또는 구형), 외막의 유무, 핵산의 특징(크기, 가닥의 수, 조각의 수, 선형 또는 원형 등), 바이러스 입자의 크기, 복제방법 등이 있다.

동물 바이러스

현재 동물에 감염시키는 바이러스는 18개 과family로 분류되며, 이들 중 많은 바이러스들은 척추동물과 무척추동물에 모두 감염을 일으킨다. 예를 들면 많은 바이러스들이 진드기, 벼룩, 모기 등과 같은 곤충에 의하여 전파되는데 이러한 곤충들을 매개충vector이라 한다. 바이러스들은 매개충외에 공기, 물, 혈액, 체액, 성접촉 등으로 전파되기도 한다. 허피스바이러스herpesvirus와 레브도바이러스rhabdovirus 등 일부 바이러스는 기주 범위가 넓어 여러 종류의 동물에 감염을 일으킨다. 반면 소아마비 바이러스poliovirus나 감기를 일으키는 rhinovirus는 사람에게만 감염되는 바이러스이다. 바이러스에 의하여 일어나는 대표적인 질병으로는 독감influenza virus, 홍역measles virus, 무사마귀papovavirus, 광견병rabies virus, 뇌염togavirus, AIDS(human immunodeficiency virus or HIV) 등이 있다.

식물 바이러스

현재 식물 바이러스는 13개의 과로 분류되어 있다. 식물 바이러스는 구조와 구성 등 일반적인 특징은 동물 바이러스와 비슷하지만 대부분이 핵산으로 RNA를 가지고 있는 것이 특징이다. 곤충이나 절지동물에 의하여 전파되는 일부 식물 바이러스는 매개충의 체내에서 복제가 일어나기도 한다. 식물 바이러스는 동물 바이러스와 다르게 기주세포를 침투할 수 없기 때문에 대부분 상처를 통하여 침입하며 일부는 종자나 영양번식체 등에 의하여 직접 전파되기도 한다. 식물체에 바이러스가 침입하게되면 여러 가지 증상들이 나타나게 되는데 대표적인 것으로는 탈색, 기형, 잎의 황화, 모자이크, 기형적 성장, 왜소화 등이 있으며 심한 경우 식물체가 죽게된다. 식물에 바이러스가 침입하면 이를 제거할 수 있는 방법이 없기 때문에 바이러스가 전파되는 것을 방지하기 위하여 감염된 식물을 제거하여야 한다. 최근에는 유전공학적 방법에 의하여 바이러스에 대하여 저항성을 가지는 식물들이 개발되고 있다.

박테리오파아지

박테리오파아지bacteriophages는 세균에 감염하는 세균 바이러스를 지칭하며 이들 바이러스는 초기 유전학과 분자생물학 연구의 도구로 많이 이용되었다. 대장균에 감염하는 대표적인 바이러스인 T-even 파아지(T2, T4, T6)는 겹가닥의 DNA를 가지고 있으며 *Φ*X174는 외가닥으로 되어 있는 원형의 DNA를 가지고 있다. 이외에 박테리오파아지 QB, MS2와 같은 일부 바이러스는 RNA핵산을 가진다. 현재 2000여종 이상의 박테리오파아지가 발견되었으며 일부는 과family로 분류되어 있다.

세균뿐만 아니라 버섯을 비롯한 곰팡이류에도 바이러스가 존재하며 최근에는 클로렐라를 비롯한 미세조류로부터 바이러스가 발견되고 있다. 따라서 바이러스는 지구상에 존재하는 모든 종류의 생물을 숙주로 이용하는 가장 다양한 미생물로 여겨진다.

11.4 바이러스의 증식 및 분석

바이러스 증식의 특성 – one step growth curve

바이러스는 살아 있는 기주세포에서만 증식이 가능하다. 바이러스에 감염된 세포에서 바이러스의 흡착과 침투가 일어난 후 바이러스 입자는 원래의 모습을 상실하고 한 동안은 보이지 않게 된다. 이것을 암흑기 또는 음성기eclipse period라고 하는데 이 시기는 바이러스의 핵산이 외피로부터 분리되어 새로운 바이러스 입자를 만들기 위한 핵산과 단백질이 합성되는 시기이다. 만약 이 바이러스가 감염성이 있는 바이러스라면 이 바이러스는 증식을 하여 많은 수의 새로운 바이러스 입자로 조립assembly될 것이다. 이렇게 조립되어 기주세포 안에 축적된 바이러스 입자들은 기주세포를 융해시키며 방출되는데 이때까지 걸리는 시간을 잠복기incubation period라 한다. 이와 같은 바이러스의 증식과정을 시간에 따른 바이러스 입자의 수에 의한 그래프로 그리면 하나의 계단처럼 보이며 이러한 특징 때문에 바이러스의 증식과정 그래프를 one step growth curve라 한다. 이러한 과정은 많은 수의 세포를 동시에 감염시키는 기술을 이용하여 실험실에서 재현할 수 있다.

바이러스의 플라크plaque 및 플라크 분석법

플라크는 바이러스에 의하여 세포가 융해되어 세균이나 동물세포의 배양 표면이 함몰한 것을 말한다. 이러한 현상은 감염성 있는 바이러스 입자 하나가 하나의 세포에 감염되면 이 세포의 융해가 일어나고 보다 많은 수의 바이러스를 주위에 있는 세포에 방출하게 된다. 이 바이러스들은 근접한 세포를 죽이고 퍼져 나가게 된다. 시간이 지남에 따라 바이러스가 번져 나가게 되고 그 결과 눈으로 확인할 수 있는 플라크가 형성되게 된다. 플라크의 크기는 바이러스와 기주세포의 종류에 의하여 결정된다.

박테리오파아지의 증식

바이러스는 살아있는 기주세포에서만 증식이 가능하기 때문에 박테리오파아지의 증식을 위해서는 대장균과 같은 세균을 이용한다. 대수기에 도달한 세균과 바이러스를 섞어서 37℃에서 20분 가량 정치하면 바이러스가 세균의 표면에 부착하게 된다. 이러한 세균들을 세균 배양 배지에서 배양하면 바이러스에 감염되지 않은 세균은 이분법에 의하여 계속 분열을 하게되고 바이러스에 감염된 세균으로부터는 바이러스가 증식하여 새로운 바이러스 입자들이 방출되며 방출된 바이러스는 새로운 세균에 부착하여 증식하게된다. 하나의 세균세포로부터 수백 개의 새로운 바이러스 입자들이 방출되기 때문에 일정시간 후 모든 세균들이 바이러스에 의하여 융해되고 배지 안에는 바이러스입자만 남게된다.

식물바이러스의 증식

식물 바이러스의 증식을 위해서는 바이러스가 분리된 원래의 식물을 사용하기도 하지만 바이러스의 증식용 숙주식물을 별도로 이용하기도 한다. 바이러스에 감염된 식물조직을 적절한 완충용액에서 갈아 면봉이나 gauze를 감은 손끝을 이용하여 접종한다. 이때 식물조직에 상처를 내기 위하여 Celite와 같은 연마제를 이용한다.

동물 바이러스의 증식

초기에는 바이러스의 증식을 위하여 살아 있는 동물을 사용하거나 동물의 기관을 사용하기도 하였다. 그러나 살아 있는 동물의 경우 번식이나 관리에 비용이 많이 들고 동물마다 유전적인 특징이 일정하지 않기 때문에 최근에는 배양된 세포를 이용하여 바이러스를 증식한다. 배양 세포로는 동물의 조직이나 환자로부터 분리하여 짧은 기간 동안 인공배지에서 증식하는 1차 세포primary cell와 영구적으로 자랄 수 있는 세포immortalized cell가 있으며 현재 많은 종류의 동물 세포주cell line들이 개발되어 있다. 이들 세포들은 배양기에 단일층monolayer을 이루어 자라며 배양 세포에 바이러스를 접종하고 그 위에 배지가 통과할 수 있는 옅은 농도의 한천을 덮어두면 박테리오파아지의 경우와 같은 플라크 분석이 가능하다. 배양세포 외에 수정란을 이용하여 바이러스를 증식하기도 하는데 수정 후 5-14일된 수정란 표면에 드릴로 작은 구멍을 내고 적절한 위치에 바이러스를 접종하여 바이러스를 증식하며 현재 이 방법은 독감 바이러스influenza virus의 증식 등에 이용된다.

11.5 바이러스의 복제 과정

바이러스가 기주세포에 침입하여 새로운 바이러스 입자를 만드는 과정은 연속적인 과정으로 그 단계 구분이 어렵지만 대개 몇 가지 단계로 구분된다. 이러한 복제과정은 바이러스의 복제과정을 일반화한 것이며 각 단계에서 일어나는 현상들은 바이러스의 특징에 따라 다르기 때문에 복제과정의 각 단계에서 일어나는 현상들을 이해하는 것은 바이러스에 의한 질병의 발생과정을 이해하고 이들 질병의 방제법을 개발하는데 있어 매우 중요하다.

기주세포 결합attachment 및 침입penetration

복제를 위하여 바이러스는 적절한 기주세포의 내부로 침입하여 복제가 일어날 수 있는 곳으로 이동하여야 한다. 동물 바이러스의 경우 기주세포 표면에 있는 여러 가지 단백질들이 바이러스의 수용체receptor로 작용한다. 이들 표면 단백질들은 성장 호르몬의 수용체와 같이 정상적인 세포기능에 필요한 기능들을 수행하는데 이들을 바이러스가 수용체로 이용하는 것이다. 수용체를 필요로 하는 바이러스의 경우 적절한 수용체가 존재하지 않는다면 감염은 일어나지 않는다. 수용체가 존재할 경우에는 순수 분리된 세포의 구성 요소 중 어느 것이 바이러스의 침입과정을 억제하는지를 알아보아 이들 수용체를 알아낼 수 있다. 적절한 수용체에 결합된 바이러스는 수용체가 매개하는 세포막 통과translocation, 식세포작용endocytosis, 외막을 가진 바이러스의 경우 막융합membrane fusion 등에 의하여 세포 내부로 이동하게된다. 동물 바이러스와 달리 식물 바이러스의 경우에는 별도의 수용체를 필요로 하지 않으며 식물체에 난 상처를 이용하거나 매개충의 흡즙과정 등을 통하여 식물체 세포 내로 이동한다. 박테리오파아지의 경우에는 세균의 세포벽에 작은 구멍을 낸 후 꼬리부분의 수축에 의하여 바이러스의 핵산만을 세균 내부로 들여보내게 된다.

핵산 및 단백질의 합성

기주세포의 내부에 들어온 바이러스는 복제를 위하여 핵산과 외피 단백질이 분리되는데 이러한 과정을 탈피uncoating라 한다. 그러나 이러한 과정이 모든 바이러스에서 구분되어서 일어나는 것은 아니며 박테리오파아지와 같은 경우 침입과정과 탈피과정이 동시에 일어나기도 한다.

복제에 필요한 단백질과 핵산이 합성되는 과정은 바이러스의 핵산의 특성에 따라 다양하다. 대부분의 DNA 바이러스들은 기주세포의 전사효소DNA dependent RNA polymerase를 그대로 이용하거나 변형시켜 바이러스의 mRNA를 합성한다. 이러한 mRNA로부터 바이러스에 특이적인 DNA 중합효소DNA polymerase가 만들어져 이를 이용하여 신생 또는 자손 바이러스progeny virus를 위한 핵산이 합성된다.

그러나 기주세포에는 RNA를 주형으로 이용하는 RNA dependent RNA polymerase(RdRp)가 없기 때문에 RNA 바이러스들은 이 효소 합성에 필요한 유전자를 바이러스 핵산에 가지고 있으며 효소는 두 가지 방법으로 공급받는다. 우선 positive strand RNA virus들은 바이러스 입자 속의 RNA 핵산이 mRNA와 같은 염기서열로 되어 있기 때문에 바이러스의 침입 후 기주세포의 리보좀에 의하여 RdRp가 합성되고 이 효소에 의하여 progeny virus를 위한 핵산이 합성된다. 두 번째 RNA 바이러스 그룹인 negative strand RNA virus들은 바이러스 입자 속의 RNA 핵산이 mRNA에 상보적인 염기서열로 되어 있기 때문에 우선 이를 주형으로 전사transcription에 의한 mRNA합성이 이루어져야하며 이때 필요한 RdRp는 바이러스 입자 안에 들어 있어 바이러스 침입 시 핵산과 함께 공급된다. 따라서 negative strand RNA virus들은 이들 RdRp를 보호하기 위하여 외막을 가지고 있는 것이 특징이다.

Negative strand virus와는 다르지만 AIDS의 원인이 되는 HIV로 대표되는 retrovirus들은 역전사효소reverse transcriptase가 바이러스 입자에 들어 있어 바이러스 침입 후 RNA 핵산을 DNA로 전환하고 전환된 DNA는 기주세포의 염색체에 삽입되고 이로부터 progeny virus를 위한 핵산이 만들어진다. Progeny virus를 만들기 위한 핵산이 합성되면 외피 단백질을 포함하여 바이러스 입자를 이루는데 필요한 여러 가지 구조 단백질이 이루어진다.

조립assembly과 방출release

Progeny 바이러스를 만들기 위한 핵산과 단백질이 충분히 합성되면 이들의 조립에 의하여 새로운 바이러스 입자들이 만들어지게 된다. 바이러스의 조립 장소는 바이러스의 복제 장소나 방출 방법에 따라 다르며, 소단위체 간의 상호 작용에 의하여 일어나는 경우도 있으나 기주세포의 단백질이 관여하는 다단계의 복잡한 과정을 거치기도 한다. 또한 일부 바이러스는 조립 후 감염성을 가지기 위하여 성숙단계maturation 과정을 거치기도 한다. 새로 만들어진 progeny virus들이 기주세포로부터 방출되는 과정은 바이러스마다 다양하나 일반적으로 외막을 가지지 않은 동물 바이러스와 대부분의 박테리오파아지들은 기주세포의 융해lysis에 의하여 방출되며 외막을 가진 바이러스들은 침입 때와 비슷한 막융합에 의하여 기주세포 밖으로 방출되게 된다. 식물 바이러스는 침입 때와 마찬가지로 상처나 매개충의 흡즙과정 등을 통해서 세포 밖으로 나오게 된다.

11.6 바이로이드Viroid와 프리온Prion

바이로이드는 외피를 가지지 않은 노출된 RNA이다. 이 RNA는 원형이고 246-375개의 염기로 구성되어 있으며 외가닥이지만 내부의 염기쌍 결합때문에 외피가 없는 상태에서도 상당히 안정하다. 이 RNA에는 단백질을 만들 수 있는 유전자가 포함되어 있지 않으나 침입이나 복제 과정에 다른 바이러스의 도움을 필요로 하지 않고 식물체의 RNA polymerase에 의하여 복제하는 것으로 알려져 있다. 바이로이드는 현재까지 식물에서만 발견되었으며 감자갈쭉병 바이러스potato spindle tuber viroid를 포함하여 20여종의 바이로이드가 많은 종류의 식물에서 질병을 일으킨다.

바이로이드가 단백질 없이 핵산으로만 식물병을 일으키는 반면 프리온은 핵산 없이 단백질만으로 동물에 질병을 일으키며 *proteinaceous infectious particles*이란 명칭에서 유래하였다. PrP라 불리는 프리온의 전구체 단백질들의 유전자는 정상적인 동물의 염색체에 존재하며 이 유전자의 돌연변이에 의하여 질병을 일으키는 프리온 단백질인 불안정한 형태의 PrPsc가 만들어지고 이것이 병원성을 가지는 형태로 변하게된다. 병원성을 가지게된 PrPsc의 중요성은 일단 병원성을 가지는 형태로 변한 PrPsc가 정상적인 PrP 단백질을 병원성을 가지는 단백질로 변하도록 유도한다는 것이다. 이와 같은 변이는 같은 종의 동물에서는 효과적으로 일어나며 다른 종의 동물에서는 변이를 유도하는 능력이 낮은 편이다. 프리온에 의하여 발생하는 질병의 예로는 양의 scrapie, 사람의 Kuru병과 Creutzfeld-Jakob 병, 광우병으로 불리는 牛海綿樣腦症(bovine spongiform encephalopathy, BSE)와 같은 신경계의 퇴행현상이 있다. 광우병이 발생하게된 원인은 scrapie에 걸린 양의 부산물을 이용하여 만든 동물성 사료 첨가제를 소에 먹였기 때문으로 추측되고 있다.

11.7 대표적인 바이러스 질병

감기

감기를 일으키는 바이러스는 여러 종류가 있고 혈청형도 다양하며 대표적인 바이러스로는 rhinovirus와 coronavirus가 있다. 바이러스에 의한 감염은 주로 인후부에 발생하며 각 바이러스의 혈청형에 특이적인 면역반응에 의하여 회복된다. 감기 바이러스에 의한 호흡기 질환은 보통 사람에게는 심하지 않으나 면역력이 약한 사람의 경우 다른 질병에 의한 합병증을 유발할 수 있으며 노인들의 경우에는 심각한 질병이 될 수도 있다.

독감

독감은 고열, 오한, 두통, 근육통, 기침 등을 유발하는 바이러스에 의한 급성 호흡기 질병이다. 독감은 모든 나이의 사람에게 발생하나 어린이나 노인, 면역성이 약한 환자에게 발생할 경우 치명적일 수 있다. 1918과 1919년 사이에 발생한 독감은 전 세계적으로 2 천만 명 이상의 죽음을 초래하였다. 독감을 일으키는 influenza virus는 A형, B형 C형이 있으며 각형에는 여러 가지의 아형subtype이 있다. A형과 B형은 8조각, C형은 7조각의 RNA 게놈을 가지고 있다. 사람의 독감은 주로 A형에 의하여 발생하며 A형의 독감 바이러스는 사람뿐만 아니라 조류를 포함한 다른 동물에게도 감염을 일으킨다. 반면 B형과 C형은 사람에게만 감염을 일으키는 것으로 알려져 있다. 다른 바이러스성 질병과 다르게 독감에 대하여 영구적인 면역성을 가지지 못하는 이유는 독감 바이러스의 변형에 따른 것이다. 독감 바이러스의 변이의 원인은 돌연변이의 축적에 의한 점진적인 변이와 7 또는 8개로 되어 있는 유전자 조각의 새로운 조합에 의한 급진적인 변이로 나뉜다. 우리 몸의 면역 체계가 인식하는 독감 바이러스의 주요 항원은 바이러스의 외막에 돌출되어 있는 H 단백질hemagglutinin과 N 단백질Nuraminidase이다. 이들 단백질의 변이가 심하여 A형의 경우 현재 14종의 H 단백질과 9종의 N 단백질이 발견되어 있으며 이러한 변이형을 표시하기 위하여 H1N1, H3N2와 같은 혈청형을 표시한다. 만약 H1N1 형과 H3N2형의 바이러스가 같은 기주세포에 침입하게되면 두 바이러스로부터 부모형과는 다른 H1N2, H3N1과 같은 새로운 조합의 바이러스가 생기게 된다. 특히 이러한 재조합 현상이 독감을 일으키는 A형에 일어나면 사람뿐만 아니라 조류, 돼지와 같은 동물에 감염을 일으킬 수 있기 때문에 더욱 심각하다.

간염 바이러스

간은 혈액과 체액이 통과하는 기관으로 여러 종류의 서로 다른 바이러스들이 간에 침입하며 이러한 바이러스를 총체적으로 간염 바이러스hepatitis virus라 한다. 모든 간염 바이러스들은 간에 해를 주며 간 이식수술의 대부분은 간염 바이러스 감염에 의한 간 기능 장애에 의한 것이다. 또한 이들 중 일부는 감염 후 수개월 또는 수년동안 만성 감염을 일으키기도 하며 일부는 간암의 원인으로 여겨지고 있다. 현재 간염 바이러스는 A, B, C, delta(D), E의 다섯 종류로 구분된다.

A형은 감염된 물이나 음식을 통하여 전파되어 심한 감염을 일으키나 치료가 가능하고 치료와 면역기능에 의하여 바이러스의 제거 및 간 기능의 회복이 이루어진다. 또한 현재 매우 효과적인 백신이 개발되어 있어 백신에 의한 예방이 가능하다.

B형 간염 바이러스는 A형과는 달리 주로 혈액을 통하여 전파되며 수혈, 마약 주사, 성접촉 등이 주요 전파 원인이기 때문에 의학적으로 중요한 바이러스이다. 바이러스의 감염에 의하여 급성 간염이 발병하기도하나 증상이 나타나지 않는 경우도 있으며 회복 시 바이러스가 제거되는 경우도 있다. 그러나 많은 경우 증상이 나타나지 않는 상태에서 만성 보균자가 될 수 있으며 간암을 일으키는 한 원인이 될 수도 있다.

C형 간염 바이러스는 감염된 혈액이나 혈액 제재를 통하여 전파되며 전 세계적으로 급성간염의 25%이상을 일으키는 것으로 알려져 있다. A형과는 달리 많은 환자들이 효과적인 면역반응이 유도되지 않기 때문에 수년간 지속하여 간에 누적된 손상을 초래할 수 있다.

간염 바이러스 delta(D형)는 불완전한 바이러스로서 B형 간염 바이러스의 도움에 의하여 복제가 가능하다. B형과 D형의 복합 감염에 의하여 간염의 정도가 더 심해지지는 않는 것으로 알려져 있다.

E형 간염 바이러스는 A형과 마찬가지로 주로 물에 의하여 전파되며 음식에 의하여 전파될 가능성도 있다. 이 바이러스는 전 세계적으로 존재하나 특히 인도와 러시아 등에서 식수에 의한 전파가 문제가 되고 있다. 대부분의 감염 증상은 심하지 않으나 임신부에게는 심한 증상이 나타날 수 있다. 급성 감염 후 완치가 되며 아직까지 만성 감염을 일으키지는 않는 것으로 알려져 있다.

Herpes virus

Herpes 바이러스는 모든 척추동물뿐만 아니라 굴과 같은 무척추동물에서도 발견되지만 기주 특이성이 강하여 다른 종류의 동물간에는 거의 전파되지 않는다. 사람에 감염하는 herpes 바이러스는 8종류가 알려져 있으며 각각 특징적인 질병을 일으킨다. 바이러스에 의한 질병은 치명적이지는 않으나 감염 후 증상을 나타내지 않고 잠복하여 있다가 간헐적인 증상을 나타낸다. 예를 들면 varicella-zoster virus (VZV)는 1차 감염에 의하여 수두chickenpox를 일으킨 후 신경절 세포에 잠복감염 후 어른에게서 재발할 경우 대상포진shingles을 일으킨다. 또한 herpes simplex virus type-1과 2는 (HSV-1, 2)은 초기 감염에 의하여 각각 입 주위와 생식기에 발진을 일으킨 후 잠복 감염에 의하여 반복적으로 발병한다. 이러한 바이러스들이 잠복 감염 상태에서 재발하는 이유로는 쇼크, 외상, 피로, 스트레스 면역 기능의 약화 등이 있다.

Human immunodeficiency virus(HIV)

HIV 외막을 가진 RNA 바이러스이며 기주세포 감염 후 바이러스 입자 안에 들어 있는 역전사 효소reverse transcriptase를 이용하여 RNA를 DNA로 바꾸는 대표적인 retrovirus이다. DNA로 바뀐 바이러스의 핵산은 기주세포의 염색체에 삽입된 후 기주세포에 의하여 새로운 바이러스를 만들어 낸다. HIV는 다른 세포와는 달리 감염하는 세포가 주로 면역 기능을 담당하는 세포들이며 대표적인 것으로는 T 세포가 있다. HIV가 이러한 세포에 선택적으로 감염을 일으키는 이유는 이러한 면역 세포에만 특이적으로 존재하는 표면 단백질 (예 CD4)과 바이러스 입자 표면의 단백질의 상호작용에 의한 것이다. 바이러스에 감염된 세포는 원래의 면역기능을 상실하고 새로 만들어진 바이러스는 계속해서 건강한 세포를 침입하게 되어 숙주의 면역 기능이 감소하게 되어 그 결과 후천성 면역 결핍증(AIDS)이 나타나게 되며 2차 감염 또는 기회감염에 의하여 죽게된다. HIV는 혈액, 정액 등에 의하여 주로 전파되며 감염된 산모로부터 신생아가 감염되기도 한다. 현재 HIV의 억제제로 AZT 등이 개발되어 있으나 완치되는 것은 아니며 부작용, 내성 바이러스의 출현 등이 문제가 되고 있으며 백신도 아직 실용화되어 있지 않다. 현재 HIV는 그 전파 속도가 선진국에서는 줄어들고 있으나 아프리카를 중심으로 저개발국에서 계속 증가하고 있어 21세기의 가장 중요한 질병 중의 하나이다.

정상적인 인체의 미생물상

12

단원요약

인체의 여러 기관은 매우 많은 미생물들의 서식처가 된다. 의학적 의미로, 인체의 피부와 내부에 살고 있는 미생물들은 상당히 안정된 집단으로 구성되어 있고, 그들은 해가 적거나 없으며, 특히 다른 미생물 침입자의 공격을 피하게 하여 공생관계를 유지한다.

단원요점

- 정상적으로, 인간의 몸 표면은 미생물들에 의해 점령되지만, 깊은 조직 내에는 균이 없다.
- 인체의 입, 대장, 질 등은 특정한 미생물집단이 서식한다.
- 인체의 식도와 소장 등은 미생물 집단의 변이가 심하다.
- 인체의 정상적인 미생물상은 병원균의 침입을 방해함으로서 건강에 기여한다.
- 인체의 방어체계가 약화되면, 정상적인 미생물상의 구성원은 종종 기회감염의 원인균이 된다.

장기와 폐의 내피

이들 기관의 내면은 실제로 외부와 접촉하고 있다. 소화관은 입에서 항문까지 연결된 긴 관으로 이루어져 있다. 미생물들이 통과하는데 장애가 되는 곳은 위장과 소장, 소장과 맹장 사이 그리고 항문과 같이 괄약근으로 연결된 곳뿐이다. 따라서 이와 같은 해부학적 의미로 볼 때, 소화관과 호흡계 양쪽의 모든 내측은 외부에 노출되어 있는 셈이다(그림 12.1).

인체에서의 세균들의 일시적 존재

몸의 특정 부분은 세균들에 의해 영구적으로 점령되는 것을 피하기 위한 강력한 기구를 가진다. 예를 들면, 소장은 강력한 연동작용으로 대부분의 세균을 쓸어 내림에 의해 정화된다. 세균들은 이 기관을 통해서 지나가기 때문에 이 부분에서 일시적으로 발견될 수 있다. 따라서 이 기관에는 항상 관통하고 있는 소수의 세균들이 존재한다.

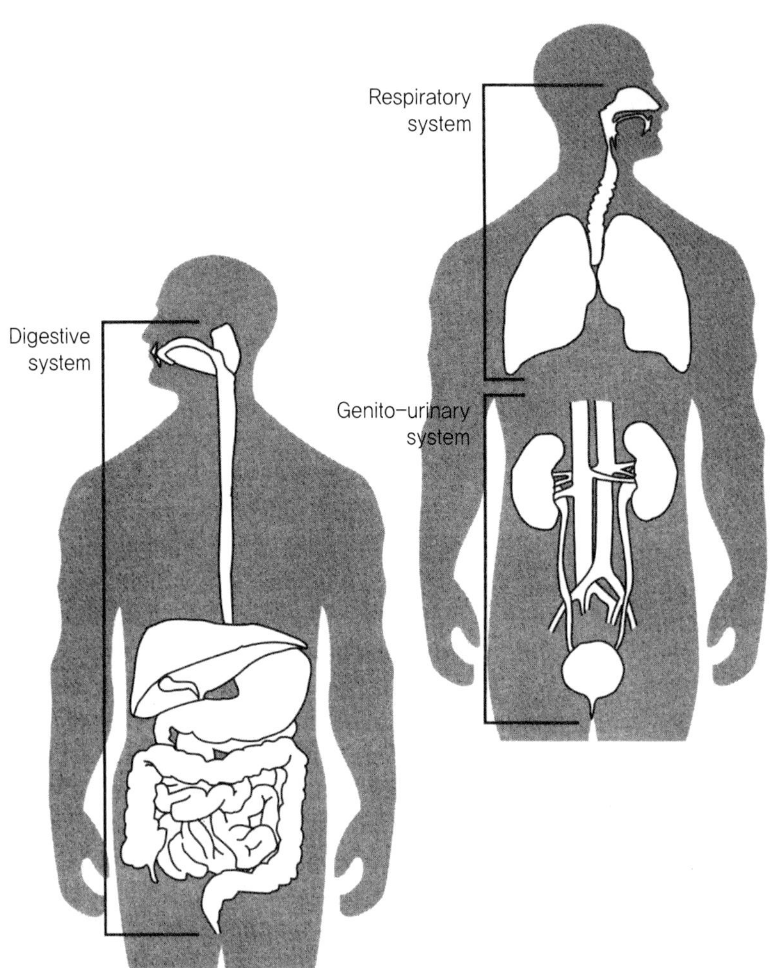

그림 12.1
인체의 내부 구조 모형

인체에서 미생물이 가장 많은 장소

단연, 입과 대장이다. 입의 경우 치아와 잇몸사이의 공간은 세균으로 가득히 채워져 있다. 대장에는 세균이 미리리터(㎖)당 10^{11}(1천억 개)에 달하는 고농도로 발견된다. 그 다음으로는 발가락 사이, 질, 외이도 등이다..

발냄새

세균은 증식을 위해 물을 필요로 하기 때문에 습한 부위에서 더 잘 증식한다. 그들은 주름진 부분 또는 표면이 맞닿은 부위에 집중적으로 서식한다. 발가락 사이에 서식하는 세균은 땀과 지방, 죽은 세포들을 분해하여 악취가 나는 가스methanethiol로 전환한다. 세척은 세균과 그들이 이용할 수 있는 영양물 양쪽을 다 감소시킨다.

피부의 세균감염 방어역할

피부는 케라틴keratin이라고 부르는 단백질의 단단한 층으로 덮여있어 몸을 보호하며, 침입자들을 물리적으로 막아준다. 피부는 책의 한 두장 정도의 두께지만 매우 뛰어난 방어장벽이다. 또한, 피부의 분비액은 지방산과 다른 항미생물성 화합물을 함유하여 세균의 침입을 억제한다.

입은 여러 미생물의 서식 장소

입안의 세균들은 침 등의 액체에 의해 씻겨 나가게 되며, 타액 생산에 손상을 받은 사람은 과다한 치아의 부식으로 고통받는다. 그러나 세균은 치아의 표면 같은 곳에 부착하기 때문에 입안에서 살아 남으며, 그러한 곳에서 그들은 치석이라고 부르는 층을 만든다. 침은 항세균성 효소lysozyme를 함유하지만, 많은 구강세균은 이에 내성을 가지고 있다. 치아와 잇몸 사이의 틈은 항세균성 물질의 투과가 물리적으로 저항받기 때문에 이곳에서 균이 집단으로 증식된다. 칫솔질을 잘하면 이들의 증식층을 효과적으로 제거할 수 있다.

소장의 미생물상

우리가 먹는 식품은 흔히 상당수의 미생물을 함유하며, 또한 소장은 영양물로 가득하고 소장의 벽에서 이를 흡수하지만, 역시 세균에게도 먹이로 제공된다. 하지만 소장 내부에는 미생물이 비교적 적은 편인데, 그 이유는 우리가 섭취하는 음식이 위의 산과 위 속의 펩신pepsin 그리고 소장중의 트립신trypsin과 키모트립신chymotrypsin같은 강력한 효소류에 의해 멸균되기 때문이다. 아울러 물리적인 연동작용도 미생물들의 소장점령을 방해한다.

장의 연동작용과 미생물

장의 연동작용은 소장의 세균함량을 낮게 유지시키는 힘이다. 그 때문에 당뇨병이나 대사이상을 가진 환자에 있어서 장의 연동작용이 저해될 때, 소장의 세균수는 극심하게 증가하여 "세균과다증식증후군" 상태가 된다. 그 결과 세균은 숙주에게 영양실조를 일으키게 한다.

대장의 미생물상

대장에 서식하는 대부분의 세균류는 인체에 유익하다. 장내에 서식하고 있는 생물상은 병원성세균이 이 기관을 점령하는 것을 막아준다. 인간이 정상적인 장내세균을 저해하거나 죽이는 항생물질로 치료될 때, 그들은 설사와 다른 질병을 일으킬 수 있는 세균과 효모등 병원성 미생물에 의해 천이가 일어난다. 장내 세균총은 또한 정상적인 면역계를 자극하기도하며 비타민류(K와 B12)를 합성하기도 한다.

대장의 다양한 세균총 형성을 위한 환경 요인

어떤 세균은 내장 환경에 적응하여 대장벽에 부착하여 증식한다. 대장의 환경은 낮은 수준의 산소 유지, 황화수소같은 항세균성 화합물의 생산 및 여러 요소들이 복잡하게 작용하여 특수한 환경조건을 조성한다.

호흡기의 미생물

우리는 많은 미생물을 함유하는 공기를 호흡해도 쉽게 병에 걸리지 않는다. 호흡관은 공기 중의 연무질이나 먼지 입자를 깨끗하게 하기 위한 "점액성의 승강기"같은 강력한 기구를 가지고 있다. 공기 통로는 대부분의 들이마신 미생물들을 잡는 보호적인 점액질 층으로 덮여 있다. 공기 통로의 표층을 이루는 세포들은 그들의 섬모에 의해 윗쪽으로 쓸어 올린다. 섬모들은 윗쪽으로 점액층을 움직여 미생물들이 입을 통하여 제거될 수 있도록 한다. 또한 폐(폐포)의 공기 주머니는 대식세포(식세포성 백혈구세포)나 항체를 함유함과 동시에 다른 항미생물적 화합물들을 분비하여 몸을 방어한다.

병원균의 감염과 독소

13

단원요약

비록 미생물은 자연계에 널리 존재하고, 생물권에 많은 활력을 주는 특성을 가지고 있지만 일부는 숙주에 기생하여 질병을 유발시키는 병원균으로 작용하고 있다.

단원요점

- 모든 감염성 질병은 다음과 같은 공통적인 단계를 가진다.
  조우 : 요인(미생물)이 숙주를 만난다.
  침입 : 요인이 숙주에 들어간다.
  확산 : 요인이 침입 부위로부터 퍼져나간다.
  증식 : 요인이 숙주 내에서 증식한다.
  손상 : 요인 또는 숙주응답, 또는 양쪽 다 조직의 손상을 일으킨다.
  결과 : 요인 또는 숙주 어느 한 쪽이 이기거나, 공생한다.
- 미생물적인 요인은 타인, 동물 또는 생명이 없는 환경으로부터 획득될 수 있다.
- 미생물적 요인이 몸 속으로 들어가는 방법은 흡입, 음식 등의 섭취 그리고 몸 표면의 침투(상처, 주사, 곤충 또는 다른 동물의 물림)이다.
- 어떤 감염성 질병은 급성과 만성으로 나눈다. 대부분의 만성 질환은 충분한 항미생물적인 항체가 만들어지면 억제된다.
- 만성적 질병은 세포 내적 생물에 의해 일어나는 경향이 있고, 이는 숙주세포에 침투되지 않는 항체나 항생물질에 의해 비교적 영향을 받지 않는다. 세포 내적 생물에 의한 감염은 면역성을 매개하는 세포에 의해 제어되는 경향이 있다.

매개물

매개물은 미생물을 감염시키는 원인이 되는 공기, 침구류, 직물, 수건 같은 생명이 없는 물체이다.

표 13.1 미생물에 대한 신체 부위별 영향

	이용가능한 영양물	면역반응	퇴출에 대한 능력
혈액	유리함	불리함	보통
중추신경계	유리함	유리함(혈액-뇌의 장벽에 의해 제한됨)	불리함
피부	불리함	유리함	유리함

손과 병원균의 감염

대부분의 미생물적 요인은 정상적인 피부를 통과할 수 없다. 그러나 손은 미생물을 퍼트리는 주된 매개 수단이며 따라서 손을 깨끗이 씻는 것은 감염성 질병의 전파를 억제하는 효과적인 방법이다. 많은 전염병균들이 손을 통한 음식물 섭취로 감염된다.

감염요인에 대한 신체의 방어

신체는 질병의 침입요인에 대한 강력한 방어 기작을 정상적으로 작동하고 있다. 암의 화학요법을 받고 있는 환자 또는 에이즈(AIDS)의 경우처럼, 그러한 방어 기작이 약화될 때, 미생물은 숙주를 점령할 수 있게 되고, 질병을 일으킨다.

세균의 몸 표면 부착

세균은 어떻게 몸 표면으로부터 씻겨나가는 것을 막는가? 그들은 어드히신adhesin이라고 불리는 성분을 통하여 숙주의 몸에 부착한다. 어드히신은 세균의 섬모 또는 세균 표면에 부착된 형태의 특수화된 단백질이다. 어드히신은 숙주세포상의 수용체에 달라붙는다.

숙주 내에서의 세균 증식과 철 성분

조직에는 많은 철이 함유되어 있지만, 실제로는 그 대부분은 혈색소hemoglobin 또는 트렌스페린transferrin같은 단백질과 결합되어 있다. 세균은 증식을 위해 철을 필요로 하며, 그것을 얻는 여러가지 방법을 발전시켜 왔다. 그 하나는 시데로포르siderophore라고 하는 강한 친화력으로 철과 결합하는 물질을 분비하는 것이다. 이들 화합물이

철과 결합하면 세균은 그것을 흡수하게 된다. 역시, 숙주세포가 세균독소에 의해 분해되면, 세균이 이용할 수 있는 형태의 철이 풍부한 화합물을 방출한다.

미생물의 숙주 조직 내로의 확산

어떤 미생물은 그들이 숙주 조직 내로 퍼져나가는 것을 돕는 기작을 가지고 있다. 그들은 세포외적 가수 분해 효소류를 만들며, 그것은 응고혈액 중의 피브린fibrin, 죽은 백혈구 세포 유래의 DNA 또는 결합조직 내의 콜라겐collagen처럼 미생물의 확산을 방해할 수 있는 성분을 분해시킨다

병원성 미생물의 침입과 손상

모든 병원성 미생물이 손상을 일으키기 위해 반드시 신체의 조직 속으로 들어가야 하는 것은 아니다. 많은 병원균은 침입 없이 몸의 표면에 머물러 있다. 그들은 통상 숙주세포에 영향을 미치는 독소를 만듦에 의해 질병을 일으킨다. 그러한 비침입성 요인들의 예는 디프테리아, 콜레라, 백일해 또는 이질을 일으키는 균들이다. 다른 세균들은 깊은 조직 속으로 침입하지만, 그들의 독소는 신체의 어디에나 작용할 수 있다. 그 예는 파상풍과 가스 괴저gas gangrene이다.

세균 독소의 확산과 작용

세균 독소는 항상 그들이 만들어진 장소 가까이에서 작용하는 것은 아니다. 어떤 세균은 그들이 만든 곳으로부터 훨씬 멀리 확산되는 독소를 생산한다. 예로서는 파상풍(tetanus: 이 독소는 감염된 상처 부위에서 만들어지지만, 그것은 중추신경계에 영향을 미친다.) 그리고 디프테리아(diphtheria: 이 독소는 통상 식도에서 만들어지지만, 심장과 다른 기관에 영향을 미친다)를 포함한다.

세균 독소의 작용 기작

모든 독소가 숙주세포를 죽이는 것은 아니다. 어떤 독소는 표적세포들을 실제로 손상함이 없이 이들 세포의 활성에 영향을 준다. 예를 들면 콜레라 독소는 장세포의 액체 유출을 유도하고 파상풍과 보트리늄 독소는 신경계의 전기적 자극 전달에 영향을 미친다.

세균 독소가 숙주세포를 죽게 하는 방법

어떤 독소는 숙주세포로부터 내용물이 새어 나오도록 한다. 예를 들면, 어떤 독소는 도넛 모양으로 된 분자이며, 그것이 숙주의 세포막에 삽입되면 이온과 물이 자유

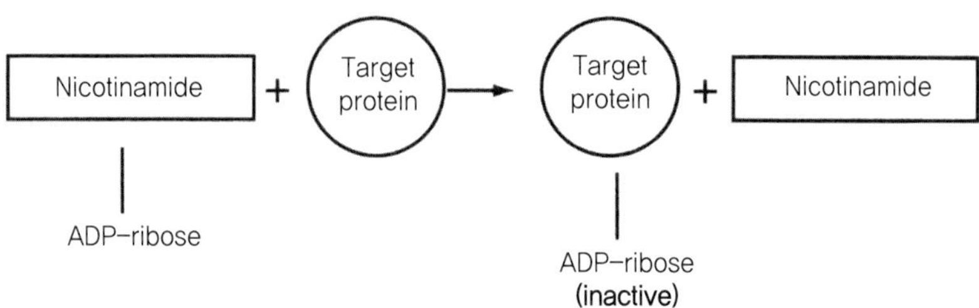

그림 13.1
독소에 의한 ADP-리보스화와 숙주 단백질의 불활성화

확산될 수 있는 통로를 만든다. Lecithinase와 같은 독소는 세포막의 지질을 파괴하는 효소이다. 또 다른 독소들은 단백질 합성에 관계하여 어떤 숙주세포의 단백질을 변형시킨다.

독소의 숙주 단백질 변형

디프테리아, 슈도모나스*Pseudomonas*, 콜레라cholera 독소에 의해 사용되는 공통 기작은 표적 단백질에 ADP-ribose라는 화학기를 첨가하는 것이며, 그 결과 단백질을 불활성화하거나 활성을 변화시키는 것이다. ADP-리보실화로 불리는 이 과정은 독소에 의해 수행되는 효소적 반응이다. 이러한 과정은 대사에 중요한 화합물인 NAD로부터 ADP-ribose를 분리하는 단계와 이것을 표적 단백질에 끼워 넣는 단계로 이루어진다(그림 13.1). 디프테리아와 슈도모나스 독소는 단백질 합성에 필요한 EF-2라는 숙주세포 단백질에 작용하여 세포가 죽게된다. 콜레라 독소는 환상 AMP(cAMP)의 대사에 관계하는 단백질에 작용한다. 그 결과 장세포에 환상 AMP가 축적되며, 이는 설사를 일으키는 원인이 된다.

세균 독소의 숙주세포 내 이동

세균의 독소가 숙주 세포의 단백질 합성에 영향을 주기 위해서는 이들 독소가 숙주 세포 내부로 이동하여야 한다. 이를 위해서 일반적으로 독소는 A와 B라는 두 부분으로 구성되어 있다. A는 독소의 활성부분으로 세포의 내부에서 작용한다. B는 결합 단백질이며, 이들은 숙주세포의 막에 삽입되어 A부분이 특이적으로 침입하도록

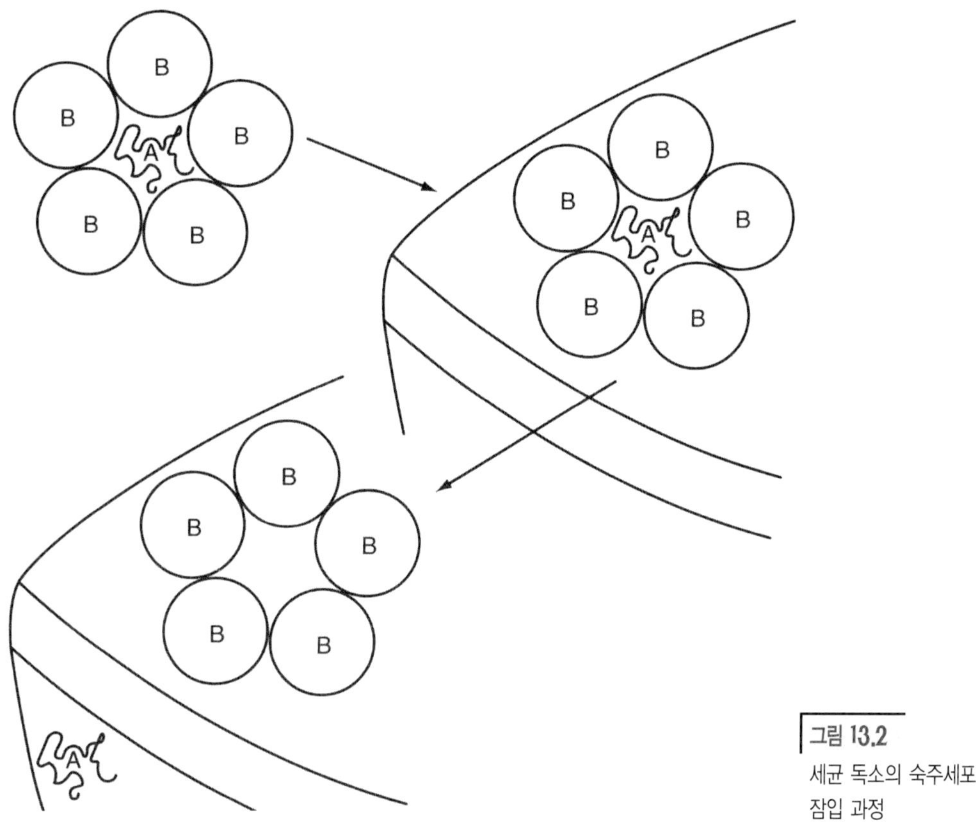

그림 13.2
세균 독소의 숙주세포 잠입 과정

하는 작은 구멍을 만든다(그림 13.2).

세균 독소의 이용

세균 독소는 이를 변형시켜 유용하게 이용할 수 있다. 독소를 화학적으로 변화시켜 독성은 감소시키고 항체형성 유도능력은 그대로 유지할 수 있다. 그러한 독소를 변성독소toxoid라고 부르며, 그것이 유도하는 항체를 항독소antitoxin라고 한다. 파상풍 변성독소tetanus toxoid는 어린이에게 접종하는 DPT 백신중의 "T"에 해당하는 성분이다. 독소를 변형시키지 않고 미량으로 사용하는 독소로는 보트리늄 독소가 있는데, 이 독소는 경련성 마비 상태에 있는 근육을 이완시키기 위하여 아주 적은 양을 사용하는 것이다.

내독소와 외독소의 차이점

두 가지의 커다란 차이가 있다. 외독소는 단백질이고, 내독소는 리포다당 lipopolysaccharide이다. 외독소는 세균에 의해 분비되고, 배지 중에 유리되어 발견된다. 반면에 내독소는 세균의 표면에 결합되어 존재한다. 또한 외독소는 그람 음성과 그람 양성 세균에 의해 모두 만들어지는 반면, 내독소는 그람 음성 세균에 의해서만 만들어진다.

내독소의 명칭

내독소는 실제적으로는 세균의 외부에 위치한다. 그러나 내독소("내측"독소)라는 용어가 만들어질 무렵에는 이들이 세포 표면에 위치하는 것을 알지 못했으며 다만 내독소가 세균에 결합되어 있고 외독소처럼 배지 중에 유리되지 않는다는 것만 확인되었다. 따라서 정확한 의미에서 내독소라는 용어는 잘못된 것이라 볼 수 있다.

내독소의 작용

내독소는 그람 음성 세균의 대표적 특성이라 볼 수 있다. 낮은 농도의 내독소에 의해서도 인체는 세균이 깊은 조직 내에 존재한다는 것을 감지할 수 있으며, 이에 대하여 발열과 염증으로 반응한다. 그러나 내독소가 많은 량으로 존재하면, 패혈증(septicemia; 세균이 혈액 중에 많은 수로 존재하는 "혈액중독")에 있어서처럼 신체 반응은 마비와 혈액응고로 더욱 강력해진다. 패혈증 충격septic shock으로 알려진 이 상태는 생명을 위협한다.

병원성 미생물에 대한 신체의 과민 반응

감염에 의한 환자의 손상은 침입 미생물에 의해서만 일어나는 것은 아니며 일부는 숙주의 과다한 반응에 의해 일어난다. 흔히 그 증상은 염증 또는 세포 매개성 면역과 같은 반응에 기인된다. 이러한 예로서는 임질에 있어서의 고름과 결핵에 있어서의 만성적인 염증 등이 있다.

미생물에 의한 질병

14

14.1 화농(고름 형성), 종기, 괴저감염

피부와 연결조직 개관

일반적으로 병원균들은 정상적인 피부를 뚫고 침입하지 못하며 침투를 위해서는 피부가 손상되어야 한다. 이러한 일들은 상처나 외과적인 수술, 주사바늘, 곤충에 의한 자상 등을 통하여 일어난다. 또한 피부는 건조하고 지방산등 화학물질들이 분비되어 세균이 침범하기가 적당하지가 않다. 그렇기는 하지만 습도가 높은 부분에서는 정상균총이 존재하며 이들이 감염원으로 작용하기도 한다.

피부와 점막사이에는 연결조직이 많이 있으며 여기에 혈관이 들어있고 숙주 방어에 관여한다. 그러나 이 부분에 감염이 일어나면 화농이 있게된다. 종기란 밀폐된 공간에서 화농이 일어날 때를 말한다. 병균들은 연결조직을 통해서 신체의 다른 부위로 전파된다.

14.1.1 *Staphylococci*

단원요점

- Gram positive cocci는 덩어리 형태로 나타난다.
- *Staphylococci*는 인간에게 고도로 적응된 세균으로 인간의 주변환경에서는 매우 드물게 분리된다.
- *Staphylococci*는 2종류의 균이 인간에게 매우 중요한데 *S. aureus*는 병원균으로서, *S. epidermidis*는 피부에 살고있는 정상균총으로 중요하다. 이 두 균종은 coagulase test, 기타 생화학적인 시험들, 또한 colony의 색깔을 통하여 구분할 수 있다.
- *Staphylococci*에 의해 유발되는 질병은 크게 감염부위가 화농하는 경우(종기)와 독소를 생성함으로 질병을 유발시키는 경우(식중독, toxic shock, 화상양 증상)로 나눌 수가 있다.

Staphylococci 분류와 병원균

*Staphylococcus*屬 안에는 몇 종의 균들이 있으며 이중 가장 많이 알려진 종이 *S. aureus*로서 병원성 균이고, *S. epidermidis*는 피부 공생균이나 간혹 기회감염을 일으킨다. 그 외의 몇종이 더 있지만 이들은 흔히 분리가 안 된다.

*S. aureus*와 *S. epidermidis*의 구분법

*S. aureus*는 고체배지상에서 colony 색깔이 금빛이 나며 그 외에 생화학적인 몇 가지 성상에서 구분이 가능하다. 그 중의 하나가 coaguslase 시험으로 이는 사람의 plasma를 응집시킨다. 이 coagulase 양성인 균주가 일반적으로 매우 심각한 질병의 원인균과 관계가 깊다. 그러나 *S. epidermidis*는 고체배지에서 흰색으로 나타나며 coagulase 시험 음성으로 나타난다.

Staphylococci 감염경로

*S. epidermidis*는 피부의 정상균총이기 때문에 이것이 어디서 전염되었는가 조사할 필요가 없다. 그러나 *S. aureus*는 정상인의 콧구멍이나 피부에서 종종 분리된다. 그러나 이 균은 다른 사람으로부터 접촉을 통하여 감염되는 경우가 가장 흔하며 특히 이 균은 건조와 화학물질에 내성을 나타내기 때문에 가재도구나 침구, 수건 등으로부터 직접 감염되기도 한다.

*Staphylococci*에 의해 유발되는 질병들

대단히 다양한 유형의 질병들이 발생되며, 대부분 고름이 나오는 것이 주요 특징이다. *Staphylococci*나 *Streptococci* 기타 몇종의 세균들은 질병의 특징이 고름을 만드는 것이다. 고름은 혈청분비물과 죽은 백혈구, 세균들로 이루어져 있다.

고름에서 백혈구가 죽는 이유

*Staphylococci*와 같은 세균들은 백혈구의 공격을 방어할 뿐 아니라 백혈구를 죽인다. *Staphlococci* 감염은 대부분이 종기를 형성하는 범위를 벗어나지 않는다. 종기란 여드름이나 고름이 나오는 상처가 대표적인 예이다. 몸에서 방어 기작이 약하게 되었을 때에 이들의 병증세는 악화된다. 세균감염에 의한 화농은 세균과 백혈구와의 치열한 싸움으로 이루어진다. 이들은 백혈구를 죽이는 무기인 toxinleukocidine과 일련의 抗 탐식무기antiphagocyte, 백혈구를 약화시키는 효소(catalase, 또는 cagulase), 항체를 약화시키는 표면조성성분(protein A)을 가지고 백혈구에 대항한다. 일부 균주는 capsule을 가지고 숙주에 대항한다.

14.1.2 *Streptocococci*

단원요점

- Gram positive 구균으로 연쇄상이다.
- 혈액배지상에서 용혈현상을 나타내는 것에 따라 여러 종류로 나뉘어지며 많은 종이 있다.
- β-hemolysis능력을 가지는 것이 독성이 강하다.
- β-hemolysis 능력을 가지는 것은 다시 몇 개의 group으로 나뉘어지며 이중 group A가 가장 독성이 강하다.
- Group A는 화농성 질병(*streptococcus*성 인후염), 피부염(단독), toxic shock-like syndrome등을 유발시키며 이중 일부는 사람을 치명시킨다.
- Group A *streptococci*는 심각한 합병증을 유발시키며 특히 심장 (류마티스열)과 신장에 사구체신염을 유발시킨다.
- β-hemolysis를 일으키는 다른 군들, 특히 group B와 group D (enterococci)도 질병을 일으킨다.
- α-hemolytic *streptococci*는 정상균총으로 생각되는데 이들도 심장병환자에게 세균성 아급성 심내막염을 일으킨다.
- 세균성 폐렴의 주원인균인 *pneumococci*도 역시 α-hemolytic *streptococci*에 속한다.

어린이 인후에서 면봉으로 *streptococci*를 분리하여 배양하는 이유

β-hemolysis를 일으키는 균주는 류마티스성 심장병이나 신장에 사구체신우염을 일으켜 치명적일 수 있다. 물론 인후염으로부터 분리되는 균주가 모두 *streptococci*는 아니다. 만일 여기서 얻어진 배양체가 *streptococci* 양성으로 나타나면 병증세가 사라졌더라도 환자에게 항균제 처치를 실시하여야한다. 이때 β- hemolysis를 일으켰다고 해서 모두 *streptococci*라고 말할 수는 없다. 그러나 이 균은 혈액배지에서 특유한 환을 그리기 때문에 똑같이β-hemolysis를 일으킨 다른 세균과 colony형태가 다를 뿐 아니라 대부분의 용혈성 세균은 간균 이고 구균이 아니기 때문에 그람 염색을 하여 형태를 관찰하면 쉽게 구분이 이루어진다.

β-hemolysis를 일으키는 *streptocci* 균주의 병원성

β-hemolysis를 일으키는 균주가 모두 병원성을 나타내는 것은 아니다. 따라서 이들을 다시 A, B, C..등의 순서를 붙인다. 대부분의 인후염을 일으키는 병원성 균주는 A group에 속해있다. 이들은 *Streptococcus pyogenes*라고도 불리며 폐렴, toxic-like shock, 단독 등 여러형태의 질병원인균이 된다. 이중 일부는 매우 심각하여 치사에

이르게 된다. Group B는 신생아 감염의 원인균이다. Group D는 가장 악명 높은 장구균이다. 특히 병원에 오래 입원한 환자들이 광범위 항균제를 투여 받았을 경우 이 균들은 broad spectrum 내성을 빈번하게 나타낸다. 사실, 항균제 내성 장내구균은 중대한 질병의 원인이 된다.

치과의사가 환자들에게 심장병이나 류마틱열의 병력을 문진하는 이유

이러한 환자들은 자칫하면 아급성 심내막염에 걸릴 수가 있다. 그 원인균은 대부분 α-hemolytic *streptococci*가 원인균이다. 이 균은 질병이 없는 상태에서는 구강과 인후에 서식하는 정상 세균총으로 병원성이 거의 없다. 그러나 이를 닦거나 충치치료, 수술 중에 입안에 상처가 나면 혈행을 타게된다. 그러나 건강한 사람은 혈액에서 이를 곧 제어하게 되지만 일부사람(특히 류마티스에 걸렸던 사람)의 심장판막에 아급성 질병을 일으킬 수가 있다. 이 질병을 예방하기 위해 환자에게 예방적으로 항균제가 투여된다.

α-hemolysis와 β-hemolysis

β-hemolysis는 오래 전부터 알려진 용혈현상으로 적혈구를 완전히 용해시키는 것을 말한다. α-hemolysis는 적혈구를 불완전하게 용혈시키며 혈액배지에 푸른 색깔을 나타낸다. 따라서 혈액배지를 육안으로 관찰하면 쉽게 구분된다.

α-hemolysis *streptococci*

몸의 표면과 구강에 살고있는 대부분의 *streptococci*는 α-hemolysis를 일으키며 거의가 전혀 용혈을 일으키지 않는다. 따라서 아래 두 가지 예외를 제외하고는 이들은 거의 병원균으로 작용하지 않는다. 첫째 이들은 칫솔질이나 입안의 상처 등으로 빈번하게 혈액으로 균이 감염된다. 또 다른 경우는 예외적인 일이기는 하지만 대부분의 중요한 폐렴균의 원인균인 *pneumococci*에 감염이 될 때이다.

14.1.3 기타 화농과 종기를 형성하는 균들 (*Pseudomonas, Bacteroides*)

단원요점

- 많은 종류의 세균들이 국지적인 염증의 원인균으로 작용하여 고름을 만든다. 이중에는 *Pseudomonas, menigococci, Haemophilus influenzae*등이 있다.
- 조직 깊이 침투한 미생물이 들어있는 분변이나 구강내용물을 통하여 감염의 원인이 되는 미생물이 침투되면 흔히 혼합감염이 일어난다. 이때 절대혐기성균, 특히 *Bacterioides*와 같은 균이 우점종으로 나타난다.

*Pseudomonas*에 감염될 확률이 높은 사람들

이들에 감염될 위험성이 높은 사람은 변역결손이 일어나 체내 방어가 잘 안되는 사람들이다. 이들에 해당하는 사람들은 불에 덴 환자, 어린이, 섬유근종, 장기적인 catheter 착용자, 수술 환자 등이다. 이균은 기회감염 균으로 환경에 널리 분포할 뿐 아니라 인체에서도 발견된다. 건강한 사람들에게도 기회 감염균은 병을 일으킬 수 있다. 예로서, 사우나탕의 열관에서도 이 균은 흔히 발견되며, 목욕자의 모낭에 감염이 일어날 수 있고 경우에 따라 전신감염도 일어난다. 따라서 질병에 걸릴 확률은 숙주의 방어능력과 이때 노출된 균의 양이다. 방어능력이 강하면 다소 많은 균에 노출되어도 병에 걸리지 않으며 반대로 작은 양의 균에도 방어능력이 약하면 병에 걸릴 수 있다.

*Pseudomonas aeruginosa*의 병원성

이 균 역시 앞서 언급한 *streptococci*나 *staphylococci*처럼 수많은 외부 toxin과 효소를 분비한다. 이들 중의 일부는 백혈구와 싸움을 하게 되고 조직을 파괴시킨다. 더구나 이들은 Gram negative 균들이 가지고 있는 전형적인 lipopolysaccharide를 가지고 있으며, 이것이 혈액에 감염되면 매우 심각해지며 저혈압증세와 shock을 일으키는 것으로 알려져 있다.

*Bacteroides*와 같은 절대 혐기성균이 혼합감염을 일으키는 이유

여기에는 여러 이유가 있다. 이러한 감염원이 되는 물질들은 일반적으로 여러 종류의 병균이 혼합되어 있는 경우가 많으며 이중의 일부균은 감염부위에서 매우 증식이 잘 될 수가 있기 때문이다. 예로서, 총상이나 맹장염으로 인하여 복막이 터져 대변이 복강으로 흘러 들어가면 이러한 균들이 급속히 증식된다. 이와 비슷한 현상으로 의식을 잃은 사람의 구강 내용물이 허파로 흘러 들어가도 균들이 급속히 증식된다. 또 다른 이유 중의 하나는, 우선 균이 감염되었을 때 그 장소에는 최소한의 공기가 있었지만 통성혐기성균이 여기에 있던 공기를 다 소모해 버려 혐기적인 환경을 만들어 주게 된다. 이와 같은 환경이 조성되면 혐기성 세균들이 잘 증식이 될 수 있다.

모든 *Bacteriodes*와 *Clostridia*의 차이점

*Bacteroides*는 Gram 음성균으로, 포자를 형성치 않는다. 이들은 일반적으로 강한 독소를 생성치 않으며 대개 고름을 만든다.

*Clostridia*는 Gram 양성균으로 포자를 형성하며 파상풍, botulism, 가스괴저, 가성막을 형성하는 강한 근분해등 매우 강한 독성을 나타낸다.

14.1.4 가스괴저(Gas gangrene, Necrotizing Myosities)

단원요점

- 어떤 세균에 감염되면 가스괴저가 일어난다.
- 가스괴저는 강력한 세포외 독소에 의해서 일어나며 인근 또는 멀리 떨어져 있는 조직을 파괴시킨다.

가스괴저의 명칭 유래

괴저란 혈액공급이 차단되어 조직이 죽어버리는 현상이다. Gas라는 말이 붙은 것은 *Clostridia* 균에 감염되었을 때 이들의 대사작용으로 조직 내에 gas가 생성되는데서 연유된 것이다. Gas는 촉진시에 파열되는 소리로 느낄 수 있으며, 상처가 터져 흐를 때 공기방울이 생기는 것으로 관찰된다. *Clostria*만이 가스괴저를 일으키지는 않는다. *Streptococci*나 혐기성 또는 통성 혐기성균들에 의해서도 원인이 될 수 있다.

가스괴저 환자 처치

몇 몇 종의 가스괴저를 일으키는 *Clostridia*는 자연환경에서 흔히 관찰된다. 토양이나 기타 원인에 의해서 균에 노출되면 조직이 죽었던가 또는 죽어가는 등 혐기적인 상태가 조성되어야만 균이 살 수 있는 조건이 만들어져 비로서 증식이 가능하다. 일반적으로 상처가 깊이 났을 때 발생된다. 균이 증식되면 주변의 조직이 손상되며 심

표 14.1 *Staphylococci*에 의해 일어나는 질병

피부 및 연조직에 감염
종기 큰종기(연주창; 종기들이 죽 연달아 생김)
상처감염(외상, 수술후)
농가진(피부에 생김)
내부 기관에 감염
심내막염
세균혈증
뇌농양
폐렴
골수염
독성에 의한 감염
식중독
Toxic shock syndrome
화상양 피부박리증

하면 순환계를 통하여 전신으로 퍼진다. 이처럼 이 병은 생명을 위협하기 때문에 극단적인 외과수술이 빈번히 수행된다.

가스괴저균이 생성하는 독toxin

정상세포막의 조성성분인 lecithin을 분해하는 lecithinase를 분비한다. 이 결과 세포가 분해되고 조직이 파괴된다. 다른 toxin은 조직의 다른 성분들을 파괴한다. 또한 가스괴저 주 원인균중의 하나인 *Clostridium perfringens*는 장독소enterotoxin를 분비하여 식중독을 일으킨다.

14.2 소화기계 감염

소화기계 개관

소화기계는 외부로 통하는 연결된 긴 튜브이다. 따라서 균들은 막층을 넘나듦이 없이 colony를 형성할 수 있다. 가장 윗 부분은 입으로 여기에는 많은 세균들이 살고 있다. 대부분의 균들은 위에서 강한 산에 의해서 죽게 된다. 위는 작지만 매우 중요한 균의 서식처로 산에 저항성인 균들이 살고 있으며 이들도 중요한 병원균으로 작용할 수 있다. 소장은 일반적으로 균이 살고 있지 않는데 그 원인은 쓸개즙, 체액의 세척작용, 장의 연동 운동, 강력한 항균효소의 작용 때문이다. 소장은 또한 숙주세포가 영양분을 효과적으로 흡수하는 장소이다. 이 곳에서 균이 서식하게 되면 영양 결핍이 생기게 된다. 대장은 거대한 세균집단의 서식처이다. 어떤 것들은 창자의 내강에 살기도 하고 일부는 창자 안쪽을 덮고 있는 점막층 표면에 살고 있으며 어떤 균들은 표면 그 자체에 붙어서 산다.

14.2.1 세균감염

단원요점

- 장감염의 일반세균은 腸內細菌科*Enterobacteriaceae*나 장내세균무리에 속한 균들이다. 여기에 속한 것들은 *Esch erichia, Salmonella, Shigella*와 기타 여러 균들이다.
- 장내세균은 몸의 어느 부분(예로서 방광이나 뇌 등)에서도 병을 일으킬 수 있다.
- 장내세균에 의해 일어나는 보편적인 질병은 설사와 이질이다.
- 설사라 함은 물이 많이 있는 대변으로, 콜레라 설사가 가장 극심한 상태이다.
- 이질이라 함은 장에 염증이 생긴 것으로 혈변 속에 고름이 들어 있다.
- *Helicobacter* 종들은 위에 감염을 일으킨다.

장내세균의 분리장소

이들은 주로 분리되는 곳이 장이라는 뜻이지 이들이 오로지 장에서만 분리된다는 뜻은 아니다. 뿐만 아니라 이들은 몸의 어느 곳에서도 질병을 일으킬 수 있다. 일부는 토양, 물, 기타 병에 걸린 식물에서도 분리된다. 장내세균 중 *Escherichia coli*가 대표적으로 잘 알려진 세균이다.

*E. coli*의 병원성과 비병원성

같은 종이 병원성과 비병원성으로 나뉘어지는 이유는 균주가 각각 다르기 때문이며, 이중 어떤 균주는 병원성을 획득 할 수 있기 때문이다. 그중 가장 중요한 이유중의 하나가 plasmid의 작용으로 이들이 toxin과 같은 병원성 인자를 전파시킴으로 병원성을 획득하게 된다. *E. coli*의 병원성이 다른 주들은 각각의 다른 질병을 일으키며 그 예로서 여행자 설사, 방광감염, 신생아의 뇌막염, 패혈증 등을 들 수 있다. 최근 분리된 O157:H7은 완전히 덜 익혀진 햄버거를 먹었을 때 심한 설사를 수반하는 이질양을 나타내며, 신장까지 손상될 수 있다.

세균성 설사중 가장 대표적인 질병

콜레라가 가장 대표적이다. 심한 경우 하루에 수 가론의 설사를 한다. 이러한 환자를 그냥 방치하면 하루 안에 탈수로 죽는다. 설사의 이유는 균의 독소가 창자세포를 자극시켜 chloride ion이 빠져 나오게 함으로서 대사 중간매체인 cyclic AMP의 농도가 높아짐으로 발생된다. 이때 물과 염분 전해질 등이 함께 빠진다. 원인균인 *Vibrio cholerae*는 오염된 물이나 조개류와 같은 해산물을 먹었을 때 일어난다.

Cholera toxin의 작용

이들은 cAMP의 화학적인 구조를 변형시킴으로 세포 내의 핵심성분을 불활성화 시킴으로 발생된다. 이는 ADP-ribosylation 과정을 통해서 진행되는데, 특수한 표적단백질에 부착될 수 있는 ADP-riboyl group을 넘겨줌으로써 NAD 분자가 나뉘어짐으로 일어난다. 이 결과 cAMP 농도가 증가된다. 기타 세균 toxin들, 예로써 diphtheria와 *Pseudomonas* toxin에서도 이와 유사한 반응이 일어나지만 최소한 diphtheria toxin에서는 표적단백질이 다르다.

위장병원균의 범주

세균뿐 아니라 원생동물과 virus도 병원균이 된다. Virus성 위장병균으로는 rotaviruses를 들 수 있으며 특히, 이 virus는 어린아이들의 설사, 구토, 욕지기 등의 원인이 된다.

심한 설사의 처치

단순한 설사는 저절로 치유되거나 또는, 항균제를 처치한다. 그러나, 콜레라와 같은 심한 설사는 탈수작용으로 생명을 위협한다. 이 질병은 개발도상국들에서 주요 사망원인이 된다. 가장 값싸고 쉬운 방법으로는 단순히 물만 먹지말고 설탕과 소금을 탄 물을 먹게 하는 것이다. 이 수분공급방법은 병원이 멀리 떨어져 있는 오지에서 쉽게 적용할 수 있는 방법이다. 의료기술의 발전으로 금세기에 이 질병이 거의 퇴치되게 되었다.

설사와 이질의 차이

설사(기술적으로 분비성설사)는 조직에 손상을 일으키지 않으며 많은 양의 물이 장으로부터 빠져나가는 현상이다. 따라서, 설사 내용물에는 죽은 세포가 들어가 있지 않기 때문에 염증이 거의 없다.

이질은 장의 세포가 파괴됨으로써 염증과 함께 피가 밖으로 빠져 나오는 현상이다. 이질 분변은 설사처럼 대량의 물이 빠져나가지는 않지만 피와 고름이 섞여 나온다. 세균성 이질의 원인균은 *Shigella*이다.

염병typhoid fever

이 병은 아주 중요한 장의 질병이지만 장에 국한되는 것이 아니라 전신에 조직적으로 병을 일으킨다. *Salmonella typhi* 이외의 *Salmonella*에 의해서 일어나는 염병은 장열이 수반되나 비교적 증상이 가볍다. 어떤 경우가 되었든 균은 장을 뚫고 순환기에 침범하여 높은 열과 헛소리, 경우에 따라 발적을 일으킨다.

Typhoid Mary

Mary는 20세기 초 뉴욕에서 살았던 요리사로서, 분변을 통하여 약 1300여건의 염병을 다른 사람들에게 전파시켰다. 전파의 원인은, 이 여자가 염병에 걸린 후 치유는 되었지만 원인균이 남아 있는 쓸개를 제거하지 않아 분변을 통하여 병원균을 계속 방출하였기 때문이었다.

위장에서 세균성 감염의 가능성

*Helicobactor pylori*와 위장의 염증, 종양 기타 다른 원인균들에 의하여 감염될 위험성이 충분히 있다. *Helicobactor pylori*는 위장에서 urea를 분해하여 암모니아를 만들기 때문에, 그 결과 위장 내에서 부분적으로 중성부분이 나타나 이 균이 생존할 수 있다. 많은 사람들은 이 균을 무증상 상태로 가지고 있다. *Helicobactor pylori* 감염을 치료하기 위하여 항균제가 처치된다. 이 균 감염과 위암과는 깊은 관련이 있다.

Psudomembranous colitis

이것은 창자에 염증이 생기는 질병으로 증세가 심한 것에서부터 약한 것까지 매우 다양하다. 이 질병은 항균제를 과도하게 처치함으로써 특정 장내 미생물*Clostridium difficile*이 과도하게 증식되어 일어난 것이다. 이 질병을 유발한 균주는 항균제에 감수성이 있었다. 그러나, 이 균이 포자를 형성함으로써 약제에 저항성을 나타내게 되었다.

14.2.2 바이러스 간염

단원요점

- 바이러스는 위장병을 일으키는 보편적인 원인 물체이다.
- 간염은 여러종류의 바이러스에 의해서 일어난다.
- A형 간염은 구강과 분변을 통하여 전파되는 대표적인 질병이다.
- B형 간염은 혈청간염으로도 불리우며 체액, 예로써, 침, 정액, 혈액 등을 통하여 전파된다.
- 몇 종류의 간염 바이러스에는 백신이 유효하다.

위장병의 원인균

바이러스는 위장병을 일으키는 원인 물체로서 비중이 매우 낮다. 가장 보편적인 바이러스는 rotavirus와 Norwalk virus이다. 그러나, 이들의 기작은 잘 알려져 있지 않으며 이외의 다른 바이러스들에 대해서도 연구가 미비하다. 이들의 전파과정, 증세, 병의 원인 등은 세균에 의해서 일어나는 위장병과 매우 비슷하다.

바이러스에 의해서 일어나는 간염

간에 질병을 일으키는 중요한 매체는 바이러스이다. 이 바이러스들은 A에서부터 E까지 알려져 있는데 앞으로 더 발견될 수도 있다. 이들은 간에 모두 비슷한 증상을 나타내지만 전파과정이나 증세의 정도가 각기 다르다. 이들 중 어떤 것은 DNA 바이러스이며, 또 어떤 것은 RNA 바이러스로서 같은 종류의 핵산을 가졌다 하더라도 여러 group으로 나뉘어진다.

간염 바이러스의 명명

간염 바이러스의 명명을 알파벳으로 붙이는 것은 발견된 순서를 말할 뿐이지 어떠한 다른 의미는 없다. 예로써 A형과 E형 간염 바이러스는 양쪽 다 RNA 바이러스로서 구강과 분변을 통하여 전파되며 오염된 물을 통하여 전파된다. 따라서 이 바이러스는 위생환경을 깨끗이 함으로서 예방할 수 있다. A형 간염은 가장 흔하게 발견되며 gamma globulin을 통하여 치료할 수 있다. 백신도 개발되었다.

B형 간염

이 병은 미국에서 두 번째로 많이 발생되는 질병이다. A형 간염과 매우 비슷하지만 증세가 더욱 심각하다. 간암과 밀접한 관계가 있다. 간염을 일으키는 유일한 DNA

바이러스로 알려져 있다. 체액(피, 눈물, 침, 정액, 젖)을 통하여 사람과 사람 사이에 일반적으로 전파된다. HIV보다 전파속도가 느리나 양쪽 다 주의하여야 할 질병이다. 간혹, 이 질병은 오염된 혈액제재를 통하여 감염되기 때문에 혈청간염serum hepatitis라고 부른다. 의료 종사자들과 정맥주사 사용자들에게 특히 감염 위험성이 높은 질병이다.

B형 간염의 증상

감염된 사람들의 절반 정도는 전혀 증세가 나타나지 않는다. 증세가 나타나는 사람들 중에서도 보균기간이 매우 길어 평균 75일 정도이다. 발병 후 며칠 사이에 증세가 매우 악화되어 사망하는 사람들도 있다. 그러나, 일반적으로 이 병은 만성질병이다. 어떤 경우에는 질병이 서서히 진행되지만, 결국에는 간 기능이 변형(간경화)되어 사망한다. 이러한 사람이 간암으로 진행될 확률은 건강한 사람보다 약 300배나 높다.

B형 간염의 치료

이 질병은 전염도가 매우 높아 치료하기가 어려운 난치병이다. 위생상태의 청결, 안전한 성교, 혈액관리가 이 질병의 전파를 차단하는데 도움이 된다. 가장 중요한 문제는 백신의 개발인데, 최초로 만들어진 백신은 recombinant DNA 기법을 통하여 이루어졌다. 어린아이와 건강한 사람은 이것을 접종하는 것이 바람직하다. 백신 접종의 확대를 통하여 이 질병의 발생을 억제할 수 있을 것으로 생각된다.

14.2.3 식중독

단원요점

- 대부분의 식중독은 세균이 생산하는 독소에 의해서 일어나며, 어떤 경우는 미생물 자신이 증식됨으로서 일어난다.

식중독이 발생되는 시간차의 원인

*Staphylococcus*에 의해서 일어나는 전형적인 식중독은 증상이 매우 빠른데 그 이유는, 독소가 소화가 이루어지면서 만들어지기 때문이다. 그러나, *Salmonella*에 의한 식중독은 여러 시간 후에 일어나는데 그 이유는, 세균이 일단 장에서 증식되어야 하기 때문이다. 엄밀히 말해 이것은 식중독이라고 말하기보다는 세균감염이라고 말해야 옳다.

14.2.4 원생동물과 기생충

단원요점

- 많은 종류의 원생동물과 기생충은 장내감염의 원인이 되며 증세의 정도가 다양하다.
- 원생동물과 기생충은 일반적으로 자연환경과 인체에서 사는 단계로 나뉘어지기 때문에 life cycle이 복잡하다.

Hiker 병이라 불리우는 giardiasis

이 원인균은 원생동물인 *Giardia lamblia*이며 깨끗하고 쾌적한 계곡 물에서 번성한다. 그러나, 이들은 비버나 다른 동물들, 또는 감염된 사람의 분변으로부터 오염이 된다. 더구나, *Giardia*는 사람 대 사람 특히, 유아원 보모를 통하여 전파된다. 또 다른 감염원은 마시는 수돗물로, *Giardia*의 피낭충이 염소소독에 내성을 가지고 있기 때문이다. 또 다른 중요한 원생동물은 *Cryptosporidium*으로서 이 원생동물은 북아메리카 지역의 풍토병 원인균이다. 특히, 에이즈 환자에게 심각한 문제를 야기시킨다.

아메바

아메바성 이질이 가장 대표적이다. 이 질병은 세균성 이질과 다르다. 이 병은 구강과 분변을 통하여 전파되기 때문에 위생상태가 나쁘거나 위생개념이 적은 집단의 사람들에게 발생된다. 따라서, 미국에서는 상대적으로 드물게 나타나는 질병으로 오진을 자주 한다. 이 병은 잠재적으로 간을 치사시키거나 뇌농양을 일으킨다. 또 다른 종류의 아메바인 *Nagelria fowleri*는 드물기는 하지만 심각한 뇌감염을 일으킨다.

기생충

이들은 크고 다세포성 동물이다. 회충*Ascaris lumbricoides*는 형태가 지렁이와 비슷하다. 기생충의 크기는 눈으로 겨우 확인할 수 있는 것에서부터 촌충과 같이 대단히 큰 것까지 다양하다. 이들은 형태적인 변화가 다양하나 주로 둥글거나 납작하다. 대부분 이들은 장에서 기생하지만 어떤 것들은 조직 깊숙이 기생하여 중요한 질병을 일으키기도 하고, 어떤 것들은 양쪽 모두를 병행한다. 대부분의 기생충들은 자연계와 동물 보균체에서 복합적인 life cycle을 가지고 있다. 이들은 소화기관, 곤충의 자상 또는 직접 피부를 뚫고 들어옴으로서 전파된다.

기생충 감염도

기생충 감염은 모두 위험하지는 않지만, 몇 종류는 매우 심각하다. 촌충은 대부분의 사람들에 있어서 중요시되지는 않지만 쉽게 인식할 수 없는 주의력 부족, 식욕 감퇴 등의 원인이 된다. 그러나, 흡충류는 생명에 위협을 줄 수도 있다. 예로서 에이즈 환자에서는 매우 위협적이며, 만성적으로 창자에서 흡혈을 함으로서 영양결손과 어지러움증을 유발시키며, 특히, 사상충에 의한 질병은 림프관이 봉쇄된다. 눈에 기생된 경우 실명이 특징적으로 나타난다.

표 14.2 소화기계에 세균과 바이러스에 의해 일어나는 질병

증상	부위	증세	병원균
충치	이	이가 구멍이 생김, 아픔, 이빠짐	*Streptococcus mutans*
치주염1	잇몸, 치주골	이 사이가 벌어짐, 이빠짐	*Porphyroomonas gingivalis*
이하선염	침샘	붓고 아픔	Mumps virus
위염	위	아픔, 간혹 출혈이 있고 위암 의심	*Helicobacter pylori*
장관계	위와 소장	설사, 욕지기, 구토, 아픔	*Salmonella*, retrovirus
대장(이질, 대장염)	대장	피섞인 설사, 점액분비	*Shigella*
장열	장 및 전신	열, 조직적인 전신증상	*Salmonella typhi*

표 14.3 세균성 식중독

세균	음식물
Salmonella	육류, 가금류, 계란
Staphlococcus aureus	크림, 계란, 마요네스, 햄
Clostridium botulinum(신경계감염도 일어남)	통조림, 강남콩
기타	
Bacillus cereus	쌀, 고기, 채소
Clostridium perfringens	
Vibrio parahaemolyticus	어류

표 14.4 장내 기생충

예	보균제	증상
피부를 통하여 감염됨		
회충 *Stronyloides stercoralis*	감염된 사람	위장을 통하여 감염
십이지장충 *N. americanus* *A. dodenale*	감염된 사람	위장에서 만성적으로 피를 잃기 때문에 철부족 빈혈
소화기를 통하여 감염됨		
회충 *Ascaris lumbricoides*	감염된 사람	종종 무증상임; 위장이나 담도가 막히는 경우와 복막염이 일어날 수 있음
편충 *Enterblus vermicularis*	감염된 사람 특히 어린이	항문주변이나 생식기가 가려움
요충 *Trichuris trichiura*	감염된 사람	자주 무증상임; 심할 경우 장내 점액질이 손상을 입던가 영양결손이 일어남
촌충 *Taenia solium*	돼지	장내감염은 전형적인 무증상; 깊숙한 조직이 손상되어 낭충이 감염되는 수가 있음
Taenia saginata	소	전형적인 무증상이며 장에 감염
Diphylobothrium latum	물고기	전형적인 무증상이나 vitamin B_{12} 결손이 일어날 수 있음

14.3 급성 호흡기 감염

단원요약

결핵과 기타 호흡기 만성질병에 대해서는 소단원7 만성 과 진균감염에서 별도로 다룬다.

호흡기계 개관

이 기관계의 가장 윗 부분은 코와 입으로서, 소화기계와 겹치는 부분으로, 매우 많은 균들이 살고 있다. 건강한 사람들에게는 상 하기도에 서식하는 미생물 균총이 별로 중요하지 않다. 기도 상피세포(점액성 상피세포)에 있는 섬모들이 호흡활동을 통하여 세균과 기타 이물질들을 쓸어버리기 때문이다. 더구나 점액과 항체 IgG가 분비되어 미생물들이 정착하기 힘들게 한다. 폐포 속에는 탐식세포가 존재하는데, 이 현상은 어떤 세포들에게는 순환을 통하여 몸밖으로 나올 수 있음을 의미한다. 이 세포들은 폐포막을 앞뒤로 통과하면서 조직 깊숙이 들어있는 미생물을 소화시켜 배출하지 않나 생각된다. 미생물이 폐조직을 통과한다는 사실은, 이들이 폐의 일부분에 질병을 일으키거나 또는 몸의 다른 부분으로 퍼져나감을 의미한다.

단원요점

- 호흡기계 감염범위 上 · 下氣道 까지 포함된다.
- 상기도 감염은 매우 흔한 일로서, 바이러스감염이 가장 많다.
- 감기는 매우 다양한 바이러스에 의해서 일어나기 때문에 반복해서 감기에 걸리게 된다.
- 하기도 감염(기관지염, 폐렴)은 세균에 의해서 많이 일어나며 특히, 폐렴 구균이 주원인 균이다.
- 어떤 세균성 폐렴은 폐포 전체에 걸쳐 퍼져 있다(예로서, 폐렴구균성 폐렴). 그러나, 다른 질병은 폐조직 자체에 감염된다(예로서, Legionnaires감염증).
- Influenza는 바이러스에 의해서 일어나며, 항원이 재빨리 바뀌기 때문에 해마다 새로운 백신을 맞아야된다.

14.3.1 세균 감염

백일해

이 질병은 어린 시절에 백신을 접종 받기 때문에 현재는 흔한 병이 아니다. 생후 3개월이 되었을 때 DPT(디프테리아 백일해 파상풍, diphtheria pertussis tetanus)라고 불리우는 백신이 접종된다. 이 백신은 *Bordetella pertussis*에 의해서 유발되는 백일해를 효과적으로 예방한다. 불행히 드물게 이 백신에 대한 합병증이 유발될 수 있기 때문에 이것을 개선하기 위한 연구가 계속되고 있다. 백일해는 주로 어린아이들의 하기도에 감염된다. 이 결과 바람 빠지는 소리whoop가 크게 들리면서 격렬한 기침을 하게 된다.

급성 폐렴의 원인

대부분의 급성 폐렴은 세균에 의해서 일어나지만 일부는 바이러스에 의해서도 일어난다. 세균성 폐렴 중 약 90%가 폐렴구균에 의해서 유발된다. 나머지는 여러 종류의 세균들, Staphylococci, 장내세균인 *Klebsiella pneumoniae*, Legionella증의 원인균인

*Legionella pneumophila*등에 의해서 일어난다.

폐렴 구균이 일으키는 질병들

이 구균은 폐렴뿐 아니라 뇌막염, 중이염, 부비동염을 일으키며 특히, 어린이들에게 많은 질병을 일으킨다. 그러나 어른들에게는 순환계 질병을 주로 일으킨다.

폐렴 구균의 병독성

폐렴 구균이 독소를 생산하는 것에 대해서는 잘 알려져 있지 않다. 이들의 병독소는 세포의 협막 때문인데 이 협막은 숙주의 탐식세포로부터 균을 보호한다. 협막을 가지고 있지 않은 돌연변이주는 병독성을 가지고 있지 않은데 환자로부터는 이 균주가 분리되지 않고 있으며, 실험동물에게 다량의 균체를 접종하여도 죽지 않는다. 왜 급성 폐렴을 일으키는가에 대해서는 알려져 있지 않지만, 폐렴구균의 표면 조성성분이 보체를 활성화시키고 격렬한 염증반응을 일으키게 되는 것으로 생각된다.

폐렴 구균 백신

이 백신은 폐렴 구균 협막의 항원 polysaccharide로부터 만들어졌다. 폐렴 구균은 약 100여개의 서로 다른 polysaccharide를 가지고 있는데 감염에 관여하는 것은 약 20여개 정도이다. 가장 빈번하게 발생되는 유형별의 항원을 혼합하여 백신으로 만들었다.

폐렴 구균에 의한 폐렴과 *Legionnaire's*증과의 차이

첫째, 이 질병은 역학적으로 다르게 발생되는데, 폐렴 구균은 사람 대 사람(재채기등을 통해서 튀어나가는 작은 침방울)을 통하여 전파된다. *Legionella*는 대형건물의 냉각수 또는, air condition등을 통하여 전파된다.

둘째, 폐렴 구균성 폐렴은 폐포 내에 서식하며 폐의 깊은 조직은 손상을 주지 않는다. 따라서, 치유된 이후에는 폐에 후유증을 거의 남기지 않는다. 그러나 *Legionella* 균은 폐조직을 크게 손상시켜 치유된 이후에도 항구적인 손상을 입힌다.

셋째, 실험실 동정 방법의 차이인데, *Legionella*는 일반 실험실에서 사용하고 있는 배지에서는 성장이 안되며, 이를 배양하기 위해서는 특별한 기술과 배지가 필요하다. 그러나, 폐렴 구균은 혈액배지에서 잘 자란다.

Walking *pneumonia*

이 용어는 정착된 정식 학술용어가 아니다. 폐렴은 일반적으로 급성이며 중증이지만(누워서 요양), 이 폐렴에 걸리면 증세가 보다 가볍다. 대부분의 이 폐렴은 *Mycoplasma pneumoniae*에 의해서 감염되는 것으로 생각되는데, 학령기의 어린이들과 청소년들에게 자주 걸린다. 이 균은 penicillin과 같은 세포막 합성을 방해시키는 항균제에 내성을 가지며, tetracycline과 같은 항균제에 매우 감수성이 높다. *Mycoplasma*는 세균 중 가장 크기가 작은 것으로 알려져 있다.

14.3.2 바이러스 감염

감기에 백신이 없는 이유

일반 감기는 수많은 바이러스들에 의해서 일어난다. 적어도 100여종의 rhinovirus들에 의해서 일어나며, 이들 중의 1/4~1/2 정도가 감기와 관계되는 병원균으로 알려져 있다. 이외에도 최소한 200여개의 다른 원인들에 의해서 감기가 일어난다. 한 종류에 의해서 형성된 면역은 다른 종류에 의해서 일어난 감기를 막을 수 없기 때문에 우리가 일생동안 여러번 감기에 걸리게 된다.

감기 증상

감기에 걸렸을 때 몸살을 앓는 이유는 우리 몸에서 바이러스와 싸우는 단백질인 interferon을 만들기 때문이다. 많은 양의 interferon이 몸 안에서 만들어지면 오심을 느끼고, 감기의 특유 증상이 나타난다.

독감(Influenza, 'flu')

일반 사람들은 독감을 두려워하지 않는데, 독감은 일반 감기보다 훨씬 심각하며 기타 다른 상기도 질병보다도 위험성이 높다. 독감은 증세가 감기와 똑같지만 열이 훨씬 높다. 이 사실은 매우 심각한 문제이지만, 일반적으로 짧은 기간 내에 치유된다.

독감의 위험성

이 질병은 폐렴의 원인이 될 수 있고, 흔한 경우는 아니나 치명시킨다. Influenza virus는 상기도(기관과 기관지)의 점액질에 감염된다. 감염 부위의 섬모세포를 죽이면 손상된 상처부위에 세균이 침범된다. 이 결과 세균의 2차 감염이 일어나게 되는데, 대표적인 병원균이 *Heamophilus influenzae*이다. 독감은 나이가 많은 사람과 면역체계가 손상된 사람들에게 치명시킬 수 있다.

해마다 새로운 독감 백신을 만드는 이유

독감 바이러스는 재빨리 유전자 재조합이 일어나 새로운 항원을 가진 균주를 만든다. 따라서, 올해 만들어진 면역은 내년에는 새로운 바이러스에 대처할 수 없다. 이 바이러스의 재빠른 유전자 재조합의 의미는 이들의 유전인자가 하나의 RNA 분자

표 14.5 호흡기 감염

증상	부위	증세	병원균의 예
감기(급성비염)	비강	코훌적임	Rhinoviruses, coronaviruses
인후염 또는 편도선	인후	목아픔, 열	*Streptococcus pyogenes*, 기타 여러 바이러스
부비강염	부비강	열, 아픔, 두통	*Haemophilus influenzae*, pneumococci, *Moraxcellar catarrhalis*
중이염	중이	열, 아픔, 청각 잃음	*Haemophilus influenzae*, pneumococci, *Moraxcellar catarrhalis*
기관지염	기관지	열, 아픔	*influenza* virus
폐렴	허파	열, 아픔, 기침	*Haemophilus influenzae*, pneumococci, 여러 바이러스

가 아님을 말하는 것으로서, 이들의 유전인자는 8조각으로 나뉘어진 단일 가닥의 RNA로 구성되어져 있다. 두 strand가 같은 세포에 감염되었을 때 인간의 염색체처럼 독립되어서 재조립된다. 이 결과 매우 큰 염색체의 재조합이 일어나 그들의 부모와 전혀 다른 새로운 균주가 만들어진다. 소규모로 발생된 자연적인 돌연변이를 antigenic drift라고 부른다. 유전자 사이에 엄청나게 큰 변화가 이루어진 균주를 antigenic shift라 부른다.

독감의 항원과 숙주세포의 면역계

이 바이러스는 커다란 지방막으로 둘러싸여 있는데, 여기에 두 종류의 단백질이 있다. 양쪽 모두 좋은 항원으로서 하나를 H(hemagglutinin) spike (숙주에 붙는 감응체)라고 부른다. 항체는 influenza virus H spike가 숙주에 부착될 수 없도록 만든다. 또 하나는 N(neuraminidase) spike라고 부르며, 이것의 역할은 바이러스와 숙주세포관계를 끊도록 만들어서 바이러스가 다른세포로 퍼져나가게 한다. N spike 항체는 바이러스가 숙주 내로 침투하는 것은 막을 수 없지만, 바이러스가 다른 세포로 퍼져나가는 것을 막는다.

14.4 신경계 감염

중추신경계 개관

중추신경계는 골격에 의해서 둘러싸여 있고, 그 주변 환경들에 의하여 보호되고 있다. 감염체들은 혈행이나 중추신경계의 말단부 외상 등을 통하여 침입한다. 비록 이곳에 균이 침범하는 일은 상대적으로 드물지만, 뇌의 혈액장벽에 의하여 상대적으로 면역체계의 보호를 덜 받기 때문에 위험하다. 또한, 이곳은 폐쇄된 system이지만, 염증이나 농양, 종양 등에 의하여 손상되면 회복이 불가능한 생명의 가장 중심부분이다.

단원요점

- 중추신경계의 감염은 상대적으로 드물지만 매우 위험하다.
- 뇌막염은 중추신경계 주변의 공간이 감염된 병으로서 세균과 진균에 의하여 병이 일어났을 때 가장 심각하다.
- 파상풍이나 botulism 세균에 의해서 만들어진 세균독소는 중추신경에 침범하여 자극에 대한 반응을 간섭함으로서 마비의 원인이 된다.
- 바이러스는 중추신경계에 여러 가지 감염을 일으킨다.

14.4.1 세균 감염

수막구균

수막구균은 심한 병원균으로서 이 균에 감염되면 패혈증과 뇌막염을 일으켜 24시간 안에 치명시킬 수 있는 위험한 질병균이다. 이 균은 강력한 외부 독소를 만들지는 않지만 일반 Gram 음성 세균들처럼 endotoxin을 생성한다. 이 균은 협막을 가지고 있기 때문에 숙주 세포의 식작용으로부터 보호되며, 혈액에서 빨리 증식될 수 있다. 이 결과 많은 양의 endotoxin이 생성되어 shock와 혈액응고가 일어나게 된다.

수막염 구균의 백신 효과

이 균의 capsule 부분을 항원으로하여 항체를 만들면 숙주에서 이를 인식하고 쉽게 식작용이 일어날 수 있다. 이들은 폐렴구균처럼 종류가 많지는 않더라도 여러 개의 항원 협막 polysaccharide를 가지고 있다. 따라서, 백신은 이들의 핵심 항원을 혼합하여 만들어졌지만 선진국에서는 이에 의하여 유발되는 뇌막염이 흔하지 않기 때문에 백신이 널리 사용되지는 않고 있다. 불행히도 아프리카 일부 지역에서는 이 질병이 흔하게 발생되는데 말라리아와 같은 질병들이 면역반응을 무력화시키며 수막염 백신을 비롯한 다른 백신들까지도 효과를 떨어뜨리게 한다.

Hemophilus influenzae 이름의 유래

이 균은 바이러스가 발견되기 전에 독감의 원인균으로 오해되어 이름이 잘못 붙여진 것이다. *Hemophilus influenzae*는 어린이들에게 수막염, 폐렴, 가타 다른 연조직의 감염 등 여러 질병을 일으킨다. 이와 같이 어린이들에게 이 균이 질병을 일으키는 이유는 주 항원인 polysaccharide를 어린이의 체내에서 경험한 적이 없기 때문이다. 이러한 문제점을 파악하고 항원단백질들로 백신을 제조하여 접종한 결과 면역력이 크게 향상되었다.

Hemophilus influenzae 생물학적 성상

Gram 음성 간균으로 성장에 여러 복합영양소가 요구된다. 이렇게 성장이 늦은 세균들이 백일해의 원인균이며, 이 균외에도 *Bordetella perutussis, Legionella*를 비롯한 몇 종류가 더 있다.

수막염의 원인균들

세균뿐 아니라 여러 종류의 바이러스와 진균들이 수막염을 일으킨다. 홍역 바이러스도 그 중의 하나이다. 다행히 대부분의 바이러스성 수막염은 특별히 치료하지 않아도 잘 낫는다. 이에 반해 세균성 수막염은 반드시 처치를 하여야 하기 때문에 그 병원체를 빨리 파악하는 것이 매우 중요하다. 진균으로 중요한 뇌수막염 원균은 yeast의 일종인 *Crytococcus neoformans*로서 두꺼운 협막으로 싸여있다. 병의 진행은 서서히 이루어지지만 치료를 하지 않으면 사망률이 매우 높다.

Botulism과 파상풍의 병원성

이 두 균은 모두 *Clostridium*屬에 속하는 세균들로서 독소toxin를 생성하여 중추신경계에 질병을 일으킨다. 그러나 이 들의 침범경로는 서로 다르다. 보툴리즘은 대부분 멸균이 덜된 식물성 통조림 음식을 먹음으로 발생되지만 파상풍은 외부의 상처를 통해 감염된다. 이 두 질병의 원인균은 토양에서 흔히 분리되며 특히 *C. tetanus*는 인간과 동물의 똥에서 자주 분리된다.

Botulism과 파상풍의 독성작용 기작

두균주 모두 신경작용에 간섭하지만, 작용기작은 전혀 반대이다. 파상풍 독소는 신경의 화학적 전달작용에 간여하여 근육이 이완될수 없도록한다. 이결과 근육이 항구적으로 수축되어 뒤틀린 상태인 강직마비가 일어난다. 그러나 보툴리즘은 근육이 수축될수 있는 전달작용에 간여하여 근육에 늘어진 마비가 오게된다.

14.4.2 바이러스 감염

소아마비 퇴치

소아마비는 완전히 퇴치될 수 있지만 쉽지는 않다. 낙관적으로 보면 21세기에 완전히 퇴치될 수 있지 않을까 생각된다. 천연두와는 달리 증세발현이 더디며, 대부분의 소아마비는 무증상이다. 더구나 소아마비 백신은 냉장상태로 보관하여야 하며 또 여러 번에 걸쳐서 접종하여야 되기 때문에 일부 저개발 국가에서 문제가 된다. 비록 이러한 어려움은 있지만 백신접종을 확대시키고 역학관리가 바르게 된다면 이 질병은 확실히 퇴치될 수 있다.

Herpes virus와 신경계 질병의 상호관계

이 바이러스는 구강과 성기 표면에 물집을 만든다. 그러나 이 증상은 잠적과 출현을 반복하는데 잠적했을 경우는 신경에 숨어있게 된다. 이곳에서 환자의 일생동안 숨어있기도 한다. 그러나 면역력이 약해지거나, 태양에 오랫동안 노출되던가 stress를 받게되면 현증으로 재발된다.

신경에 숨어있는 기타 바이러스들

Herpes virus group에 속하는 chickenpox virus가 여기에 속한다. 이 바이러스는 수두와 대상포진의 병원체이기도 하다. 그러나 이 질병들은 완전히 증상이 다르게 나타난다. 수두는 어린이들에게 비교적 가볍게 나타난다. 그러나 대상포진은 어른에게 나타나며 신경에 감염되어 환자가 매우 고통을 받는다. 이 바이러스에 감염되면 일반적으로 증세가 가볍지만 AIDS 환자에게는 치명적이다.

광우병

소 광우병과 이와 관련이 있는 인간의 질병은 바이러스에 의해서 일어나는 것이 아니고 prion이라 불리는 단백질에 의해서 일어난다. 이 단백질은 체내에서 정상적으로 만들어지는 단백질인데 충분히 접혀지지가 않는 이상한 형태를 가지고 있다. 이 분자들이 새롭게 잘못된 단백질을 유도하는 것으로 생각되며 체내에 축적되어 종국적으로 신경에 질병을 유발시키는 것으로 생각된다. 인간에게서 일어나는 Creutzfelt-Jakob병도 prion의 작용으로 생각되며, 병이 오랫동안 서서히 진행되어 치명적인 단계에 이른다.

표 14.6 신경계 감염증

증상	부위	증세	전형적인 원인체
뇌막염	뇌막과 뇌실공간	열, 두통. 목이 뻣뻣해짐	*N. meningitidis, H. influenzae, S. pneumoniae,* viruses
뇌염	뇌	뇌기능의 마비	viruses
척수염	척수	마비	polioviruses

표 14.7 세균원인에 의한 뇌막염

병원균	감염자들
Haemophilus influenzae	어린이(생후 6개월-2살)
Neisseria meningitidis	신병훈련소 입소자와 같은 stress를 많이 받는 집단생활자
Streptococcus pneumoniae	면역계에 문제있는 사람들
기타	갓난애, 기타

표 14.8 바이러스성 신경계 질병

병이름	빈도	전파	주증상 및 증세
소아마비	대부분 백신 접종이 불완전한 저개발국들; 일부 선진국에서도 발생됨	분변-입	마비
공수병	개에 대한 접종이 잘되어 비교적 발생빈도가 낮음	동물에 물림	초기증상이 매우 다양하며 치명적이다
Arbovirus에 의한 바이러스성 뇌막염	상대적으로 발생빈도가 낮음	모기에 물림	뇌작용에 이상이 생기며 경우에 따라 증세가 매우 심함
Herpes	빈번함	사람대 사람	구강 및 성기 물집
수두 및 대상포진	빈번함	사람대 사람	똑같은 병원성 바이러스인데 어린이에게는 수두를 어른에게는 대상포진을 걸리게 함

14.5 심장혈관계와 림프계 감염

심장혈관계와 림프계의 개관

이 기관들은 숙주방어의 가장 핵심 부분들로서 미생물 증식이 매우 어려운 곳이다. 이 방어 기작에는 선천적인 것(보체, 백혈구)과 후천적으로 획득한 것(항체, 세포매개면역)등이 있다. 병원성 미생물들은 이러한 방어기작을 협막capsule으로서 식작용을 막던가, 또는 순환기계의 세포 속에서 생존하던가, 또는 심장의 해부학적인 이상부분에 숨어 들어가 보호를 받는 방법들로서 숙주에 침투한다.

단원요점

- 심장에 미생물이 침투하여 병을 일으키는 장소는 심내막, 심장 근육, 또는 심낭 등이다.
- 심내막염은 가장 흔하게 발생되는 심장질환이다. 이 질병은 심장수술을 한 환자에게서 일반적으로 발병된다.
- 여러 미생물들(세균, virus, 원생동물류)은 혈액에서 생존된다. 어떤 것들은 세포 내에서, 어떤 것들은 자신의 고유한 방법을 개발하여 혈액으로부터 살아남는다.
- 어떤 감염(세균혈증, 말라리아, 감염성 단핵세포증)은 원인균이 혈액에서 증식한다.

14.5.1 심장 감염

빈번히 발생되는 심장 감염

심장의 심내막에 감염이 일어나는 심내막염이 가장 보편적이다. 심장근육감염증은 심장 근육에 감염이 일어나는 것이며, 심낭염은 심장을 싸고 있는 외부막에 감염이 일어나는 것으로서 흔한 병은 아니나 치명시킬 수 있다. 심내막염은 주로 세균에 의해서 일어나며, 심장근육 감염증은 주로 바이러스에 의해서 일어나고, 심낭염은 이들 두 가지 모두에 의해서 발생된다.

세균성 심장병 위험군

심장이 손상된 사람들이 가장 감염될 위험성이 높다. 여기에는 류마티스열이나 선천적으로 심장에 결함이 있는 사람들이 포함된다. 건강한 심장의 표면에는 세균들이 부착할 수 없지만, 심장이 비정상적인 상태이면 언제라도 부착될 수 있는 가능성이 높다. 정상적인 심장을 가진 사람이라도 마약 주사 등을 통하여 주사바늘에 오염된 균이 대량으로 혈액에 침범되면 심장병을 일으킬 수 있다.

심장 표면에 세균의 생존

우선 심내막에서 세균이 증식되기 위해서는 혈액이 응고된 피덩어리 같은 것에 의해서 둘러싸이게 된다. 이 덩어리를 vegetation 이라고 부르며, 심내막염의 단초가 된다. Vegetation 속의 세균은 숙주 방어기작과 혈액에서 연유된 항균물질들에 대하여 방어되게 된다. 심내막염은 집중적인 항균제 처치가 필요하다.

14.5.2 패혈증

패혈증과 혈액독

패혈증은 혈액독으로서 혈액이 여러 종류의 세균에 감염됨으로서 일어나며 매우 심각한 질병이기 때문에 집중적인 처치가 필요하다. *Staphylococcus aureus*와 같은 Gram 양성균과 *E. coli*와 같은 Gram 음성균이 모두 원인균이 될 수 있다. 패혈증과 균혈증은 구분할 필요가 있는데 균혈증은 혈액 속에 질병을 일으키지 않으면서 균이 나타나는 경우이다. 패혈증은 일반적으로 숙주의 면역기전에 이상이 생겨서 발생되는데, 예로서 상처나 catheter 이용, 백혈구 기능의 선천적인 이상, 보체계 이상, 면역 결손 등이 원인이다.

세균의 혈행 침투

일반적으로 감염된 장소나 위장과 같이 상피세포 표면이 찢어진 장소에 많은 균들이 증식될 때이거나, 혹은 숙주세포의 혈액에서 방어할 수 없을 정도로 많은 양의 세균이 한꺼번에 침범할 때인데, 이러한 경우는 면역계에 이상이 있는 소수 사람들에게서만 일어날 수 있다.

14.5.3 라임병, Rickettsia 질병

라임병

이 이름은 미국 Connecticut주에 Old Lyme이라고 하는 동네 이름에서 연유된 것으로, 1975년 이 질병이 이 마을에서 처음으로 발견되었다. Spirochete인 *Borrelia burgdorferi*에 의해서 발병되었는데, 이 균은 진드기류에 의해서 전파되었다. 이 질병은 매독과 혼동이 되었는데, 3 단계로 질병이 진행된다. 첫째 단계는 사슴 진드기에 물린 자리가 마치 황소 눈 모양으로 벌겋게 부푼다. 이러한 현상이 수주가 지난 후 붉은 반점은 사라지지만 병균이 몸 속에서 증식되는 둘째 단계로 이행된다. 증세는 머리와 근육통, 몽롱함이 나타나는데, 때에 따라 매우 증세가 심하다. 세 번째 단계의 시작은 6개월 정도 경과된 후에 진행되는데 만성 근육통과 특히, 무릎 관절이 부풀어 오른다.

라임병과 사슴과의 관계

이 진드기는 처음에는 쥐나 기타 다른 포유류에게서 기생하였다가, 최종적으로 사슴이 숙주가 된다. 이 질병은 사람들이 야외에서 활동을 많이 하는 여름철에 주로 발생된다. 그밖에도 숲과 산이 많은 도시 주변에서도 사슴과 이 진드기가 많이 있는 지역에서는 흔히 발생된다.

Rickettsiae

Rickettsiae는 이 균을 처음으로 연구한 Howard Ricketts의 이름에서 연유되었다. 이 균은 크기가 아주 작은 세균으로서 숙주세포에서만 증식할 수 있는 절대 기생생물이다. 일반적으로 이나 벼룩, 진드기 등 절지동물에 물림으로서 병이 전파된다. Rickettsiae에 감염되면 여러 형태의 열병이 일어나며, 비타민 결손이 생긴다.

단핵 세포증

이 병을 Kiss 병이라고도 부른다. 그 이유는 이 바이러스가 침샘에서 증식되고 침을 통하여 전파되기 때문이다. Kiss 만이 유일한 매개체는 아니며, 물잔이나 술잔, 침이 묻어 있는 물체 등을 통하여 전파될 수 있다. 많은 사람들은 그들의 일생동안 이 병에 감염된 상태로 살고 있다. 선진국에서는 청소년이 주로 걸리며, 개발도상국에서는 어린이들이 많이 걸린다. 주 증상으로는 현기증이 나며, 열이 있고, 목이 아프며, 림프선이 붓는다.

단핵 세포증의 어원

환자의 적혈구에 많은 숫자의 특이적인 단핵 세포들이 나타나기 때문이다. 이 세포들은 T-lymphocyte가 변형된 것으로서 바이러스에 감염된 B 세포와 반응하면서 생긴 것들이다. 단핵 세포는 감염된 B 세포를 억제하기 위하여 suppressor T cell이 자극되면서 많이 생겨난 것이다. 제기능을 못하는 이 변형된 T 세포들이 병을 일으킨다.

거대 세포증

거대 세포증 원인 바이러스는 EBV이며, 단핵 세포증에 걸린 세포와 작용하여 암으로 진행되는 경우가 있다. EBV는 Burkitt's lymphoma와 같은 희귀한 질병과 연관되어 암을 만든다. Burkitt's lymphoma는 아프리카의 어린이들 턱에 악성 종양을 일으킨다. 이 거대 세포증은 간염 B virus나 자궁 경부에서 papillomavirus에 의해서 일어나는 종양들과 작용하여 암으로 진행되기도 한다.

14.5.4 말라리아

말라리아의 생애

중간숙주를 매개체로 전파되는 모든 질병은 중간숙주와 인간 양쪽 모두의 체내에서 적응할 수 있어야한다 (말라리아 원충의 중간숙주는 모기). 많은 원생동물이나 기생충에서 볼 수 있듯이 말라리아 원충*Plasmodium*은 비록 일정 시기 무성생식 시기를 가지지만 절대적인 유성생식으로 번식한다. 따라서 그 생애는 몇 가지 단계로 나뉘어진다.

말라리아는 단순한 혈행질병이 아님

모기를 통하여 몸에 침투한 원충은 제일 먼저 간에 침범하여 증식된다. 이후 혈행을 통하여 적혈구를 반복적으로 침투함으로 오한과 떨림, 열, 빈혈을 일으킨다. 손상된 적혈구는 쓸개에 들어가 파괴된다. 그러나 대량으로 손상이 되었을 경우 응고되어 뇌나 신장의 모세혈관을 막음으로 사망하게된다.

인간에게 감염되는 말라리아

인간에 감염되는 말라리아는 4 종류가 존재하며 이들 병증은 각각 다르다. *Plasmodium falciparum*에 의해서 일어나는 것이 가장 혹심하여 대부분 사망한다. 문제는 이 원충이 기존의 말라리아 효과적인 치료제와 예방약에 매우 높은 내성을 나타내고 있는 점이다.

말라리아 퇴치의 문제점

말라리아를 전파하는 모기가 살충제에 내성을 가지며, 앞서 언급한 바와 같이 원충이 말라리아 치료제에 내성을 가지고 있기 때문이다. 새로운 약들이 개발되고 있지만 얼마 안가 원충은 곧 내성을 획득하게 된다. 가장 좋은 방법은 백신접종이다. 그러나 무수한 노력을 투자하고 있지만 아직 효과적인 백신을 개발하기 못하고 있다.

14.5.5 Toxoplasma증

Toxoplasma 증상

건강한 사람에게는 이 감염증이 큰 문제가 되지 않지만 면역결손이 일어난 사람과 임산부에게는 매우 위험하다. 원충의 학명은 *Toxoplasm gondii*로서, 어른에게 감염되면 심장, 뇌, 허파등에 피해를 입힌다. 임신부에 감염되면 태아를 사산시키거나 조산을 시키기도 하며 태아에 심각한 피해를 입힌다. 임신말기에 감염되면 태아에게 선천성 기형을 만들어준다.

Toxoplasma 감염경로

이 원충을 가진 동물과 사람이 접촉하면 감염된다. 감염된 고기를 먹어도 걸리고 피낭충이 들어 있는 물체, 특히 고양이 똥 등을 손으로 만졌을 때 감염이 일어난다. 미국인들의 약 1/3이 이 원충에 감염되어 있음이 혈청학적 연구로 조사되었다.

표 14.9 심장과 림프계에 발생되는 전형적인 질병들

증세	장소(필요시 매개자)	증상과 증세	병원체
심내막염	심내막	열, 현기증, 심장기능 저하	staphylococci, pneumococci oral stapylococci, fungi
심근염	심장근육	불규칙한 심장박동, 심장기능 저하	Coxakie virus, 세균, 또는 원생동물
균혈증	혈액	고열	여러종류 세균
라임병	진드기 물린곳, 혈액, 관절deer ticks	물린곳의 발적 1단계; 혈액감염 2단계;관절염 3단계;전신감염	*Borrelia burgodorferi*
리켓치아성의 여러 열병	혈관(여러 종류의 진드기, 이, 벼룩)	열, 홍조, 두통	여러 rickettsia
키스병	혈액	열, 현기증, 인후염, 림프선염	Epstein-Barr virus
Relapsing fever	혈액(진드기, 이)	현기증, 오한, 두통, 근육통	여러 borrelias
말라리아	혈액, 비장, 간(모기)	빈혈, 아픔, 열, 경우에 따라 뇌와 신장손상	여러 plasmodia (원생동물)
톡소프라즈마증	혈액, 거의 전 조직	간혹 무증상, 태아에게 영향을 줌, 면역계이상자에게 매우 심한 질병을 일으킴	*Toxoplasma gondii* (원생동물)

표 14.10 리켓치아 및 그와 유사균에 관련된는 병들

병명 및 병균	자연계내의 보균체	전파
Rocky Mountain spotted fever (*Rickettsia rikettsi*)	진드기	진드기에 물려
발진티프스 (*Rickettsia prowazeki*)	사람, 날다람쥐	이의 똥
쥐티프스 (*R. typhi*)	쥐와 벼룩	벼룩 똥
인간monocyte erthrocyte (*Ehrlichia chaffeensis*)	사슴?	진드기에 물려
Q열 (*Coxiella burunetti*)	소, 양, 고양이, 기타 가축	공기 및 진드기에 물림
Cat scratch disease	고양이(건강해 보임)	고양이에게 할퀌

14.6 성병

단원요점

- *Neisseria*는 의학적으로 대단히 중요한 Gram 음성 간균들로서 뇌수막염균 *Neisseria meningitidis*와 임균*Neisseria gonorrhoea*이 들어간다.
- 임질은 강한 화농이 주증상이다.
- 임균은 강력한 외부독소는 분비하지 않지만, Gram 음성균들이 공통적으로 가지고 있는 endotoxin을 분비함으로서 화농에 중요한 원인이 된다.
- Chlamydiae는 임균과 마찬가지로 요도에 감염을 일으킨다.
- 매독은 치유하지 않았을 때 3 가지의 특이한 단계로 진행되어진다. 첫째 단계는 균체가 감염된 부위에 국소적인 궤양이 일어나는 것이고, 두 번째 단계는 조직적으로 일어나며, 세 번째 단계는 특정한 기관에 빈번히 국소화 되어진다.
- 매독은 나선균인 *Treponema pallidum*에 의해서 일어나며, 이 균은 배양되지 않는다.
- 매독의 진단은 reagin이라고 불리우는 항체시험을 통하여 혈청학적인 방법으로 이루어진다.

- 에이즈의 원인균은 HIV로서 retrovirus에 속하는데, 이 virus는 복제할 때 필요한 reverse transcriptase라고 불리우는 효소를 만든다.
- HIV 감염은 면역반응의 가장 중요한 역할을 하는 helper cell이라고 불리우는 T lymphocyte에 영향을 미치기 때문이다.
- 항 HIV 약제는 약제에 내성균 출현을 방지할 수 있어야 한다.

14.6.1 *Gonococci*와 *Chlamydiae*

Gonococci 분리 배지

이 균을 분리하기 위하여 chocolate agar 배지를 사용하는데, 이 배지는 혈구를 가열하였기 때문에 chocolate 색깔이다. 이 배지는 수막구균*Nesisseria meningitidis*와 임균*Nesisseria gonorrhoeae*을 분리하는데 유용하게 사용된다.

임질을 "clap" 이라고 부르는 이유

이 말은 불어로 '매춘굴'이라는 뜻으로 성행위를 통하여 전파되는 질병임을 강조한 것이다.

임질의 감염

이 병은 좌변기를 통해서는 감염되지 않는다. 임질과 매독은 성행위 전파 이외의 방법으로는 거의 전파가 일어나지 않는다. 그 이유는 변기와 같이 건조한 표면에서는 쉽게 죽어버리고, 또 자연계에서 살기가 힘들기 때문이다.

임질의 감염 부위

임질은 요도에만 감염을 일으키지는 않는다. 치료를 받지 않는 부인들에게 있어서는 자궁, 나팔관, 난관 등에 감염이 일어나 매우 고통스럽고 잠재적으로 위험한 감염에 이르게 된다. 이 합병증은 불임의 원인이 되고, 나팔관이 폐쇄됨으로 인해서 자궁외 임신이 일어나 매우 위험할 수 있다. 나팔관이 파괴되어 대량 출혈이 수반된다. 일부 균은 관절에 침투되어 만성 염증을 일으킨다.

요도염

임질에 걸렸을 경우 모두 요도에 고름이 나오는 것은 아니며, 성행위를 통하지 않은 다른 이유로도 고름이 나온다. 가장 보편적인 비임균성 요도염은 Chlamydiae에 의해서도 일어난다.

임균과 Chlamydiae의 증상 발현

특히 여성의 경우 무증상이 많이 나오며, 남성의 일부도 이 균들에 감염이 되었지만 전혀 증상을 나타내지 않는다. 바로 이것이 이들 질병의 관리에 문제점으로서 무증상의 사람들은 환자이면서도 치료를 받는 일이 없이 다른 사람들에게 균을 전파시키기 때문이다. 이러한 위험성 때문에 무증상 환자를 색출하여 검사를 받도록 유도하며, 이들이 접촉한 성대상자를 조사하여야 한다.

임균과 Chlamydiae의 차이

이들은 서로 구별하기가 매우 쉽다. 임질균은 agar에서 잘 자라지만, Chlamydiae는 분명히 세균에 속하나 오로지 살아 있는 숙주세포 내에서만 살 수 있다. 더구나, Chlamydiae는 보다 복합적인 life cycle을 가지고 있다. 이들이 숙주세포 내에서 증식될 때에는 망상체라고 불리우는 꽤 큰 구조물을 만든다. 그러나, 이들이 세포 밖으로 나가면 형태가 아주 작아지고 환경에 저항성을 나타낸다. 이러한 형태를 기본체 elementary bodies라고 부르며, 새로운 숙주로 침투하기를 기다린다.

성병의 전파 방법

성병의 전파 방법은 성행위와 성행위 이외의 전파방법을 들 수 있다. AIDS가 그 대표적인데, 이들은 성행위 뿐 아니라 혈액제재를 통하여서도 주사를 통하여 전파된다. 어떤 helper virus들은 성행위와 마찬가지로 성기와 구강을 통하여서도 전파될 수 있다.

14.6.2 매독

매독이 HIV 환자에게 심한 증세를 나타내는 이유

매독의 1 기와 2 기의 증상은 피부에 궤양을 형성해서 피부의 내부를 노출시키는데, 아마도 이때에 HIV가 쉽게 침투되지 않는가 생각된다.

매독균의 침범 범위

매독균은 몸의 어느 조직이라도 침범할 수 있다. 특히, 2 기와 3 기 매독은 순환계, 호흡계, 소화계, 신경계, 여기에 더불어 골격, 피부까지 공격한다.

매독의 치유

매독의 치유는 매우 쉽다. Penicillin을 투여하면 일차매독과 이차매독은 곧 바로 치유된다. 삼차매독은 난치성 질병이다. 이 이유는 매우 흥미 있는 일로서 적어도 삼차

매독에서는 면역반응(아마도 자동면역)이 일어나기 때문이며, 병원체가 나타날 필요가 없기 때문인 것으로 생각된다. 다행히 많은 환자들은 이 단계가 진행되기 전에 치료를 받는다.

매독에 있어서 혈청 검사

일반적으로 매독 검사는 VDRL과 RPR test가 이루어져, reagin이 있는가를 조사하는데, 이는 다소 이상한 항체로서 정상세포막의 지방조성성분인 cardiolipin과 반응하는 것이다. 이래서 reagin은 정상조직체들과 반응하는 독특한 항체이다. 이 reagin이 어디서 만들어 졌는가 하는 것은 확실히 알 수 없지만, 매독균의 표피에 있는 cardiolipin과 비슷한 지방과 반응해서 만들어지지 않았나 생각된다.

Reagin의 특이성

매독 검사의 reagin은 매독만 정확하게 찾아내지는 않는다. 따라서, 매독을 가지고 있지 않는 사람들, 예를 들어 고열이나 낭창병을 가진 환자들에게 양성으로 나타나는 수가 있다. 매독을 보다 정밀하게 조사하기 위하여 특이 시험이 요구된다. 이러한 방법들로서 매독균으로부터 기원된 항원을 사용하거나 면역 항체법, 기타 현미경 조사법 등이 사용되고 있다.

14.6.3 HIV

Retrovirus가 만드는 특이효소 reverse transcriptase

HIV 와 같은 retrovirus들은 RNA virus이다. 그러나 이 RNA들이 DNA로 전환되어야만 보다 많은 viral RNA를 만들 수 있다. 포유동물은 세포에서 RNA를 DNA로 전환시키지 못한다. 따라서 이것이 이루어지기 위해서는 특수한 효소가 만들어져야한다. 이 효소를 reverse transcriptase라고 부르며, 이는 인간을 비롯한 포유류에서는 만들지 못하며 오로지 이 바이러스들에게서만 만들 수 있다.

HIV의 소속

HIV는 그 life cycle에 따라 RNA 바이러스에 속한다고 할 수도 있고 속하지 않는다고도 볼 수 있다. 완전 바이러스 입자인 virion은 RNA 바이러스이다. 그러나, 이것이 복제를 할 때는 DNA와 RNA 바이러스 양쪽 성질을 다 가지고 있다. HIV virion은 다른 협막을 가진 RNA 바이러스들과 형태가 비슷하다.

Reverse transcriptase의 작용

세 단계로 나뉘어진다. 첫째 단계는 바이러스 RNA를 DNA로 전사시키는 것이다. 두 분자 즉, 하나는 DNA 가닥, 또 하나는 RNA 가닥이 상보를 하여 이중나선이 된다. 둘째 단계로는 이 효소가 이중나선에 작용하여 RNA를 분해시키고 단일가닥의 DNA만 남긴다. 셋째 단계는 이 효소가 단일 DNA 가닥을 이중나선의 DNA 가닥으로 만들어 놓는다. 숙주세포에 효소들이 이 DNA를 환상으로 바꾸어 놓아 숙주세포의 염색체로 들어가게 만들어 놓는다. 이와 같이 삽입된 HIV 유전인자를 provirus 라고 부른다. 이 개념은 숙주세포의 들어 있는 temperate phages를 prophages라고 부르는 개념과 같다.

항 HIV 약제의 표적

AZT나 ddI, ddC, 기타 다른 약제는 reverse transecriptase의 작용을 방해하는데 목적이 있다. 그 이유는 인간의 세포에 이 효소가 없기 때문이다. 따라서, 이 약들은 바이러스에만 선택적으로 작용하여 독성을 나타내며, 인간 세포에는 상대적으로 피해를 적게 일으킨다. 사실 많은 환자들은 이러한 피해를 감수할 수 있지만, 일부 환자들에 있어서는 부작용이 나타난다.

HIV 치료에 다약제를 사용하는 이유

현재 HIV는 불행히도 돌연변이가 일어나 이들 치료제에 내성을 나타내고 있다. 이러한 예로서, 단백질 방해제와 관계가 없는 몇 가지 약들이 동시에 투여되고 있다. 그 이유는, 다약제를 사용함으로서 바이러스들이 내성을 가질 확률을 줄이기 위해서이다. 한 약제에 대해서 내성을 일으킬 확률은 1/100만 정도이며, 또 다른 약제에 대해서 내성을 일으킬 확률은 1/1000만이지만, 두 약제를 동시에 투여하면 이 가능성이 매우 낮아지게 된다. 따라서, 이러한 이유로 약이 복합적으로 투여되며, 약제내성은 다른 몇몇의 환자의 치료에 중요한 문제를 제기시킨다.

HIV 감염과 AIDS

HIV 감염이 AIDS로 전환된다는 기작은 정확히 알 수 없다. 이 바이러스가 면역 system인 helper T_4 lymphocyte에 부착될 수 있는 여부가 AIDS로서 전환에 중요한 관건이 된다. 이 세포들은 CD4라고 불리우는 표면 감응기를 가지고 있는데, 여기에 바이러스가 붙게 되어 바이러스 RNA가 숙주세포 내로 침투될 수 있도록 허용한다. HIV는 이 안에서 많이 증식되는 과정에서 세포를 죽이게된다. 따라서, 이때에 T_4 lymphocyte 숫자는 급격히 감소하게 되면서 환자의 면역계가 약화된다. 이와 동시에 세포 내에서는 항체반응과 세포매개면역이 형성된다. 그러나, 적은 양의 T_4 lymphocyte가 침범을 받음에도 불구하고 HIV 감염시 면역결핍증이 심하게 일어나는 이유는 설명하기가 어렵다.

HIV 양성반응과 AIDS와 관계

HIV양성반응은 바이러스에 감염된 것을 의미하지만 아픈 것을 의미하지는 않는다. 사실, 대부분의 HIV 양성인 사람이 새롭게 감염이 일어났을 때 증세가 매우 심한 것은 아니다. 무증상으로 수년간 지내면서 바이러스를 다른 사람들에게 전파시킨다. HIV 양성은 혈액에서 바이러스 항체가 나오던가 또는 바이러스 그 자체가 발견될 때야 비로소 밝혀진다. AIDS환자로 되는 것은 이미 환자가 바이러스에 의한 면역결손 현상이 나타나던가 Kaposi sarcoma라고 불리는 특별한 암이 발생될 때를 말한다.

전형적인 AIDS 합병증들

AIDS 환자에게 감염되는 세균은 전형적인 병원균들도 있지만 전혀 병원균이라고 생각지 않았던 세균들도 감염을 일으킨다. 그러나 Pneumocytosis, 결핵, 특정한 진균질병, cytomegalovirus와 같은 질병들이 가장 흔하게 일어나는 합병증들이다.

HIV 전파방법

이 바이러스 전파는 체액(정액, 성교시 분비되는 질분비물), 혈액, 정맥주사, 처리하지 않은 혈액의 부주의 취급, 어머니로부터 태아에게 수직 감염등이 있다. 그러나 이 바이러스는 좌변기와 같은 건조한 상태나 화학약품처리에는 곧바로 사멸한다. 이 바이러스는 공기로나 음식물로는 전파가 이루어지지 않는 것으로 밝혀졌다. 아울러, 곤충에 의한 자상으로도 전파되지 않는 것으로 생각된다.

향후 HIV에 대한 전망

HIV퇴치를 위하여 엄청난 노력을 하고 있다. 중요한 문제점은 바이러스의 조성성분이 다양하여 한 종류에 효과가 있는 백신은 다른 종류에게는 전혀 효과가 없는 점이다. 예방에 대한 교육이 가장 효과적이고 이 병에 노출될 수 있는 사람들에게 적당한 예방기구를 공급하는 것이다.

표 14.10 성교에 의해 전파되는 주요 질병들

병이름	부위	증상	비고
임질	요도, 골반,드물게 관절	고름 ,통증, 간혹 무증상	chlamydia에 감염된 증세와 유사; 여자의 경우 골반염의 원인
매독	1차로 감염된부위(주로 성기) 그후 전신감염	3단계로 진행되며 단계마다 면이될 때 증세가 많이 달라짐	penicillin 특효
성기herpes	성기	작열하는 고통을 줌	잠복하였다 현증출현
성기사마귀	성기	사마귀, 몹시 고통스럽지만, 무증상도 있음	어떤 종류의 바이러스는 자궁 경부암과 관련이 있음
HIV 및 AIDS	혈액, 경우에 따라 중추신경계	초기증세는 아주 가볍지만 이것이 서서히 AIDS로 진행	성행위로서만 감염되는 것이 아니고 오염된 혈액이나 성기 분비물로 부터 감염

14.7 만성질병과 진균감염

단원요점

- 결핵균은 항산성 세균으로 건조와 화학물질들에 대하여 내성이 매우 강하다.
- 결핵균은 고체배지에서 수 주일이 지내야만 colony를 형성하는 성장이 매우 느린 세균이다.
- 결핵은 오랜 시간을 끌면서 사람을 치명시키는 만성 질병이다. 그러나 면역계에 이상이 있는 사람에게는 의외로 병의 진행이 빠르다.
- 결핵균은 대식세포 안에서 자라며 세포매개면역을 분비한다. 이 병의 특징은 지연된 형태의 과민반응을 나타내기 때문에 이 성질을 이용하여 tuberculin skin test를 실시한다.
- 진균은 여러 종류의 질병을 일으키는데 특히 피부조직 깊이 무좀이나 기계충을 일으킨다.
- 깊은 조직에 발생된 진균증은 결핵과 양상이 매우 비슷하다.
- 어떤 진균은 기회 감염균으로 면역력이 약해진 사람에게 주로 감염을 일으킨다.
- 자연계에 정상 균총으로 흔히 존재하는 *Candida*같은 균들도 질병균으로 될 수 있다.

14.7.1 결핵

결핵균

*Mycobacterium tuberculosis*는 항산성 세균이다. 이들은 비교적 소규모 균 군으로, 염색이 된 이후에는 약한 산용액에서 탈색이 잘 안되기 때문에 항산성 세균이라 부른다. 이러한 원인은 세포 바깥층을 둘러싸고 있는 두꺼운 지방층 때문인데, 이 지방층이 균을 건조와 여러 약품들로부터 보호해준다. 결핵균은 인공배지에서 매우 늦게 자라며, 문둥병균인 *M. leprae*는 아직 인공배지에서 기르지를 못한다.

결핵의 발생장소

결핵은 일반적으로 폐에서 발생되나, 뼈, 뇌, 소화기계, 림프계, 신경계 등은 몸의 어느 부분에서도 발생 될 수 있다. 폐에서 가장 흔하게 발생되는 이유는 호흡을 통해서 감염이 일어나기 때문이다. 이 균은 침범된 장소에서 증식되는 경향이 많다.

결핵의 임상양상

결핵은 매우 다양한 양태를 지닌 질병이다. 대부분, 결핵균이 침범한 부위에서 일차 감염이 시작되는데 증세가 없거나 매우 가벼우며 경우에 따라 독감과 비슷하다. 대부분의 사람들은 이 선에서 자연 치유되어 끝난다. 그러나 면역계에 이상이 있는 사람들은 병이 급진전된다. 면역계가 약해지면, 이 균은 급속히 증식되어 2차 또는 활성결핵으로 진행된다.

결핵은 복합질병

결핵은 진행양상이 복잡하다. 1차 감염이 일어나면 대식세포가 잡아먹어 버리기 때문에 증식되기가 매우 어렵다. 이러한 방어는 세균 항원과 대식세포를 활성화시키는 cytokinine이 분비되어 T lympocyte가 자극을 받음으로서 일어난다. 이 결과 세균은 좁쌀같은 병소를 형성하는데 이를 결절이라고 부르며 만성적인 염증이다. 결핵의 어원은 이 결절이라는 용어에서 왔다. 대부분의 경우 이 상태로 끝낸다. X-ray로 조사해보면 많은 사람들이 가슴에서 불활성화된 결핵 흔적이 조사된다. 그러나 결핵균은 이 병소에서 죽지 않고 남아있다. 지속적인 항원의 자극으로 세포매개면역이 형성된다. 이 결과 지연된 과민반응이 나오며 이 현상을 조사하는 것이 tuberculin test로서 결핵항원의 활성을 측정한다. 만성감염의 경우 세균이 충분히 없어 진행이 되는 결핵으로 되거나 또는 재 활성화된 결핵으로 변한다.

결핵균이 체내에서 오래 생존하는 이유

항체가 존재함에도 불구하고 결핵균이 체내에 오래 존재하는 이유는 결핵균이 식세포 안에서 살기 때문으로 항체는 인간의 세포를 침투할 수 없기 때문이다. 오로지 세포매개면역만이 여기에 작용하여 감염된 세포를 파괴 할 수 있다. 그러나 결핵균에 감염된 세포는 결핵균에 감염된 모든 식세포들을 전부 파괴할 수 있는 힘이 없다. 이러한 이유 때문에 결핵균이 몸 속에서 오래 견딜 수 있다.

결핵퇴치

이상적인 환경에서는 환자를 잘 치료하고 다른 사람과의 접촉을 제한함으로서 균의 전파를 효과적으로 차단 할 수 있다. 결핵균은 치료하지 않은 활성결핵환자로부터 아래 두 가지 방법으로 전파된다. 첫째는 폐결핵환자가 기침을 함으로서 지속적으로 살아있는 균을 배출한다. 또 하나는 몸밖으로 나온 균은 건조와 주변환경으로부터 오랫동안 저항할 수 있다.

결핵 원인균

*Mycobacterium tuberculosis*만이 결핵을 일으키는 것은 아니다. 우결핵의 원인균인 M. bovis에 걸린 소젖을 마셨을 경우도 결핵에 걸린다. 이밖에도 토양에 살고있는 여러 종류의 *Mycobacterium*屬의 세균들도 면역결손이 생긴 AIDS 환자에게 결핵을 일으킨다. 이중에 중요 균 군으로 鳥결핵(*Mycobacterium aviumintracellulare* complex group)를 들 수 있다. AIDS가 인류에게 알려지기 전까지는 이 균은 중요병균으로 생각되지 않았었다.

14.7.2 진균감염

잘 알려진 진균 질병들

가장 널리 알려진 것이 무좀이고 어린이들의 머리에 생기는 기계충이다. 그 다음 많은 것이 젊은 여성들의 입, 질, 장에 질병을 일으키는 *Candida*감염을 들 수 있다. AIDS 환자들에게는 *Pneumcystis* 감염이 가장 많고 그 다음으로 *Aspergillus*와 *Cryptococcus*에 의한 감염을 들 수 있다. California 계곡과 서부의 몇 개 주에서는 *Coccidioides*에 감염된 사람들이 많이 있다. 이질병은 San Joaquin Velly Fever로 알려진 *coccidiomycosis*이다. 그러나 이 균에 감염된 대다수의 사람들은 증세를 나타내지 않는다.

진균질병의 감별법

대부분이 만성질병으로 결핵과 양상이 매우 비슷하다. 대부분의 질병이 1기와 2기 두 단계 진행과정을 거친다. 지연된 세포매개면역을 형성하기 때문에 지연된 형태의 과민반응을 유발시킨다. 따라서 진균항원을 이용하여 결핵검사의 튜베르큘린 반응검사와 아주 비슷한 방법으로 병을 감별한다.

Candida

대부분의 사람들 피부, 구강 장관에는 *Candida*가 공생하며, 병을 일으키지 않는다. 그러나 임신을 하던가 구강에 상처가 생기던가 하여 몸의 일부분에 면역기능이 이상이 생기면 이 균에 감염된다. 갓난아이와 AIDS에 걸린 사람이 특히 이 균에 감수성이 예민하다. 갓난아이의 구강과 사타구니 부분에 주로 감염이 일어난다.

기계충

이를 ringworm이라고도 부르는데 말 그대로 감염부위의 각질이 동그랗게 환을 형성하기 때문이다. 이들은 피부나 머리 부분에 주로 생기는데 병소의 모양이 독참나무나 독담쟁이덩굴에 알러지가 있는 사람이 이러 물질과 접촉했을 때 일어나는 증상과 아주 비슷하다. 환상으로 병소가 만들어지 이유는 염증이 생긴 부위 안에서는 균이 성장하지 못하기 때문이다. 흥미로운 것은 갓난아이의 사타구니 질병은 커가면서 저절로 없어지지만 무좀은 나이가 훨씬 많아지면서 발병하기 시작한다.

병원성 진균의 형태

Agar 고체배지에서 만들어지는 colony 형태가 각각 다르며 현미경 관찰로도 균이 서로 다르다. 모두 그런 것은 아니나 자연환경 내에서는 사상형을 취하지만 인체 기생 후는 이스트형태를 취한다. 그러나 candida는 예외로 조직에서 두 가지 형태가 모두 나타난다.

진균질병 치료의 문제점

진균은 진핵세포생물이다. 따라서 여러 생물학적 특성이 인간의 세포와 아주 유사하다. 그들의 세포막 조성성분이 인간과 다르기는 하지만 항균제가 인간세포에도 동시에 공격을 한다. 피부감염치료제는 특히 체내에 크게 독소로 작용한다.

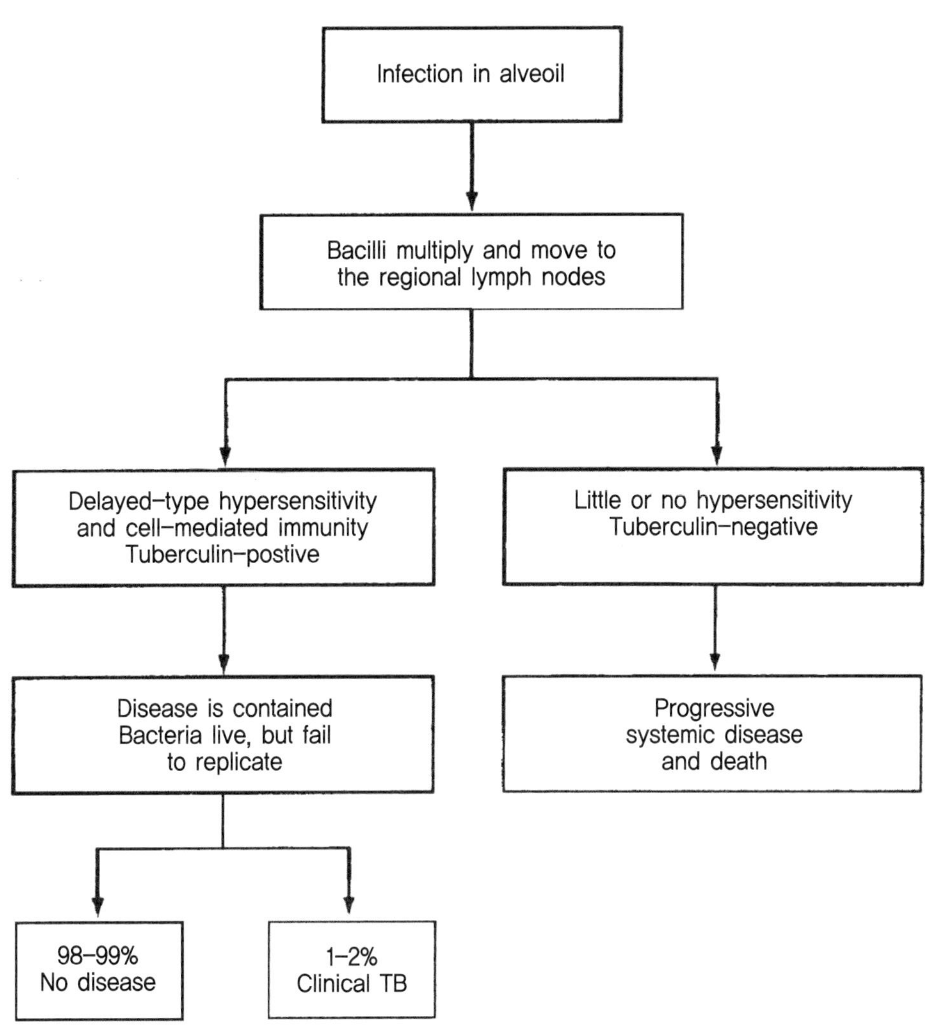

그림 14.1
치료하지 않은 결핵의 진행 상황도

표 14.11 진균감염

A. 전신감염(깊은 조직)
1. 면역 결손이 알려져 있지 않음 (진정한 병원성). Coccidioidomycosis Blastomycosis Histoplasmosis 2. 면역결손과 관련이 있음(기회 감염) Cryptococcosis Aspergillosis Candidasis (일반적으로 표피, 경우에 따라 그 상황에 따른 치료 필요)
B. 피부 각질층 감염
C. 피부 및 상피 감염
기계충 Candida 감염증

인체의 방어기작

15

단원요약

수백 만년의 진화 과정을 통하여 인류와 다른 고등동물은 병원성 미생물에 대한 여러 가지 방어기작을 가지게 되었다. 이들 중 일부는 비특이적이며 일부는 매우 특이적으로 작용한다.

단원요점

- 인체의 방어기작 중 일부는 지속적으로 존재하며 다른 방어기작은 미생물의 침입과 같은 자극에 의하여 유도될 수 있다.
- 지속적constitutive 방어기작에는 피부와 점막, 조직과 체액 속의 항균물질, 보체계complement system, 백혈구 등이 있다.
- 보체계는 일반적으로 휴지 상태로 있으며 침입하는 미생물에 의한 대체경로alternate pathway나 항체에 의한 고전적 경로classical pathway에 의하여 활성화된다.
- 보체계의 활성화에 의하여 유도된 펩티드는 염증의 유도, 백혈구 유도작용chemotactic, 침입 미생물의 식작용 유도opsonization, 세균과 외래 세포의 융해 등 네 가지 반응을 유도한다.
- 보체 단백질은 세균과 외래세포에 구멍을 만드는 막공격복합체membrane attack molecule를 삽입하여 이들을 죽인다.
- 백혈구는 다형핵 세포(polymorphonuclears, PMNs), 림프구, 단구/대식세포 등을 포함한다.
- PMN은 수명이 짧은 세포로 감염부위에 빠르게 모여들며 강력한 대식세포이다.
- PMN에 의한 살균작용은 이들이 가지고 있는 과립과 식균성 소낭phagocytic vesicle의 융합에 의하여 이루어진다. 실제의 식균작용은 강력한 항생물질을 만드는 산화성 경로oxidative와 미생물 용해 효소나 펩타이드를 분해하는 비산화성 경로에 의하여 이루어진다.
- 대식세포는 감염부위에 늦게 나타나지만 오래 살면서 감염원을 제거한다. 그러나 이들이 탐식작용으로 미생물들을 효과적으로 죽이기 위해서는 활성화가 필요하다.

15.1 선천적 방어기작

건강한 사람은 여러 가지 방법에 의하여 침입하는 미생물로부터 자기 자신을 보호하며 이들은 크게 선천적 면역(constitutive 또는 innate immunity)과 후천적 면역acquired immunity으로 구분된다. 선천적 면역은 동물이 태어날 때부터 지니는 면역 반응으로 외부 물질로부터 몸을 보호하는 기능은 있으나 각 외부물질을 구별하지 못하기 때문에 비특이적 면역nonspecific immunity이라고도 한다. 선천적 면역으로는 피부, 점막, pH와 같은 물리 · 화학적 방어, 염증inflammation, 보체계complement system, 탐식작용 등이 있다.

15.1.1 염증

염증

염증은 조직의 융해나 뼈의 손상과 같은 내부적인 원인과 자상, 화상, 화학물질에 의한 조직 손상, 감염 등의 외부적 원인에 의하여 유도되는 복잡한 방어기작이다. 이것은 신체의 어느 곳에서나 일어나지만 피부나 입안의 점막과 같은 표면에 나타날 경우 쉽게 관찰되며 여드름, 종기, 감염된 상처 등은 염증의 표시이다. 고대 로마의 의사들은 붉은색, 발열, 부풀음, 고통의 네 가지 증상으로 염증을 정확히 묘사하였다. 염증에는 크게 급성과 만성의 두 종류로 구분된다. 만성 염증은 천천히 일어나며 때로는 장기간에 걸쳐 더 큰 손상을 일으킬 수도 있다. 만성 염증에는 면역계의 여러 세포들이 관여한다. 이러한 현상은 결핵과 같은 장기간의 감염에서 나타나며 대개 숙주세포 내부에 살면서 오랫동안 체내에 존재하는 미생물들에 의하여 유도된다.

염증의 유도물질

염증의 현상은 혈관 팽창, 혈관 투과도의 증가, 그리고 식세포의 유입에 의하여 이루어진다. 염증은 여러 종류의 유도물질mediator에 의하여 일어나며 이러한 유도물질은 미생물이나 손상된 세포, 또는 염증에 관여하는 백혈구로부터 생성되며 대표적인 것으로는 히스타민histamine, 키닌kinins, 사이토카인cytokines 등이 있다. 이와 같은 유도체는 혈관의 수용체에 결합하여 혈관을 팽창시키고 투과력를 증가시킨다. 뿐만 아니라 이들은 혈관 내벽과 백혈구 표면에 상보적인 수용체가 유도되도록 촉진한다. 이에 따라 혈관을 흐르던 백혈구들이 상처나 감염이 일어난 곳으로 이동하게 된다. 또한 혈액 응고를 유도하는 효소들도 감염이 일어난 곳으로 이동하고 혈액 응고를 촉진하여 감염이 주위로 확대되는 것을 방지한다.

염증과 고름

고름은 염증의 한 표시이다. 상처나 감염이 일어난 곳으로 이동한 백혈구들은 탐식작용을 통하여 감염원을 제거하며 이러한 과정에서 여러 가지 분해효소들이 분비되어 주위의 건강한 세포들도 일부 파괴된다. 이러한 과정동안 축적되는 죽은 세포, 부스러기, 혈액과 백혈구에서 빠져 나온 액체 등이 모인 것을 고름pus이라 한다. 식세포들에 의하여 죽은 세포와 부스러기들이 제거되면 조직의 재생이 일어나게 된다. 조직의 재생은 모세혈관이 응고된 혈액의 섬유소 사이로 자라나면서 시작된다. 섬유소들이 제거되면서 새로운 결합조직인 섬유아세포fibroblast들이 섬유소들을 대체하여 형성되며 섬유아세포와 모세혈관들이 축적되면서 흉터가 생기게 된다.

15.1.2 보체계Complement system

보체계의 본질

보체계는 혈청과 세포 표면에 존재하는 30여종의 단백질로 구성되어 있으며 체액성 면역반응과 염증 등에 중요한 역할을 한다. 특히 발견 초기에 항체에 의한 세균의 용해과정을 도와주는 기능 때문에 보체계라 불리게 되었다. 보체계는 다음과 같은 특징을 가진다. 첫째, 신체가 침입한 감염원에 대항하는 비특이적 면역작용이다. 둘째, 이것은 항상 존재하지만 휴지 상태로 있으며 작용을 하려면 활성화가 필요하고 활성화는 고전적 경로classical pathway와 대체경로alternate pathway의 두 가지의 서로 다른 방법에 의하여 일어난다. 셋째 활성화되면 보체는 염증을 유도하는 단백질의 합성을 유도하고, 식세포들을 끌어들이며 세균의 탐식작용이 쉽게 일어나도록 하고 세균이나 다른 외래 세포의 용해를 일으켜 이들을 직접 죽인다.

고전적 경로와 대체경로의 차이

보체 단백질은 활성화 과정에서 두 조각으로 분해되는데 크기가 작은 단편을 a, 크기가 큰 단편을 b로 표시한다. 예를 들면 C3 단백질은 활성화 과정에서 분해되어 C3a와 C3b로 나누어진다. 그림 15.1에서 보는 바와 같이 고전적 경로와 대체경로는 궁극적으로 같은 최종 산물인 막공격복합체membrane attack complex의 생성을 유도하지만 서로 다른 자극에 의하여 시작되고, 보체계의 중심 성분인 C3 단백질이 활성화되는 과정이 두 경로에서 차이가 있다. 대체경로는 미생물 표면에 있는 다당류 등에 의하여 활성화되지만 고전적 경로는 항체를 필요로 한다. 따라서 대체경로는 감염 직후 시작될 수 있지만 고전적 경로는 충분한 항체가 만들어질 때까지의 시간(대개 6~10일)이 지난 후 시작된다. 활성화된 C3b는 다른 보체 단백질인 Bb 단백질과 복합체를 이루고 C5 전환효소로 작용하여 C5를 활성화된다. 활성화된 C5b는 세균

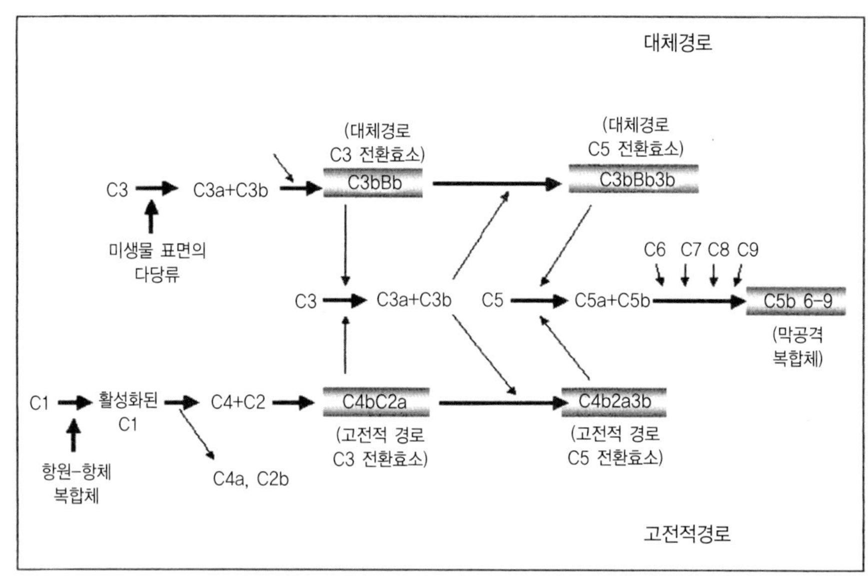

그림 15.1
고전적 경로와 대체 경로에 의한 보체의 활성화 및 막공격 복합체의 형성

과 같은 목표물의 표면에 부착하고 여기에 C6-9의 보체 단백질이 결합하여 막공격 복합체들이 만들어지며 이것은 세균의 막에 속이 빈 단백질의 실린더로 되어 있는 통로를 만들고 이것을 통하여 물이나 염에 쉽게 확산되어 나오고 결과적으로 세포의 융해를 유도한다.

보체에 의한 염증의 유도

보체의 활성화 과정에서 만들어진 작은 단편인 C3a, C4a, C5a 등은 염증을 유발하는 원인으로 작용하며 이들을 anaphylatoxin이라 부르기도 한다. 이들 보체 단편들은 비만세포mast cell나 호염구basophil 등의 세포 표면에 있는 수용체에 결합하여 이들 세포들로부터 histamine과 같은 유도체가 분비되도록 하여 그 결과 혈관의 팽창 및 혈관의 투과력을 증진시켜 염증이나 과민 반응이 유도되도록 한다.

보체에 의한 식세포의 유입 촉진

보체의 활성화에 의하여 만들어지는 물질 중 C3b는 C5 전환효소를 형성하기도 하지만 목표물의 세포 표면에 부착하기도 한다. 그리고 식세포작용에 관여하는 대표적인 세포인 호중구neutrophil과 대식세포macrophage는 그 표면에 C3b에 대한 수용체를 가지고 있다. 따라서 목표물에 결합된 C3b와 그 수용체에 의하여 탐식작용이 촉진되고 결국 세균 등이 제거된다. 이러한 기능을 옵소닌화obsonization라하며 이러한 현상을 유도하는 C3b 등을 옵소닌obsonin이라 한다.

세균의 막공격복합체에 대한 내성

모든 세균이 막공격복합체에 의하여 제거되지는 않으며 일부 세균은 막공격복합체에 대하여 매우 내성이 있다. *Staphylococci*와 *Streptococci* 같은 대부분의 그람 양성 세균들의 막은 막공격복합체가 그 목표물에 도달하지 못하도록 하는 두꺼운 세포벽으로 싸여 있기 때문에 이들에 대하여 내성을 가지게 된다. 일부 그람 음성 세균들은 lipopolysaccharide에 있는 O 항원이 비슷한 보호기작을 하기 때문에 내성을 가지게 된다.

15.1.3 식세포Phagocytes

식세포의 종류

적혈구는 조직에 산소를 공급하는 한 가지 기능만 수행한다. 반면에 백혈구는 신체의 방어기작과 관련된 두 종류의 복합된 기능, 즉 외부에서 들어온 입자의 식작용과 면역반응의 유도를 수행한다. 백혈구는 식세포로 작용하는 세포군과 림프구 세포군의 두 그룹으로 나뉜다. 여러 종류의 백혈구들이 탐식작용을 수행하며 대표적인 것이 다형핵 세포polymorphonuclear cell와 단구monocyte이다. 다형핵 세포에는 호중구neutrophil, 호염구basophil와 호산구eosinophil 등이다. 이러한 이름은 일반적으로 이용되는 염색약인 hematoxylin과 eosin에 의하여 염색되는 특징과 관련이 있다. 단구류들은 단구와 대식세포macrophages가 있으며 단구가 분화하여 조직에 들어간 후 대식세포가 된다. 호중구는 수명이 짧은 반면 섭취한 미생물을 죽이는데는 매우 효과적이다. 단구와 대식세포는 수명은 길지만 섭취한 세포 내 미생물을 효과적으로 죽이기 위해서는 주위에 있는 미생물 생성물들에 의하여 활성화되어야 한다. 활성화되면 이들 세포를 공격성 대식세포라고 한다.

식세포의 기능

식세포들은 탐식작용뿐만 아니라 염증의 유도에도 관여한다. 이들은 염증 매개체로 알려진 물질을 분비하여 이러한 기능을 수행하며, 이 물질은 과립 안에 저장되어 있기 때문에 이들 세포를 과립세포granulocytes라고 부르기도 한다. 현미경으로 관찰이 가능한 이들 과립은 대부분의 세포에서 볼 수 있는 lysosome이지만 이들 세포에서는 크기가 더 크다. 세균 등의 입자가 식세포의 세포막에 접하면 세포막이 옴폭 패여 결국에는 식포phagosome를 형성한다. 이러한 식포와 세포내부의 과립이 막 융합에 의하여 합쳐져 phagolysosome이 형성된다. 이 phagolysosome 안에서는 여러 가지 살균 기전이 작용하여 유입된 미생물이 소화되어 버린다. 살균 작용에 관여하는 물질들은 과립 내부에 들어 있기 때문에 백혈구 자체는 이러한 물질들의 영향을 받지 않고 phagolysosome 안에서 살균 작용이 일어나게 되는 것이다.

식세포에 의한 살균 작용

식세포에 의한 살균 과정에는 두 가지 방법이 있다. 하나는 과립에 들어있는 항생물질을 이용하는 산소 비의존형oxygen independent이다. 항생물질 중 일부는 세포벽을 분해하는 lysozyme과 같은 효소이다. 또 다른 물질은 defensins이라 불리는 저분자량

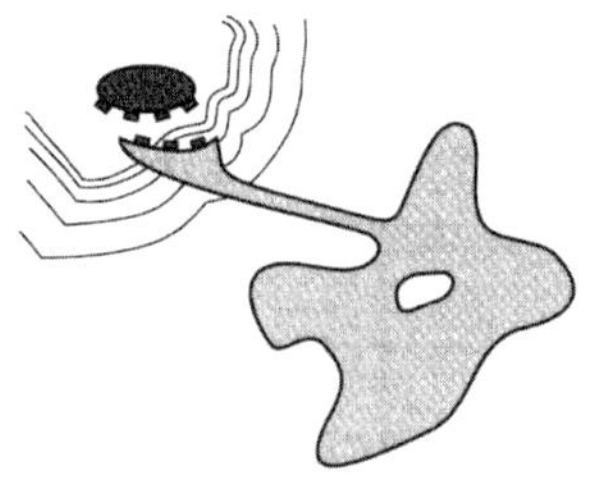

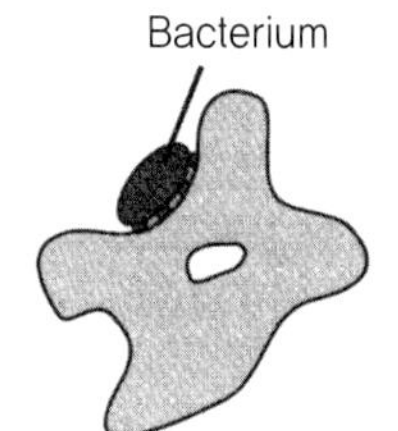

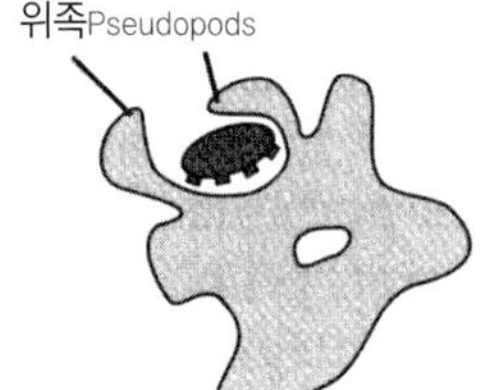

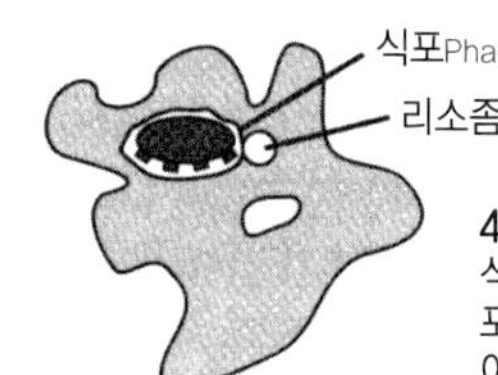

그림 15.2
탐식작용의 과정

의 단백질이다. 미생물을 죽이는 또 다른 방법은 산소 의존형oxygen dependent이며 이 과정에서는 독성이 강하며 일반적인 표백제의 구성 성분이기도 한 차아염소 이온hypochlorous ion을 발생하여 미생물을 죽인다.

세균의 호중구에 대한 내성

일부 세균들이 호중구에 의하여 제거되지 않는 이유는 크게 두 가지 이유가 있다. 첫째로 호중구들은 세균이 옵소닌opsonins이라는 식균작용을 촉진하는 단백질로 싸여 있지 않으면 효과적으로 이들을 포획하지 못한다. 옵소닌의 역할을 하는 것으로는 세균의 표면에 결합된 항체 또는 보체계의 구성 성분이다. 둘째로 세균들은 식세포에 의하여 포획되는 것을 방지하는 기작을 가지고 있다. 이러한 것 중 가장 두드러진 것이 표면에 있는 두껍고 끈끈한 캡슐이다.

미생물의 탐식작용에 대한 방어기작

식세포에 포획된 미생물이 모두 죽는 것은 아니며 여러 가지 방법에 의하여 살아 남는다. 일부 미생물은 탐식성 소낭phagocytic vacuoles과 과립들이 융합하는 것을 방해한다. 다른 미생물은 식세포의 호흡대사를 방해하여 산화성 살균작용을 억제한다. 또 다른 경우에는 탐식성 소낭으로부터 살균 작용이 없는 세포질로 빠져나가기도 한다.

다형핵 세포의 이동

모든 다형핵 세포들이 혈액을 따라 순환하는 것은 아니다. 다형핵 세포의 절반정도는 혈류를 따라 이동하지 않고 혈관 벽에 붙어 있다. 이렇게 부착되어 있는 세포들은 활동성이 높은 세포들을 유인하는 유주성 물질chemotoxin들에 의하여 조직 내부에 있는 감염 부위로 이동한다. 유주성 물질들은 보체계와 조직 내에 있는 미생물 등에 의하여 생성된다. 다형핵 세포들은 유주성 물질의 농도가 높은 곳, 즉 보체계의 활성화를 일으키는 미생물들이 존재하는 곳으로 이동하여 감염이 일어난 곳으로부터 세균을 효과적으로 제거한다.

15.2 유도 면역Induced immunity

단원요점

- 유도 방어 기작에는 체액성(항체)과 세포성(세포매개형) 면역의 두 가지 주요 형태가 있다.
- 면역반응은 특이성, 기억, 다양성, 자기와 비자기의 구별의 네 가지 특징이 있다.
- 두 종류의 백혈구가 면역작용에 관여하는데 B 세포는 체액성 반응, T 세포는 세포 매개형 반응에 각각 관여한다.
- T 세포 림프구는 여러 종류로 나누어지는데 대표적인 것으로는 협조 T 세포와 세포독성 T 세포가 있다. 협조 T 세포는 두 종류의 면역반응을 유도하는데 모두 필요하다.
- T 세포는 항원 제공 세포의 표면에 결합되어 있는 항원으로부터 유래한 펩티드를 인식함으로써 활성화된다. 이러한 펩티드는 주조직적합성 복합체(major histocompatibility complex, MHC)라고 하는 단백질에 결합되어 있다.
- 일단 활성화된 T세포는 감염된 세포의 표면에 있는 MHC와 결합된 펩티드 항원을 인식한다.
- B 세포도 아니고 T 세포도 아닌 NK와 K 세포들은 병원균에 감염된 숙주세포를 죽이는데 관여한다.
- 대부분의 림프구들은 다른 림프구, 대식 세포들과 상호작용을 한다. B 세포와 세포독성 T 세포는 정상적인 기능을 하기 위해서는 협조 T 세포에 의하여 활성화되어야 한다.
- 이러한 상호작용의 일부에는 세포와 세포간의 직접적인 상호작용뿐만 아니라 세포 외의 사이토킨이 관여한다.

15.2.1 일반적 특징

최후의 방어수단

이렇게 부르는 이유는 면역체계가 작용하기까지 시간이 걸리며 따라서 맨 나중에 작용하는 방어기작이기 때문이다. 보체계와 탐식작용은 항상 존재한다. 두 작용 모두 활성화가 필요하지만 짧은 시간을 요구한다. 반면에 면역현상을 유도하는 반응이 효과적인 정도까지 도달하기 위해서는 1~2주일이 필요하다.

면역반응의 속도

면역 반응은 속도는 느리지만 매우 강력한 방어기작이다. 이러한 예로는 예방주사를 들 수 있는데 이는 매우 높은 수준의 방어를 유도한다. 전 세계적인 예방주사운동을 통하여 천연두가 완전히 퇴치되었다. 또한 태어날 때부터 존재한 유전적 결함이나 AIDS를 일으키는 바이러스인 HIV의 감염에 의하여 면역체계가 결핍된 사람은 생명에 위협적인 질병에 쉽게 그리고 반복적으로 감염될 수 있다.

면역반응의 효과

면역반응이 매우 효과적인 방어 수단이기는 하지만 면역반응에 의하여 항상 보호를 받는 것은 아니다. 그 이유는 면역반응이 비록 강력하기는 하지만 많은 병원균들은 이에 대응하는 방법을 개발해 왔기 때문이다. 예를 들면 일부 세균과 바이러스 등은 숙주세포 내부에 숨어 있기 때문에 순환계에 존재하는 항체의 영향을 받지 않는다. 다른 미생물들은 표면에 있는 항원을 변화시켜 이전에 만들어진 항체나 세포 매개성 면역에 내성을 가지게 된다.

면역반응의 주요 특징

가장 중요한 특징은 특이성specificity과 기억memory이다. 면역체계는 항원의 유도에 대하여 각각 특이적으로 작용한다. 또한 면역체계는 이전에 노출되었던 항원을 기억하여 반복 노출에 대하여는 보다 빠르고 강하게 반응하는 능력을 가지고 있다. 이것을 면역반응의 기억이라 하며 예방주사가 효과가 있는 이유이다. 또한 면역반응은 매우 다양하여 모든 종류의 외래 물질에 대하여 반응할 수 있다. 뿐만 아니라 면역반응은 그 자신의 몸에 있는 세포에 대하여 반응하지 말아야 하기 때문에 자기self와 비자기nonself를 구별할 수 있는 능력이 있다. 유도 면역은 체액성 면역(항체)과 세포성(세포매개형) 면역으로 구분된다. 이것은 면역에 의한 저항성이 한 사람에게서 다른 사람에게 전달되어지는 것이 혈청(체액성) 에 의한 것인지 림프구(세포성)에 의한 것인가를 보면 알 수 있다. 두 종류 모두 중요하지만 이들은 서로 다른 수준에서 작용한다. 항체는 독소와 같은 용해성 항원에 대하여 효과적으로 작용하지만 이들은 세포 내부에 존재하는 병원균에 대하여는 제대로 작용하지 못한다. 이러한 경우 세포성 면역이 감염된 세포를 파괴하거나 염증반응을 유도함으로써 작용한다.

자기와 비자기의 구별

면역계는 두 가지 모두에 반응할 수 있는 능력은 가지고 있지만 자기에 대한 반응은 억제된다. 면역계는 발달 초기에 자기에 대하여는 반응하지 못하도록 훈련이 되며 이를 면역관용immunological tolerance라고 한다. 면역관용이 파괴되면 우리 몸은 자신의 구성성분에 대하여 반응하여 자가면역증이라는 질병을 유도하는데 예를 들면 낭창

lupus이 있다. 관용현상은 조직이식수술에 있어 매우 중요한데 그 이유는 면역반응이 이식된 조직의 생사를 결정하는 중요 요인이기 때문이다.

면역계

면역계를 구성하는 요소는 우리 몸 전체에 퍼져 있으며 골수bone marrow, 흉선thymus, 림프절lymph nodes, 비장spleen과 같은 여러 기관으로 구성되어 있다. 면역계는 신체의 다른 체계와 연결되어 있으며 이들에 림프구와 대식세포를 보낸다. 림프구를 포함한 모든 혈액세포는 골수에서 만들어져 혈액과 면역계의 다른 기관으로 보내진다. 혈액과 면역계는 림프 순환계lymphatic circulation라는 관조직과 그 안에 들어있는 용액인 림프액에 의하여 서로 연결되어 있다.

면역계의 구성도

우선, 면역계는 림프구와 식세포의 두 종류의 세포로 구성되어 있다. 림프구는 다시 B 세포와 T 세포의 두 종류로 되어 있다. 두 가지 세포 모두 항원을 인식하지만 B 세포는 항체 형성을 유도하고 T 세포는 세포 매개성 면역을 매개한다. B 세포는 수명이 짧으며 항체를 생산하는 플라즈마plasma 세포로 분화한다. 이들 두 림프구들은 서로 신호를 주고받고 서로의 기능을 필요로 하기 때문에 이들을 구별하는 것은 그리 간단하지 않다. 또 다른 종류의 백혈구인 대식세포와 같은 식세포들도 또한 이러한 신호전달 과정에 관여한다.

림프구의 특성

각각의 B 세포와 T 세포는 그들의 특이성에 있어 특별하다. 각각의 세포는 특이한 항원에 대한 수용체를 가지고 있으며 각각의 항원에 대하여 체액성 또는 세포 매개성 면역반응을 유도할 수 있다. 체내에는 수백만의 서로 다른 림프구가 있으며 각각의 림프구는 특이한 하나의 항원에 의한 자극에 대하여 반응하여 면역반응을 유도한다. 그러나 실제로는 하나의 항원 전체를 인식하는 것이 아니고 항원의 작은 부분인 항원결정기(antigenic determinant, epitope)를 인식하는 것이다. 대부분의 항원은 여러 개의 항원결정기를 가지기 때문에 하나의 항원에 의하여 여러 개의 림프구가 활성화된다. 초기 세포에서 유래한 세포들은 분화하고 증식하여 하나의 특이성을 가지는 세포군clone을 이루게 된다. 즉 하나의 림프구는 한 종류의 특이성을 지닌 수용체를 여러 개 가지고 있으며 이러한 세포들이 분열하여 같은 종류의 특이성을 가지는 세포군을 형성하는 것이다. 이러한 세포군들은 면역계에 존재하여 자기가 인식할 수 있는 항원결정기를 가진 항원이 들어오면 선택적으로 활성화되어 더 많은 세포로 분열하고 각각의 기능을 가지는 세포로 분화하게 된다. 이러한 이론을 클론 선택설clonal selection theory이라 하며 이것이 면역의 기본 개념이다.

15.2.2 B 세포

항체의 다양성의 원리

사람은 수 백만 개의 서로 다른 B 세포를 가지고 태어나며 이들은 각각 다른 항체를 만들 수 있다. 각각의 B 세포는 이들의 항원에 특이한 수용체를 가지고 있다. 항체의 수는 너무 많기 때문에 만약 이들이 유전자에 의하여 암호화되어 있다면 사람의 게놈에는 이들을 모두 암호화할 자리가 없을 것이다. B 세포의 다양성은 일종의 유전자 재조합에 의하여 결정된다. 각각의 항체에 대응하는 독립된 유전자를 가지는 대신 각각의 B 림프구는 게놈의 일부분을 자르고 연결하는 과정을 통해서 항체를 생산한다. 유전자의 서로 다른 조각들을 재배열하여 수많은 조합의 항체가 만들어진다.

항원의 자극에 대한 B 세포의 반응

항원에 의하여 자극되면 B 세포는 항체만을 만드는 것은 아니다. 항원의 자극에 의하여 B 세포가 분열하면 이들은 두 계통으로 분화한다. 이들 중 하나는 effector cell 이라 하는데 수명이 짧으며 자극 후 바로 항체를 만들기 시작하며 이러한 세포를 plasma cell이라 한다. 또 다른 세포는 기억세포인데 이들은 항체를 만들지는 않지만 오래 살아 있으며 수년간 지속된다. 이들 기억 세포는 다시 자극되면 그 일부가 빠르게 분화하여 항체를 생성하는 effector cell이 된다. 기억세포는 일종의 면역반응의 저장고 같은 곳이다. 면역의 기억현상을 설명할 수 있는 것이 기억세포의 존재 때문이다. 실제로 T 세포도 두 종류의 계통으로 나누어지지만 이들의 기능은 세포 매개성 면역을 유도하는 것이다.

항원

항원의 특징은 우선 면역 반응을 유도하는 능력이다. 이때 필요한 것은 면역체계가 비자기로 인식할 수 있는 구조이다. 이러한 구조는 대부분의 경우 거대분자의 일부분이다. 생체를 구성하고 있는 물질들을 항원성이 강한 순서로 이들을 나열하면 단백질, 다당류, 지질, 핵산의 순서이다. 면역계에 의하여 인식되는 항원의 일부분인 항원결정기의 길이는 수 개의 아미노산 또는 당류에 해당하며 따라서 단백질이나 다당류는 여러 개의 항원결정기를 포함할 수 있다.

다클론 항체와 단클론 항체

복잡한 형태의 항원을 주사하면 이 항원의 주요 항원결정기 모두에 대한 반응이 일어나게 되고 따라서 여러 종류의 항체가 만들어질 것이다. 이와 같이 만들어진 항체들의 총합을 다클론 항체polyclonal antibody라하며 다클론 항체는 우리 몸의 방어에는

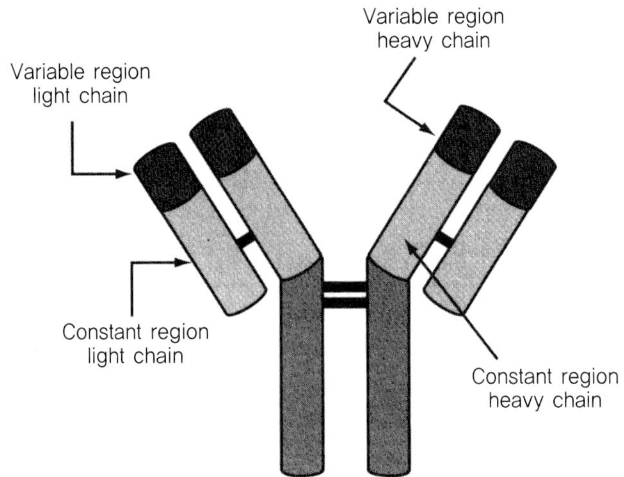

그림 15.3
항체의 구조

매우 중요하다. 그러나 병원균의 동정과 같은 실험실 조작에서는 비슷한 항원결정기를 가진 두 항원에 대하여 반응하여 잘못된 판단을 유도할 수 있다. 따라서 이러한 목적을 위해서는 한 종류의 항체를 만드는 개개의 B 세포를 분리 배양하여 특별한 항원결정기를 인식하는 클론들을 유도해서 이러한 세포들로부터 생성된 항체를 단클론 항체monoclonal antibody라 한다.

단클론 항체 생성

이론적으로는 간단하지만 여러 가지 기술이 필요하다. 우선 B 세포들이 많이 모여 있는 비장을 취하고 펩신으로 처리하여 다클론 세포집단을 각각의 세포로 분리시킨다. 그러나 이렇게 분리된 B 세포는 인공 배지에서는 자라지 못한다. 따라서 이들이 자라도록 하기 위해서 배양기에서 자랄 수 있는 B 세포에서 유래되었지만 항체를 만들지 못하는 암세포인 골수종 세포myeloma cell과 융합시킨다. 융합된 세포들로부터 인공 배지에서 자라면서 항체를 만드는 세포들을 선별하게 되며 이와 같은 융합 세포들을 융합세포hybridoma라 한다. 각각의 융합세포hybridoma는 하나의 B 세포에서 유래하였기 때문에 하나의 항원결정기에 대한 항체를 만든다. 융합세포hybridoma를 인공 배지에서 배양하거나 면역시키지 않은 쥐의 복강에 주사하여 단클론 항체를 얻을 수 있다.

항체의 본질 및 구조

혈장이나 혈청에 존재하는 당단백질은 용해도에 따라 알부민albumin과 글로블린globulin으로 구분되며 글로블린은 다시 전기영동에 의한 이동 속도에 의하여 알파 베타 감마 글로블린으로 구분되는데 이 중 감마 글로블린γ-globulin이 항체 단백질이며 이러한 이유 때문에 항체를 면역 글로블린(immunoglobulin, Ig)라고도 한다.

모든 항체들은 구조면에서 비슷한 모양을 가지기 때문에 전하charge나 용해도가 비슷하다. 그림 15.3에 나타난 바와 같이 모든 항체는 두 개의 동일한 경쇄(light chain, L-chain)와 두 개의 동일한 중쇄(Heavy chain, H-chain)로 되어 있다. 경쇄는 이황화결합disulfide bond에 의하여 중쇄에 연결되어 있으며 중쇄끼리도 하나 이상의 이황화결합에 의하여 연결되어 있다. 항체 단백질의 아미노 말단 부위는 서로 다른 항원에 결합하기 위하여 각 항체마다 다른 아미노산 서열과 구조를 가지기 때문에 이 부위를 가변부위(variable region, V)라 하고, 보다 일정한 서열로 이루어진 나머지 부분을 불변부위(constant region, C)라고 한다.

항체의 종류

항체 분자들은 전체적인 모양은 비슷하지만 전하, 크기, 용해도 등의 물리화학적 특성들에 차이가 있기 때문에 종class과 아종subclass으로 세분하며 이러한 분류의 기준은 중쇄의 종류에 따라 나누어진다. 이들 서로 다른 종의 항체들은 구조뿐만 아니라 표 15.1에 나타난 바와 같이 면역 반응에서 담당하는 기능도 다르다.

표 15.1 항체의 종류와 특징

종류	구조와 존재량	위치	기본기능
IgG	monomer, 많이 존재	혈액과 조직액	2차 면역 반응에서 가장 많이 존재한다.
IgA	monomer/dimer, 많이 존재	혈액에는 monomer로 존재하고 분비된 경우에는 dimer로 존재	점막의 표면을 보호하며 특히 바이러스가 점막표면에 부착하는 것을 방지한다.
IgM	pentamer, 많은 편	혈액과 조직액	1차 면역 반응에서 가장 먼저 만들어진다.
IgD	monomer, 많지 않음	주로 B 세포의 표면	잘 알려져 있지 않음
IgE	monomer, 많지 않음	비만세포와 호염구 표면	세포의 granule들을 배출시켜 알레르기를 일으킨다.

15.2.3 T 세포

T 세포의 종류

T 세포에는 여러 종류가 있다. 이들은 협조 T 세포helper T cell, 세포독성 T 세포cytotoxic T cell, 그리고 조절세포(regulatory 또는 suppressor T cell)라 불린다. 협조 T 세포는 B 세포와 다른 T 세포가 작용하는 동안 이들을 도와준다. 세포독성 T 세포는 미생물 병원균에 의하여 감염된 세포를 인식하여 이들을 제거한다. B 세포나 다른 T 세포의 기능을 억제하는 억제 또는 조절 T 세포의 존재에 대하여는 아직 의문점이 있으며 독립된 종류의 세포로 존재하지 않는 것으로 여겨진다.

T 세포의 유래

여러 종류의 T 림프구로 분화될 전구세포들은 흉선으로 이동하는데, 흉선은 어릴 때는 뚜렷한 분비샘이지만 사춘기가 되면 줄어들게 된다. 이 기관에서 T 림프구는 여러 계통의 세포로 분화된다. 이러한 과정에서 이들은 각 계통을 구분하는 특징적인 표면 표지marker를 가지게 되는데 예를 들면 협조 T 림프구는 CD4라는 표지에 의하여 구별되며 세포 독성 T 림프구는 CD8이라는 표지에 의하여 구별된다.

협조 T 세포의 작용 기작

협조 T 세포는 두 가지 기작에 의하여 다른 백혈구들의 기능을 도와준다. 한 가지 방법은 직접적인 세포-세포 접촉을 이용하는 방법으로 이를 위해서는 결합할 대상 세포 표면에 있는 인지할 수 있는 수용체와 T 세포 표면의 단백질을 이용한다. 다른 방법은 인터루킨interleukin과 같은 사이토카인이라는 물질을 만들어서 작용하는 것이다. 이 물질은 B 림프구와 다른 T 림프구의 활성화에 필요하다. 협조 세포의 중요성은 HIV 감염에서 볼 수 있는데 HIV는 협조 T 세포에 영향을 주어 전반적인 면역력이 감소되도록 한다. 혈액에서의 이들 세포 수의 감소는 환자의 상태와 AIDS의 진행 정도와 밀접한 관계가 있기 때문에 이들 세포의 수 및 구성비는 병의 진행을 알아보는 중요한 척도가 된다.

표적세포의 제거

T 림프구는 병원균에 감염된 세포처럼 외부 항원을 제시하는 세포를 perforin이라는 단백질을 분비하여 죽이는데 이 물질은 세포막의 투과성 변화를 유도하여 최종적으로는 표적세포의 융해를 일으킨다. T 림프구 외에도 자연살해세포(natural killer cell 또는 NK cell)도 perforin을 분비한다. 이러한 세포 외에 B 세포도 아니고 T 세포도 아닌 null 세포로 불리는 세포도 표적 세포를 죽이는데 이들 세포는 표면에 항체의 불변부위에 대한 수용체를 가지고 있다. 따라서 표적세포에 항체가 결합하게 되면 이 항체

를 매개로 표적세포와 null 세포가 결합되어 null 세포에 의한 표적 세포의 제거가 이루어진다. 이러한 반응은 항체를 필요로 하기 때문에 항체 의존형 세포독성(antibody-de-pendent cytotoxicity, ADCC)이라 부른다. 또한 대식세포는 탐식작용 뿐만 아니라 종양괴사인자(tumor necrosis factor, TNF)와 같은 독성이 있는 사이토카인을 분비하여 표적세포를 죽인다.

억제 림프구

체내에는 항체나 세포 매개성 면역을 조절할 수 있는 기작이 있을 것으로 여겨지지만 이러한 기작이 억제 또는 조절 림프구에 의하여 이루어지는지 또는 다른 종류의 T 세포에 의하여 이루어지는지는 아직 분명하지 않다.

T 세포의 항원인식

B 세포는 표면에 있는 항체를 수용하여 항원을 인식하지만 T세포는 항원을 제시하여 주는 특별한 기능을 하는 항원 제시세포(antigen presenting cells, APCs)의 표면에 존재하는 항원 펩티드를 인식한다. 이러한 펩티드 항원은 주조직적합성 복합체(major histocompatibility complex, MHC)라는 단백질에 결합되어 있다. MHC 단백질들은 항원을 적절한 배치로 고정시키기 위해 이들과 물리적으로 상호작용하고 있다. 항원 펩티드는 MHC 단백질과 결합한 경우에만 T 림프구에 의하여 인식된다. MHC 단백질은 "자기" 단백질이기 때문에 T림프구는 "자기"와 비자기인 항원을 동시에 인식할 수 있는 능력을 가지고 있다.

MHC

이들 단백질은 처음에는 항원을 제시하는 기능을 가진 단백질로 동정된 것이 아니고 이식된 조직이나 기관에 대한 거부반응을 결정하는 중요한 단백질로 동정되어 MHC라 명명되었다. 이러한 기능이 항원제시 기능만큼 중요하지는 않지만 현재도 이와 같은 이름으로 불린다.

MHC의 종류와 항원 인식

체내에는 2종류의 MHC가 존재한다. MHC Class I 은 체내의 거의 모든 세포에 존재한다. 세균이나 바이러스 등이 세포에 침입하게되면 이들 미생물에 필요한 단백질들이 합성되게 되고 이들 중 일부는 프로티오좀proteasome이라는 단백질 복합체에서 분해된 후 소포체endoplasmic reticulum로 이동하여 MHC class I과 결합한 후 세포 표면으로 이동하게된다. 이렇게 제시된 MHC class I + 항원 펩티드 복합체는 세포 독성 세포 표면의 T 세포 수용체(T-cell receptor, TCR)가 CD8 분자의 도움을 인식한 후 감염된 세포를 죽이게 된다. Class I MHC가 널리 분포하고 있는 이유는 세포독성 T

세포가 병원균에 감염된 세포와 암세포 등 비정상적인 세포를 신체의 모든 부위에서 발견할 수 있도록 하여 주기 위함이다. 반면 MHC Class Ⅱ는 전문적인 항원 제시 세포, 즉 대식세포, 호중구, 단구, B 세포, 수상세포dendritic cells의 표면에서 발견된다. 탐식 작용 등을 통해서 이들 세포에 들어온 항원은 라이소좀lysosome과 엔도좀endosome 등의 세포 내 소기관에서 펩티드로 분해되고 MHC Class Ⅱ에 결합하여 이들 세포 표면에 제시된다. 이렇게 제시된 MHC class Ⅱ + 항원 복합체는 협력 T 세포 표면의 수용체TCR가 CD4의 도움을 받아 인식하고 그 결과 T 세포는 활성화되어 주위의 다른 백혈구 세포를 활성화하는 사이토카인을 분비하여 이들 항원이 효과적으로 제거되도록 도와 준다.

세포독성 기능

세포독성 T세포는 표면에 있는 항원을 가지고 있는 숙주세포를 인식한다. 세포를 죽이는 작용은 perforin이 표적세포의 세포막에 구멍을 만들어서 일어난다. 세포독성은 세포 매개성 면역의 특징이며 이 면역은 세포 내 감염원에 감염되어 표면에 외래 항원을 가진 세포를 찾아내어 죽이는 기작이다. 바이러스와 같은 세포 내 감염원은 항체로부터 숨어있기 때문에 매우 활성 있는 체액성 면역반응도 이들을 제거하기 어렵다. 하나의 세포독성 T세포에 의하여 감염된 세포가 제거되기 때문에 감염원이 증식하여 다른 세포로 이동하는 것을 방지할 수 있다.

MHC의 다양성

MHC에 의하여 조식 이식 과정에서 거부반응이 일어나는 이유는 MHC 분자의 다양성 때문이다. MHC 분자를 결정하는 유전자형은 수 십 가지 이상이며 각 개인은 이들 유전자형의 일부를 가지게 된다. 이와 같이 여러 유전자형이 존재하는 것은 각종 항원으로부터 만들어지는 항원 펩티드를 효과적으로 제시하기 위한 것이다. 그러나 개인이 가지고 있는 MHC 분자의 유전자형이 서로 다르기 때문에 조직이식 과정에서 이를 인식하여 거부반응이 나타나는 것이다.

T 림프구에 의한 면역반응의 조절

여기에서 중요한 것은 면역계 세포사이의 상호작용이다. 이러한 현상은 여러 단계에서 일어난다. 특히 이러한 조절 기작은 T 세포에 의하여 주로 일어난다. B 세포가 항체를 만드는 플라즈마 세포로 분화하려면 이들은 T 세포가 생산하는 사이토카인에 의하여 자극되어야 한다. 세포독성 T 세포 역시 협조 T 세포에 의하여 활성화된다. 억제 T 세포는 면역반응이 필요 없거나 면역반응 자체가 숙주에 해를 줄 경우 면역계를 억제한다.

선천적 면역과 유도면역의 상호작용

이들 두 면역작용은 독립적으로 작용하는 것이 아니며 이들간에는 상호작용이 존재한다. 예를 들면 보체는 항체에 의하여 가장 효과적으로 활성화된다. 항체는 식세포의 작용을 여러 가지로 도와주는데 예를 들면 백혈구의 기능을 방해하는 독소를 중화하는 작용이 있다. T 림프구는 항체에 의한 옵소닌 작용을 증가시켜 탐식작용을 도와준다. 림프구가 매개하는 작용에 있어서는 B 세포가 항체를 만들도록 하거나 세포독성 T 세포가 미생물이 침입한 세포를 죽이도록 하는데 있어 협조 T 세포의 기능이 필수적이다. 따라서 보체, 식세포, 항체, 세포 매개성 면역작용은 인체가 병원균에 대항하는데 있어 그 효과를 증가시키기 위하여 상호작용을 한다.

미생물 감염 관리

16

단원요약

미생물이 인간에게 미치는 영향은 매우 컸다. 현대의 사회구조는 미생물에 의해서 발생된 질병 관리에 총력을 기울여 왔다. 이 관리는 잠재적으로 유해한 미생물의 성장을 억제하거나 죽이는 약제를 개발하는 것 못지 않게 감염을 예방하는 것 역시 중요한 과제이다.

16.1 역학

단원요점

- 감염을 예방하는 방법으로는 위생, 면역, 및 개인의 생활습관 개선 등 3 가지로 요약될 수 있다.
- 위생은 상하수도 관리와, 음식물을 미생물 오염으로부터 보존 및 유해 곤충 구제까지 포함된다.
- 능동면역은 생균 또는 약독화시킨 백신까지 모두 포함된다. 유전자 조작을 통하여 새로운 백신을 개발할 수 있다.
- 수동면역은 미생물에 저항하는 항체를 직접 투여하는 것도 포함된다.
- 생활습관의 개선은 병원성 미생물에 노출되더라도 이에 저항하는 힘을 강화시킨다.
- 천연두와 같은 일부 질병은 인간에 의해 완전히 극복되었던가 또는 거의 퇴치단계에 와 있다. 여러 질병들도 국제적인 노력에 의해서 효과적으로 관리되고 있다.

새로운 질병의 출현

새로운 질병의 출현은 질병에 대한 인간의 활성도가 바뀌어 지기 때문으로서 난잡한 성교와 멸균되지 않은 주사기의 사용(AIDS), 야외활동의 증가Lyme disease, 대형빌딩의 에어컨디션의 사용증가(레지오넬라병), 특수한 생리대 착용toxic shock syndrome 등의 원인 때문이다.

상수도를 관리로 예방 할 수 있는 질병

콜레라, 티프스 열병, 바이러스성 및 이질아메바에 의한 이질 등을 예방할 수 있다.

매개곤충 구제로 예방가능한 질병

말라리아, 황열, 바이러스성 뇌막염, 페스트, 티프스 열병, 트리파노소마에 의한 수면병, 레슈마니아병leishmaniasis 등이 있다.

전 지구차원에서 전염병 퇴치책

과거 천연두의 예를 보더라도, 전염병을 완전히 퇴치하기 위해서는, 그 질병은 인간이외의 자연계 내에서 보균체가 없어야하며 인간과 인간사이에서만 균이 전파되어야한다. 이러한 특성을 가진 질병은 백신을 접종함으로서 효과적으로 퇴치할 수 있다. 이러한 백신은 수송체계와 냉장시설이 불량한 국가에서도 성능이 쉽게 변질되지 않는 안정성이 있어야한다. 그리고 백신은 저렴한 가격으로 구입할 수 있어야한다. 아울러 숙련된 전문가가 취급하고 접종할 수 있어야한다. 그리고 더욱 중요한 것은 이를 잘 수행하기 위하여 국제적으로 긴밀하게 협조되어야한다.

전 지구차원에서 퇴치 가능한 전염병

천연두는 지구상에서 완전히 소멸되었고, 디프테리아와 소아마비는 적어도 선진국에서는 사라졌다. 현재 퇴치될 수 있는 전염병들로는 이하선염, 풍진, 뇌수막염, 폐렴, *Haemophilus influenzae*, 천식, 대부분의 성병(AIDS 포함), 결핵, 학질 등이다. 물론 이중의 일부 균은 퇴치할 수 있는 적당한 방법을 개발하지 못하였다. 그러나 위의 병들은 오래지 않아 퇴치될 수 있는 가능성이 매우 높다.

퇴치 불가능한 전염병

병원체가 인간 이외에 존재하는 병들, 예로서 환경이나 동물들이 보균체이면 퇴치가 불가능하며 이러한 병으로는 파상풍이나 보툴리눔에 의한 식중독을 들 수 있다. 파상풍의 원인균은 토양에서 흔히 분리되며 이러한 균들은 완전히 없앨 수가 없다.

생후 2개월 이내의 어린이에게 백신접종을 하지 않는 이유

생후 몇 개월이 안된 영아들에게는 면역체계가 성숙되지 않았기 때문에 외부로부터 접종된 항원에 대하여 항체를 만들도록 반응을 하지 못한다. 또한 영아들은 몇 개월간 모체로부터 받은 선천 면역이 작용한다. 이러한 이유로서 영아에게 백신을 접종하려면 생후 최소한 2개월 이상 경과되어야 하며, DPT, polio, *Haemophilus influenzae*를 혼합시킨 백신을 접종할 것을 권하고 있다.

死백신보다 生백신이 좋은 이유

약독화시킨 생백신은 경우에 따라 일생동안 면역을 가지게 한다. 그러나 사백신은 어떤 경우라도 효과를 나타내어 항체를 형성하는 것은 아니다. 세포내에서 살아있는 병균들(바이러스 감염, 티프스열, 결핵)은 순환계 항체들로 부터 공격을 받지 않는다. 그러나 약독화시킨 생백신들은 세포매개면역을 주도하는 경우가 많으며 이들은 세포내에서 살고있는 병균을 죽이거나 또는 병균의 증식을 막아준다. 그렇기는 하지만 항체들은 순환기를 통하여 이동하면서 세포내에 감염된 병균이 다른 세포로 감염되는 것을 효과적으로 막아준다. 이러한 이유가 백신이 influenza virus에 효과적으로 작용하는 점일 것이다.

AIDS 환자가 약독화된 생백신을 접종 받지 못하는 이유

면역반응이 검증되지 않았다면 약독화된 생백신이라도 몸속에서 증식이되고 질병의 원인이 될 수 있는 가능성이 있기 때문이다.

수동면역이 능동면역보다 유리한점

수동면역 (사람이나 동물에 접종시켜 얻은 항체)은 병균으로부터 즉각적으로 방어해준다. 이와 같은 효과는 AIDS 환자와 같이 극도로 면역계가 파괴되고, 그들 스스로가 항체를 만들지 못하는 사람들에게도 똑같이 적용되기 때문이다.

수동면역이 불리한점

이 면역은 수명이 짧고 항체가 존속하는 기간만이 효과가 있을 뿐이다. 또한 serum sickness라고 불리우는 외부 단백질에 저항하는 위험이 뒤따를수 있다.

16.2 항균제

단원요점

- 항균제는 미생물을 죽이거나 미생물의 성장을 방해하는 물질이다.
- 항균제는 광범위broad 또는 협범위narrow spectrum의 작용영역을 가지고 있다. 따라서 균에 따라 적절한 영역의 항균제가 선택되어 사용되어야한다.
- 항균제는 선택적인 독성을 나타내는 바 미생물에 대해서 특수한 표적 부위를 공격하지만 숙주에 대해서는 독성의 작용이 차이가 나게된다. 그 이유는 진핵세포와 원핵세포의 진화도가 각각 다르기 때문이다.

항균제와 항체의 차이

항균제는 이들이 자연적으로 만들어졌던 인공적으로 만들어 졌던 관계없이 미생물에 대하여 효과적으로 저항하는 복합물이다. 항체는 이와는 달리 오로지 살아 있는 개체에 의해서 만들어진 것이다. 이 차이는 애매한데, 많은 항균제들은 현재 반 합성되는 물질들로서 부분적으로 자연생성물이며 부분적으로는 인간에 의해서 합성되어진 것이다.

감수성 세균에 대한 항균제 효과

Bactericidal 현상이 일어날 경우는 언제나 환자 체내에 있는 균을 완전히 사멸시킨다. 그러나 bacteriostatic 현상이 일어날 경우는 오로지 체내의 세균에 대한 성장을 억제시킬 뿐이다. Bacteriostatic 항균제는 균의 성장을 억제시키기 때문에 숙주의 식세포와 기타 여러 방어 기작이 작동하여 균을 쉽게 잡아먹게 하기 때문에 매우 효과적이다.

Broad spectrum 항균제의 효과

이들은 매우 많은 종류의 세균들에게 영향을 미쳐 체내에 존재하는 정상미생물 균총을 심각하게 파괴시킨다. 이 결과 특히 곰팡이 무리들에 의한 중요 인체질병을 야기시킬 수 있다. 따라서 Broad spectrum 항균제는 원인 균이 자세히 알지 못할 때에 한해서 사용하여야 한다.

세포벽 합성을 방해하는 항균제

Penicillin이나 cephalosporin 과 같은 β-lactam 항균제들은 세균의 세포벽에서만 존재하는 peptidoglycan의 생합성에 관여하여 이들이 합성되지 못하도록 한다. Vancomycin과 bacitracin은 특히 세포벽 초기단계에 관여하여 합성을 방해한다. β-lactam 항균제들은 모두 bactericidal이다.

일부세균이 β-lactam 항균제에 죽지 않는 이유

세포벽합성의 방해는 세포 내 나머지 부분의 합성을 방해시키지는 못한다. 따라서 이 경우 세포벽이 존재하지 않게 되며 자연적으로 세포벽을 가지고 있지 않은 mycoplasma같은 세균에게는 이러한 약이 효과를 나타낼 수가 없다. 또한 penicillin에 저항하는 *E. coli*에서 관찰되듯이 세균에 외부막이 항균제르 상대적으로 적게 투과시키게되면 이 약의 목표부분인 peptidoglycan을 파괴시킬 수가 있다. 그러나 냉동시키던가 적당한 방법으로 이 균의 외부막을 penicillin이 보다 잘 투과될 수 있도록 만들어 주면 감수성을 나타내게 된다.

단백질합성 방해에 대한 항균제의 선택성

숙주와 세균세포에서는 ribosome을 이용하여 모두 단백질을 합성하지만 항균제에 대한 감수성은 서로 다르다. 진핵생물의 ribosome들은 aminoglycoside, chloramphenicol, tetracycline 및 erythromycin과 같은 항균제에 대하여 저항성을 나타낸다. 그러나 미토콘드리아 리보좀들은 세균에 리보좀과 비슷하게 이들의 항균제에 대하여 감수성을 나타낸다. 진핵세포가 이러한 항균제들에 대하여 안전한 것은 진핵세포벽을 뚫지 못하기 때문이다. 이러한 항균제들은 독성이 보다 강한 경향이 있다.

Folic acid에 대한 항균제의 작용

Sulfa 계통의 항균제들은 folic acid합성을 방해하여 외부로부터 이들을 흡수치 못하게 함으로서 선택적인 독성을 나타낸다. 그러나 포유동물은 folic acid를 음식으로부터 섭취(따라서 이들은 비타민으로 간주됨)하기 때문에 항균제에 대하여 영향을 받지 않는다.

결핵균의 다약제 내성 문제

이 문제는 매우 풀기 어려운 난제로서, *Mycobacterium*속의 세균들은 세포 바깥부분이 두꺼운 지방층으로 둘러싸여 있기 때문이다. 이 결과 대부분의 항균제가 침투해 들어가기가 어렵다. 또한 균의 성장이 매우 느리기 때문에 약을 수개월 내지 수년간 장기 투여해야만 한다. 또한 이 균은 숙주의 세포 내에서 생존하기 때문에 항균제의 선택이 매우 제한적일 수밖에 없다, 더구나 이 균은 다른 균 보다 훨씬 쉽게 여러 약제에 대하여 내성을 획득한다.

진핵 세포인 균류에 대한 선별적 항균제 효과

포유동물 세포는 세포막에 sterol을 가지고 있지 않으나 균류는 세포막에서 sterol을 형성하기 때문에 약제에 대한 선택성을 나타낸다. 균류는 세포막에 sterol의 일종인 ergosterol을 가지고 있지만 포유류는 cholesterol을 가지고 있다. 특히 관심이 있는 것은 flucytosine에 대한 선택적인 독성이다. 진균류는 효소인 cytosine deaminase를 가지고 있으며 이것이 flucytosine으로 전환된다. 인간은 이 효소를 가지고 있지 않다.

抗바이러스 제제가 적은 이유

일반적으로 바이러스는 진균류나 세균에 비하여 약제가 공격할 수 있는 표적부위를 정하기가 매우 어렵다. 그 이유는 바이러스는 숙주세포의 대사기구를 그대로 이용하여 생식이 이루어지기 때문이다. 그러나 바이러스 복제시 약제가 틈새를 공격하는데 대표적으로 acylovir는 herpes virus의 viral DNA 합성시 효소로 전환되어 간섭하여 방해한다. Amantidine은 influenza virus의 입자를 벗겨내는 작용을 하는 것으로 생각된다.

抗 HIV 약제

HIV와 기타 다른 retrovirus들은 독특한 복제기작을 가진다. 그중 하나가 그들의 RNA를 DNA로 전환시키는데 그 기작은 바이러스 효소인 reverse transcriptase의 작용 때문이다. Azothymidine (AZT), 또는 dideoxycytidine (DDC)와 같은 약제들은 이 효소에 작용하여 영향을 준다. 또한 복제를 위해서는 몇 종류의 retroval protein이 필요한데 이들은 viral protease에 의해서 작은 절편으로 나뉘어진다. 이러한 protease에 대한 방해제가 가능하다. 약제내성 변이주의 출현을 막기 위하여 이러한 약제들은 자주 조합을 바꾸어서 사용하여야 한다.

Interferon

Interferon이라 함은 여러 바이러스들에 감염됨으로서 체내에서 이에 대항하여 만들어진 단백질들로 바이러스의 증식을 방해한다. 불행히도 interferon을 처치한 환자들은 치유효과가 우수하지 않은데 그 이유는 독성이 너무 강하기 때문이다. 이러한 독성물질이 체내에서 만들어졌다는 사실은 다소 의외로 생각되기는 하지만 어쨌든 만성 간염이나 일종의 종양 등을 치료하는데는 탁월한 효과가 있다.

16.3 항균제 내성

단원요점

- 항균제는 항균제 내성의 원인이 되지는 않지만 이들은 내성변이주를 선별할 수 있다.
- 항균제를 많이 사용하면 할수록 보다 빈번하게 내성 돌연 변이주가 출현 될 것이다.
- 대부분의 내성인자는 plasmid에서 기인된 것이지만 일부는 chromosome에서 온 것이다.
- 항균제의 처치는 항균제 감수성 검사를 통하여 이에 대한 정보를 얻은 후 실시하여야 한다. 항균제가 미생물을 죽이거나 성장을 방해하는 능력은 측정이 될 수 있다.

항균제와 DNA 변이의 상관관계

DNA 변이는 우연히 일어난다. 항균제는 항균제에 내성인 균주를 선택할 뿐이다. 항균제를 많이 쓰면 쓸수록 내성균주가 출현할 확률이 높아지며 내성균주가 많아지게 된다.

항균제 내성주 출현의 최소화

꼭 필요할 때 이외에는 항균제의 사용을 최소한도로 억제하는 방법이다. 페니실린을 감기환자에게 투여하면 감기는 치유되지 않고 체내에 페니실린 내성균주만 많아지게 될 뿐이다. 한가지 이상의 항균제를 복합적으로 사용하면 단일 항균제를 사용하였을 때 보다 내성균주 출현이 훨씬 감소된다. 그러나 이 방법도 권장할만한 일은 못되는데 그 이유는 어떤 항균제를 자연계에 노출시키게 되면 그만큼 예기치 못하였던 내성균주 출현이 높아질 가능성이 많아지기 때문이다.

항균제 내성기작

가장 일반적인 방법은 효소가 항균제의 활성을 불활성화시킨다. 대표적으로 β-lactamase는 penicillin이나 cephalosporin을 분해시켜 불활성 물질로 만들어 버린다. 또 다른 방법으로는 항균제가 공격하는 미생물의 표적부위가 바뀌어져 작용을 할 수 없게 만들어 버린다. 예로서 폐렴균은 페니실린에 내성을 나타내어 새로운 형태의 표적 단백질을 합성한다. 이러한 단백질을 penicillin-binding protein이라 부른다. 기타 여러 방법으로 균들은 항균제가 침투하는 것을 방해하거나 또는 저해물질 분비능을 증가시켜 내성을 가지게 된다.

항균제 내성과 plasmid

Plasmid가 주로 항균제 내성을 간여하는 gene이다. Plasmid는 한 세균에서 다른 세균으로 옮아갈 수가 있는 유전자이기 때문에 이를 통하여 항균제 내성을 세균집단에 전파시킬 수가 있다. 더욱 우려할만한 사실은 서로 관계가 없는 여러 항균제 내성 성질을 전달시키는 문제이다. 그리고 염색체의 돌연변이에 의해 내성을 획득하게 되는 사실도 주목해야될 사항이다.

항균제 내성 plasmid와 염색체 돌연변이의 관계

일반적으로 말해 plasmid는 세포 내에 존재하던 존재하지 않던 세균의 생존에는 아무런 문제가 없다. Plasmid가 관여하는 약제내성은 주로 세포에 대사에는 별 영향이 없는 항균제 불활성 효소 합성에 관여한다. 그러나 염색체가 관여하는 항균제 내성은 세포 내에서 그람 음성 세균에서 수송을 전담하는 단백질인 porin을 변형시키는 것과 같은 필수적인 기능을 한다.

세균 종에 따른 항균제 내성 획득의 차이

어떤 균들은 매우 쉽게 항균제에 내성을 획득한다. 예로서 *Staphylococcus aureus*는 90% 정도가 페니실린에 내성을 나타낸다. 그러나 많은 종류의 세균들은 보다 느린 속도로 내성을 획득한다. 그 예로서 *Staphylococcus pyogenes*, 매독의 원인균인 *Treponema pallidum*은 아직도 페니실린이 매우 유효하다.

Plasmid의 종 특이성

어떤 plasmid는 특정한 종에만 국한되어 나타난다. 그러나 어떤 종류는 여러 종류의 세균사이에서 폭넓게 나타난다. 그 예로서 어떤 plasmid는 Gram 음성세균에서 매우 다양하게 복제된다. 따라서 항균제 내성은 특정한 종에게만 국한될 수가 없으며 다른 종들 사이로도 재빨리 전파될 수 있다.

항균제 내성측정법

몇 가지 방법이 개발되어 있는데 이중 가장 폭넓게 이용되는 것이 Kirby-Bauer 방법이다. 이보다 훨씬 정교한 방법으로는 액체희석법을 사용한다. 이 방법은 최소억제농도(minimum inhibitory concentration, MIC) 뿐 아니라 최소치사농도(Minimum bactericidal concentration, MBC)까지도 측정된다. 요즘은 자동적으로 액체농도를 희석하여 이를 측정하는 기계들이 개발되어 있다.

MIC와 MBC의 필요성

여기서 얻어진 수치들은 약제가 균에 효과가 있어서 bacteriostatic인가 또는 bactericidal인가를 판정하는 기준이 된다. 따라서 이 수치들을 기준으로 하여 치료에 임하게 된다. 만일 두개의 수치가 거의 비슷하면 bactericidal이지만, MBC가 MIC보다 월등히 높으면 bacteriostatic이 된다. 이것을 이용하여 면역계가 약해진 환자에게는 bactericidal 약제를 처치하게된다. 보다 중요한 관점은 약제가 단순히 세균을 죽인다는데 있는 것이 아니고, 약이 얼마만큼 여러 조직에 잘 확산되고 또 체내에 머무르는 시간이 얼마인가 등의 여러 복합적인 환경을 고려하고 또한 주변에 미치는 효과를 염두에 두고 있다.

표 16.1 항세균제 분류

항균제 유형	방해하는 곳
β-lactams (penicillins, cephalosporins; bacitracin; vancomycins)	세포벽
Aminoglycosides (gentamicin, kanamycin, amikacine, tobramycin); chloramphenicol, tetracyclin; erythromycin	단백질 생합성
Sulfa drugs; trimethoprim	folic acid 생합성
Rifampin (RNA); quinoline(DNA)	Nucleic acids 생합성

표 16.2 항진균제 분류

약제 유형	생합성 기능 저해
Amphotericin B; imidazoles; nystatin	핵막
Flucytosine	핵산(RNA)

미생물 생태학

17

단원요약

지구상의 생물은 미생물의 생화학적 활동에 의존하여 생명을 유지한다. 이러한 미생물의 활동은 물질의 재순환과 환경오염의 제거에 중요한 역할을 담당한다.

17.1 자연 속의 미생물

단원요점

- 미생물은 물이 있는 곳이면 지구 어디에서나 살 수 있다.
- 많은 미생물의 활동은 토양이나 동 · 식물 · 해수나 담수 속에서 일어난다.
- 자연 환경에서의 미생물 활동은 대부분 여러 가지 방법 - 길항, 공생작용(상호간에 유익하게 생존) - 으로 서로 작용하는 미생물계에 의해서 생태계를 형성하면서 공생하며 살아간다.

세균의 증식

세균은 물이 있는 곳이면 지구상의 어느 곳에서나 살 수 있다. 대양의 제일 깊은 곳(심연)에 있는 높은 온도의 열수 분출공, 영하의 온도인 툰드라 지역, 그리고 극단적으로 높거나 낮은 pH, 높은 염분 등의 극한 환경에서도 세균은 살 수 있다.

토양세균

토양세균은 종류가 매우 다양하며 호기성, 혐기성, 통성혐기성, 그람양성, 그람음성 세균 등과 같이 중요한 모든 세균그룹이 포함된다. 낮 동안에 매우 뜨거워지는 토양 표면을 볼 때 사실상 많은 수의 토양세균이 고온성 세균이며, 토양의 온도는 매우 다양하기 때문에 토양세균의 최적 증식온도도 매우 다양하다. 또한 토양세균은 매우 넓은 pH 범위에서도 증식한다.

중량(무게)으로 계산하면 진균과 세균은 항상 다른 모든 생물보다 수적으로 우세하다. 토양에는 눈으로 볼 수 있는 곤충, 벌레, 그리고 작은 척추동물 등을 포함한 많은 생물들이 살고 있고, 또한 조류나 원생동물 같은 작은 생물도 토양에서 발견된다.

부식토와 정원토양

부식토는 토양 표층 중에 유기물질 등이 혼입되어 형성된다. 부식토는 토양이 갈색 또는 검은색을 띄며 목질소lignin와 같은 분해하기 어려운 식물성 물질로 만들어지는 것도 있다.

*Streptomyces*속의 *Actinomycetes*가 생산하는 2가지의 휘발성 물질(geosnin과 2-methyl-isoborneol)에 의해 정원 토양에서는 독특한 냄새를 낸다. *Actinomycetes*는 활발하게 식물, 동물성 물질을 분해하고, 토양을 부드럽게 하기 때문에 토양 생태계의 중요한 공헌자이다. 이 속의 균들은 매우 유용한 항생물질을 생산한다.

병원성 토양세균

대부분의 토양세균은 병을 일으키지 않지만 일부의 토양세균은 병을 유발한다. 주요한 병원균 중 *Clostridia*는 파상풍*C. tetanus*, 보튤리누스 중독*C. botulinum*, 그리고 괴저*C. perfringens*의 매개물이며, *Pseudomonas aeruginosa*는 화상 환자에게 전염을 일으킨다. 따라서 토양에서 오염된 상처는 깨끗하게 씻고 소독해야 한다.

토양미생물과 항생물질

토양은 많은 종류의 미생물들이 상호작용하는 복합 환경이다. 토양에는 영양분이 대량으로 퇴적되고 비교적 빨리 이용되기 때문에, 영양분에 대한 생물들의 경쟁은 매우 격심하다. 많은 토양 생물은 항생물질을 만들며, 이것이 같은 서식지에 사는 다른 생물을 파괴하거나 성장을 억제하는 역할을 하는 것으로 생각된다. 확실한 증거는 없지만, 항생물질은 서로의 경쟁이 충분한 만큼의 농도로 토양에 존재한다. 항생물질을 만드는 토양세균은 대부분 포자를 형성하는 것도 있고 항생물질이 세균의 포자 분할에 작용하는 것으로 생각된다.

균근*Mycorrhizae*

일부 균근 형태의 토양 진균은 식물의 뿌리와 공생 관계이다. 진균은 "부가적인 뿌리"로 행동하고 식물이 요구하는 영양분을 섭취하여 식물을 돕는다. 균근 형태의 진균 중 일부 균근은 뿌리 속에서 살고, 다른 나머지는 뿌리 바깥에 존재한다. 진균과 공생하는 나무나 식물이 더 잘 자라기 때문에 새로 심은 나무에 종종 진균의 균근을 접종하기도 한다. 또한 진균은 식물로부터 일부 필수 영양분을 획득하기 위해서 서로 상호 작용하여 이익을 얻는다. 많은 균근형 진균은 항상 자신의 동반자인 나무가 있을 때만 버섯을 만든다.

빈영양 환경의 미생물

해수는 대부분 영양분이 희박한(아주 적은 1mg c/ℓ 이하의 농도) 빈영양 환경이다. 이러한 빈영양 환경에서 살아가기 위하여 미리 생성된 유기물질을 이용하는 종속 영양미생물은 주로 영양분을 함유한 입자에 부착하여 증식한다. 반대로 광합성 생물은 유기물질이 부족할 경우 유기물질에 의존하지 않고 빛과 무기물질을 이용하여 증식하며, 대개는 바다의 표층에 살며 주로 광합성을 한다.

부영양화

담수는 종종 남조류*cyanobacteria*라고 불리는 광합성 세균의 대량증식으로 인해 녹색의 덩어리로 표면이 뒤덮인다. 무기물질과 유기물질의 유입으로 남조류가 짧은 시간에 대량으로 나타나는데, 이러한 현상은 유기물질 등이 풍부하며 발생하는 일련의 과정을 부영양화라고 한다.

호수와 강의 부영양화를 유도하는 가장 주된 오염원 중 하나인 인산염은 합성세제에 많이 들어있다. 자연계에서 인산화합물은 항상 그 양이 제한적으로 존재하고 환경을 오염시키지 않으며 필수 영양물질로서 자연계에 존재한다.

17.2 물질의 순환

단원요점

- 미생물은 물질순환에 매우 중요한 역할을 한다.
- 유기물질의 생산과 이 유기물질을 무기물질로 되돌리는 물질순환에 미생물이 관여한다.
- 이산화탄소와 같은 주요한 화합물은 비교적 낮은 농도로 존재하고 화석연료의 연소와 같은 인간 활동에 의해 영향을 받는다.
- 인산염을 제외하고, 자연계에서 각 성분들의 순환은 산화와 환원과 같은 독특한 변화를 일으킨다.
- 대기는 탄소와 질소의 순환에 관여한다.

대기의 환경변화

질소는 대기 중의 약 80% 정도의 일정한 양으로 존재하기 때문에 대기 중의 질소와 관련된 환경 변화는 거의 없다. 그러나 이산화탄소는 대기 중에 0.03%만이 존재하기 때문에 이산화탄소의 농도는 대기의 환경변화에 질소보다 훨씬 쉽게 영향을 줄 수 있다. 지금까지 대기 중 이산화탄소의 주요한 공급원은 생물의 호흡이지만 화석연료 연소의 증가도 대기 중의 이산화탄소 증가의 주요한 공급원이 되고 있다. 이것은 "온실효과", 즉 이산화탄소가 열이 방출되는 것을 방해하는 덮개와 같이 작용하며 이런 열의 축척으로 지구의 온도가 올라간다.

탄소 순환

지구상에 존재하는 탄소 중 상당 부분이 암석에 함유된 탄산염 형태로 존재한다. 탄산염의 대부분은 죽은 조개나 다른 동물로부터 만들어진 석회석으로 구성되어 있다. 물속에 있는 산은 탄산염을 녹여서 대기 중에 이산화탄소를 방출하며 그 결과 지구 온난화 문제를 가중시킨다.

유기물질과 탄소 순환

혐기적 환경에서 퇴적된 유기물질은 탄소 순환에 기여한다. 늪이나 호수 바닥에 있는 식물이나 동물의 사체는 천천히 지속적으로 분해된다. 혐기성 세균은 동식물의 사체를 발효시켜 아세트산염acetate과 같은 유기 화합물질로 변환한다. 메탄생성세균Methanogen은 아세트산염을 메탄으로 변화시키며 생성된 메탄은 대부분 대기 중으로 방출된다. 호기적 상태에서 메탄중 일부가 메탄을 이용하는 세균에 의해 사용되거나 재활용된다.

세균의 질소 가스이용

질소 순환에는 질소 가스로부터 암모니아 이온을 만드는 질소 고정nitrogen fixation과 질산염으로부터 질소 가스를 만드는 탈질소 반응denitrification 등 2가지가 있다. 어떤 세균은 질소 가스를 암모니아 이온으로 변화시켜 질소를 고정한다. 암모니아 이온은 생물이 아미노산과 단백질을 만드는데 이용된다. 질소 고정에 관여하는 효소는 질소생성효소nitrogenase이며 산소에 의해 활성을 잃기 때문에 대부분의 질소고정세균은 절대 혐기성 세균이다. 그러나 산소를 차단하는 heterocysts라는 특별한 세포를 가진 세균은 산소가 있어도 증식할 수 있고 또 다른 질소고정 세균은 산소로부터 자신을 보호하기 위해서 식물과 공생한다.

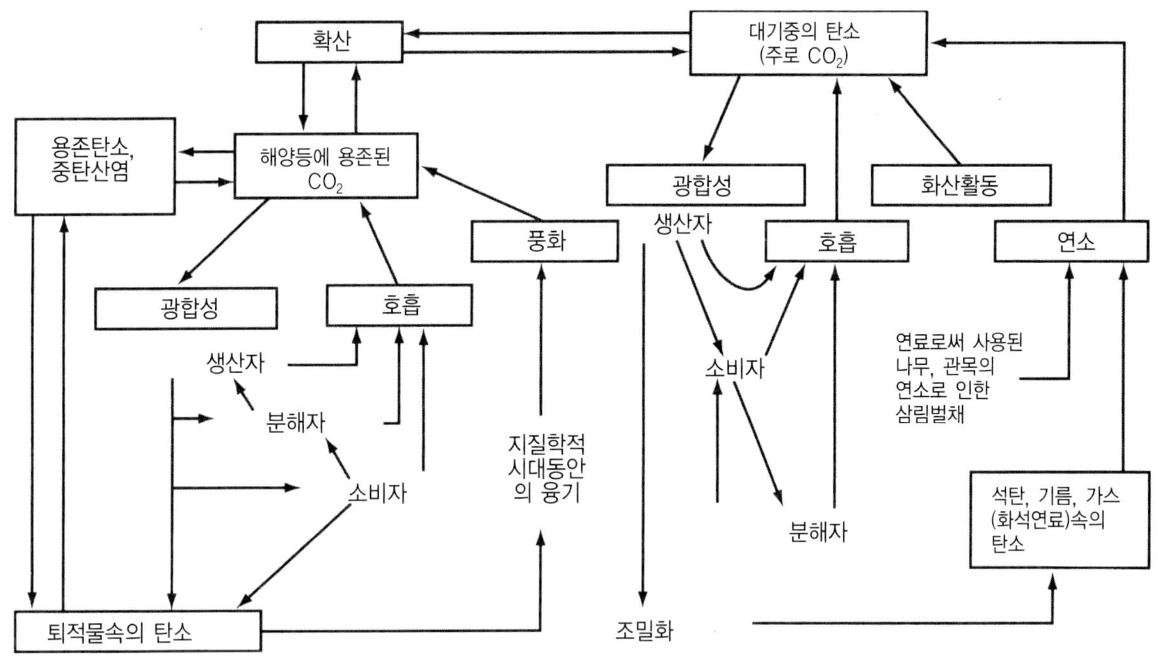

그림 17.1
탄소의 순환

식물과 질소고정세균

많은 질소고정세균은 식물의 뿌리와 공생하면서 증식한다. 질소고정세균은 뿌리 표면에 증식하지만, 또다른 경우에는 세균이 뿌리에 침투하여 콩과식물의 특징인 뿌리혹과 같은 특이한 구조를 만든다. 예를 들어, 알팔파alfalfa나 땅콩과 같은 콩과식물은 질소가 함유된 비료가 없어도 성장한다. 화학비료가 만들어지기 전까지 사람들은 이것을 이용하여 질소를 고정시켰다.

질소가스의 생성

일부 세균은 질산염을 질소로 환원시키는 "탈질화 작용"이라 불리는 과정을 통해 질소가스를 생성한다. 이 질화세균은 암모니아 이온으로부터 아질산염을 만들거나 질산염으로부터 아질산염을 만들어서 질산염을 질산가스로 만드는 "탈질화 작용"을 수행하게 된다.

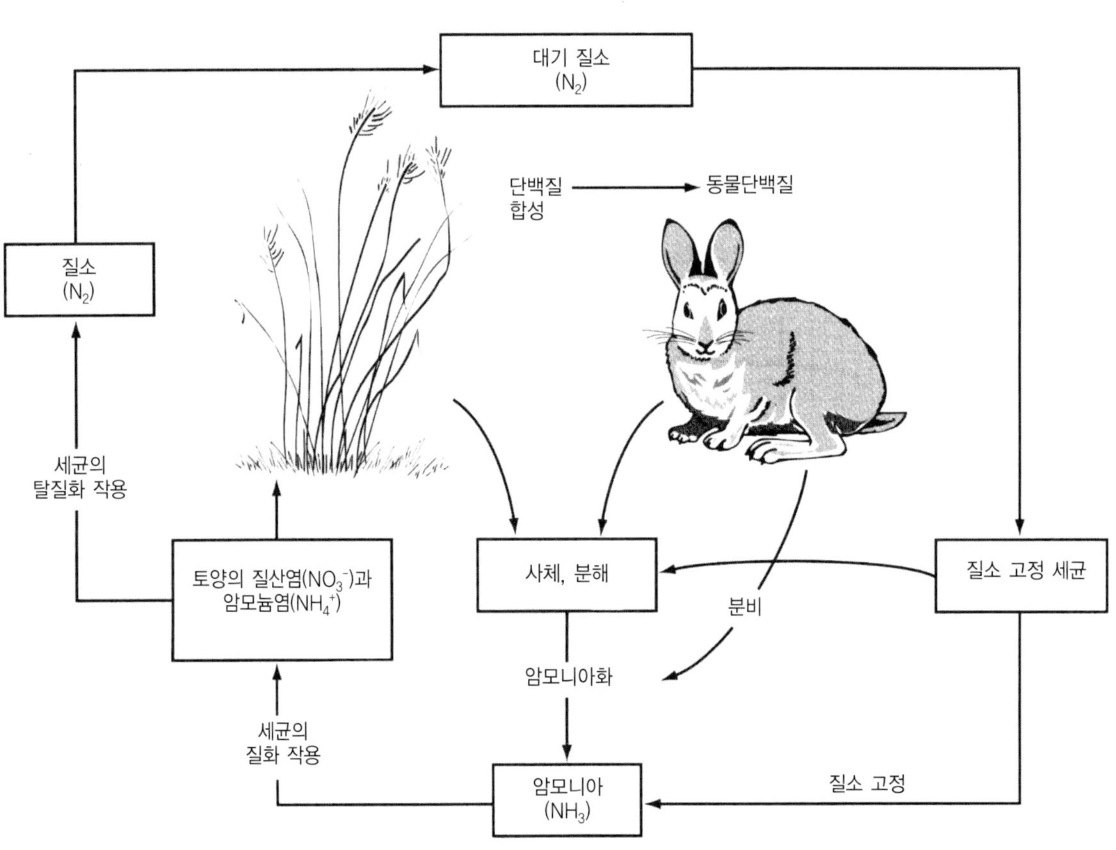

그림 17.2
질소의 순환

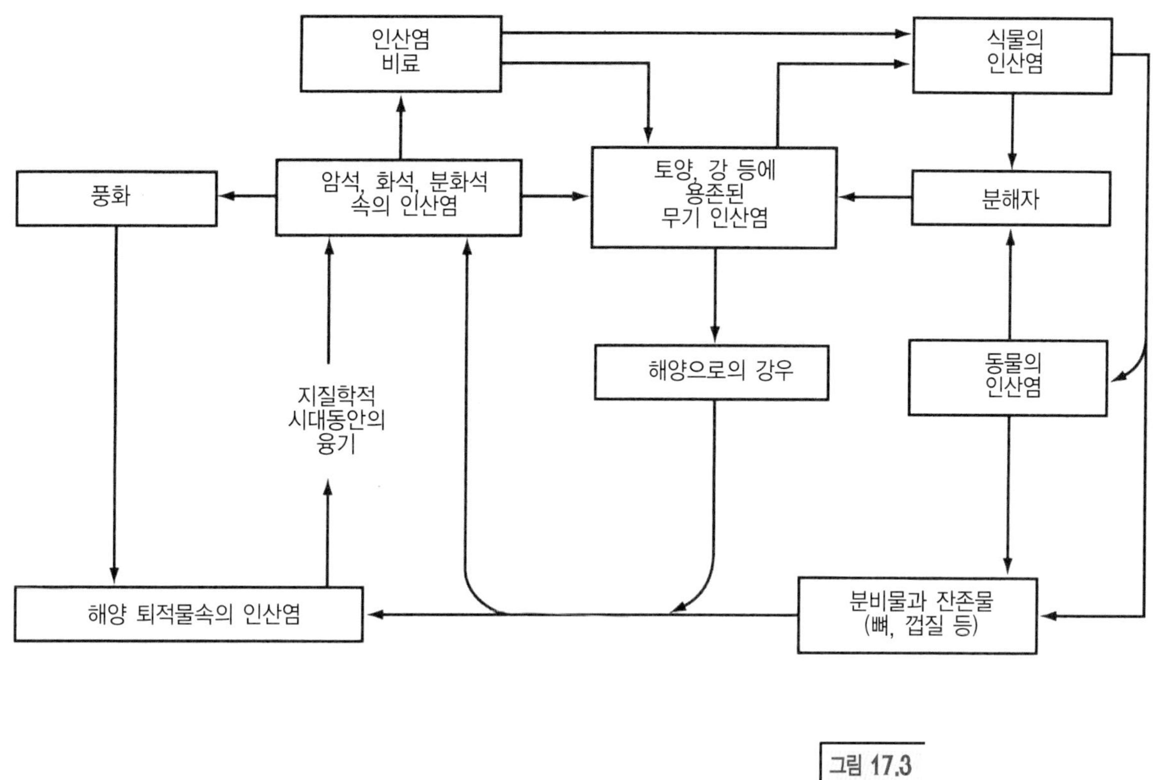

그림 17.3
인의 순환

인 순환

인의 순환은 질소, 탄소 순환과 다르다. 인산염은 기체 상태로 존재하지 않고 대기의 구성성분이 아니다. 인산염은 단순히 유기물에서 무기물로, 그리고 그 반대과정으로 이동한다. 또한 인산염은 산화 시에도 같은 상태로 존재하며 원상태 그대로 순환한다.

황 순환

황 순환은 인 순환과 중요한 단계가 다르다. 황은 산화염인 황산염과 환원형인 황화수소 사이의 연속적인 변화과정을 거치며 황원소도 황 순환에 포함된다. 황화수소는 기체이지만 대기의 구성성분이 아니며, 산소의 존재 하에서 급속히 분해된다. 황의 순환에서 중요한 것은 화학독립영양세균은 황화수소를 산화시킬 수 있으며 그 과정에서 자신의 대사와 성장에 필요한 에너지를 얻는다.

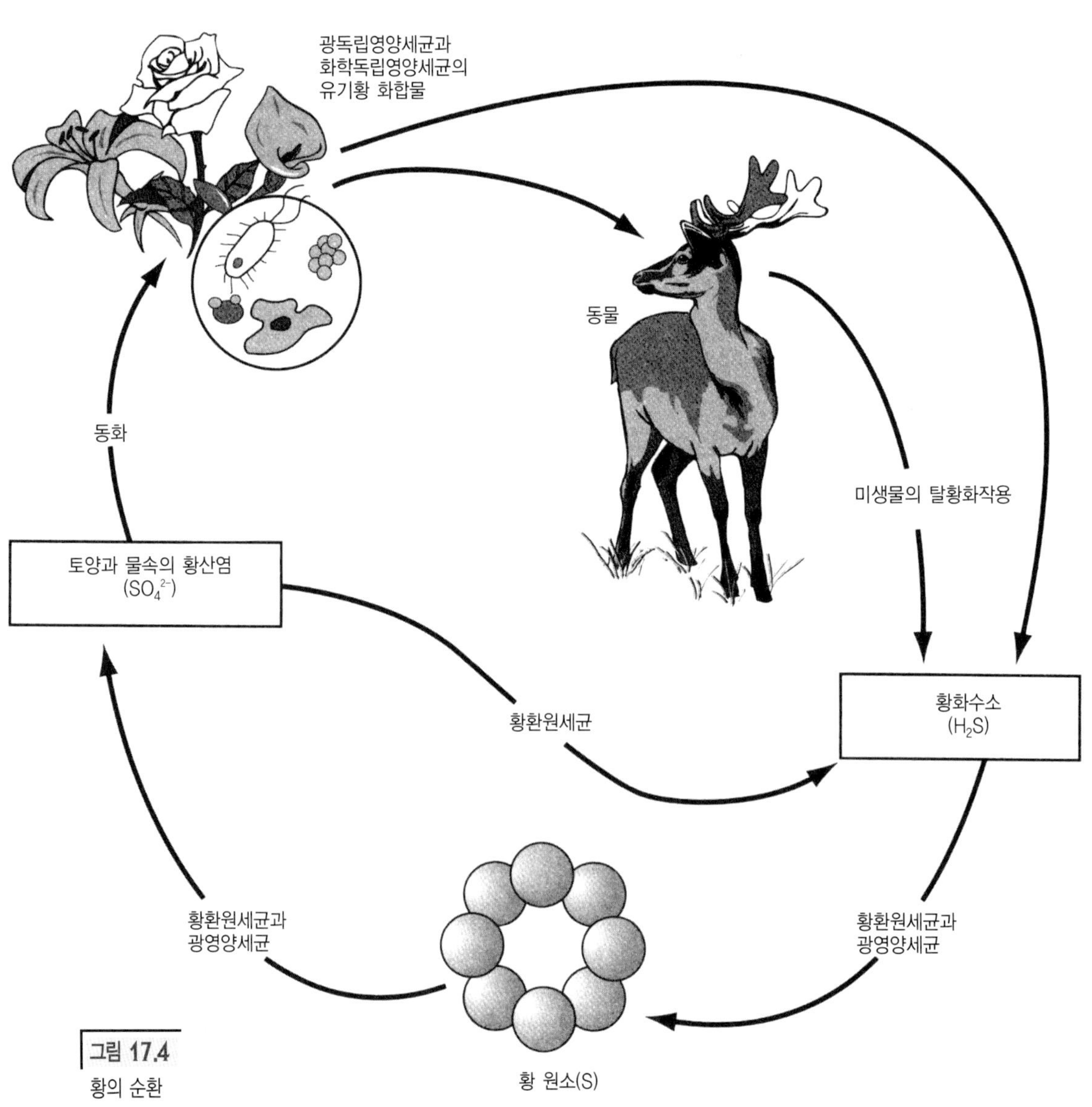

그림 17.4
황의 순환

찾아보기 한글/영문

Index